中央高校教育教学改革基金(本科教学工程)
"复杂系统先进控制与智能自动化"高等学校学科创新引智计划　　联合资助
中国地质大学(武汉)"双一流"建设经费

运筹学与系统工程

YUNCHOUXUE YU XITONG GONGCHENG

魏龙生　王新梅　万雄波　彭健　刘玮　编著

图书在版编目(CIP)数据

运筹学与系统工程/魏龙生等编著.—武汉:中国地质大学出版社,2021.7(2024.8重印)
中国地质大学(武汉)自动化与人工智能精品课程系列教材
ISBN 978-7-5625-5051-8

Ⅰ.①运…
Ⅱ.①魏…
Ⅲ.①运筹学-高等学校-教材 ②系统工程-高等学校-教材
Ⅳ.①O22 ②N945

中国版本图书馆 CIP 数据核字(2021)第 126431 号

运筹学与系统工程	魏龙生 王新梅 万雄波 彭健 刘玮	**编著**
责任编辑:周 旭	选题策划:毕克成 张晓红 周 旭 王凤林	责任校对:张咏梅
出版发行:中国地质大学出版社(武汉市洪山区鲁磨路388号)		邮编:430074
电　　话:(027)67883511	传　　真:(027)67883580	E-mail:cbb@cug.edu.cn
经　　销:全国新华书店		http://cugp.cug.edu.cn
开本:787毫米×1092毫米　1/16	字数:397千字	印张:15.5
版次:2021年7月第1版	印次:2024年8月第2次印刷	
印刷:武汉市籍缘印刷厂		
ISBN 978-7-5625-5051-8		定价:60.00元

　　如有印装质量问题请与印刷厂联系调换

自动化与人工智能精品课程系列教材
编委会名单

主　任：吴　敏　中国地质大学(武汉)
副主任：纪志成　江南大学
　　　　李少远　上海交通大学
编　委：(按姓氏笔画为序)
　　　　于海生　青岛大学
　　　　马小平　中国矿业大学(徐州)
　　　　王　龙　北京大学
　　　　方勇纯　南开大学
　　　　乔俊飞　北京工业大学
　　　　刘　丁　西安理工大学
　　　　刘向杰　华北电力大学
　　　　刘建昌　东北大学
　　　　吴　刚　中国科学技术大学
　　　　吴怀宇　武汉科技大学
　　　　张小刚　湖南大学
　　　　张光新　浙江大学
　　　　周纯杰　华中科技大学
　　　　周建伟　中国地质大学(武汉)
　　　　胡昌华　中国人民解放军火箭军工程大学
　　　　俞　立　浙江工业大学
　　　　曹卫华　中国地质大学(武汉)
　　　　潘　泉　西北工业大学

序

为适应新工科建设要求,推动自动化与人工智能融合发展,中国地质大学(武汉)自动化学院联合了教育部高等学校自动化类专业教学指导委员会和中国自动化学会教育工作委员会的有关专家,依托先进模块化的课程体系,有机融入"课程思政"的相关要求,突出前沿性、交叉性与综合性的新内容,组织编写了自动化与人工智能精品课程系列教材,服务于新时代自动化与人工智能领域的人才培养.

系列教材涵盖了专业基础课、专业主干课、专业选修课、课程设计等教学内容.教材设置上依托教育部高等学校自动化类专业教学指导委员会首批自动化专业课程体系改革与建设试点项目(全国五个试点项目之一)和中国地质大学(武汉)教育教学改革项目的研究成果,以"重视基础理论、突出实际应用、强化工程实践"的课程体系设计为主线.包括增强知识点教学的连贯性,提高对自动化系统结构认知的完整性;知识点对应的工具成体系,提高对主流技术和工具认知的完整性;面对特定应用环境的设计技术成体系,提高对行业背景下设计过程认知的完整性.充分体现以控制理论、运动控制、过程控制、嵌入式系统、测控软件技术、人工智能与大数据技术等为模块的教材设计.

本系列教材由教育部高等学校自动化类专业教学指导委员会委员、中国自动化学会教育工作委员会委员、高校教学主管领导和教学名师担任编审委员会委员,并对教材进行严格论证和评审.

本系列教材的组织和编写工作从2019年5月开始启动,并与中国地质大学出版社达成合作协议,拟在3~5年内出版20种左右教材.

本系列教材主要面向自动化、测控技术与仪器及相关专业的本科生,控制科学与工程及相关专业的研究生以及相关领域和部门的科技工作者.一方面为广大在校学生的学习提供先进且系统的知识内容,另一方面为相关领域科技工作者的学习和工作提供适当的参考.欢迎使用本系列教材的读者提出批评意见和建议,我们将认真听取意见,并作修订.

自动化与人工智能精品课程系列教材编委会
2020 年 12 月

前 言

运筹学和系统工程是很多高校的工科门类,尤其是自动化专业开设的重要专业基础课和专业必修课.按钱学森教授建立的科学技术体系,运筹学属于技术科学,系统工程属于工程(应用)技术,它们是两个不同层次的科学.

系统工程基于整体指导局部的思想,将辩证唯物论与现代科学技术相结合,是定性分析与定量分析相结合的认识世界与改造世界的方法性科学.运筹学理论与方法的工程应用只是系统工程的应用领域之一.

运筹学是系统工程的基础理论之一,是为系统工程提供数学理论与方法的科学,是在系统思想指导下采用建立实现模型和模型求解等定量化方法为系统决策服务的技术科学,在我国属数学科学.

运筹学与系统工程是密不可分的,运筹学强调数学理论与方法,系统工程强调系统思想,二者相辅相成,一起运用可使问题得到较圆满的解决.本书有如下特点:

(1)融合了课程内部、课程之间的知识点.例如目标规划是线性规划的一部分,层次分析法是决策分析的一部分,教材将其融合在一起形成了第六章多目标规划;状态空间法是自动控制原理的知识点,融合进本教材第十章系统分析与建模.

(2)融合了案例分析.例如图论、遗传算法中都介绍了旅行商问题、非线性规划的求解和动态规划多个重复案例,本书以经典案例为核心讲解了不同的知识点.

(3)注重工程思维的培养,培养了学生宏观思维的能力,使学生具有从系统、全局的角度看问题的能力,避免陷入局部最优;培养了学生以问题为导向的能力,学生学习的知识来源于实际、应用于实际,让学生带着问题去学习,增强自主学习的能力;培养了学生思考问题、分析问题、解决问题的能力;培养了学生查阅资料、归纳问题、系统建模、问题求解的能力.

在教学内容方面,我们做了以下几个方面改革:①以系统工程为主线,强调建立系统思维方法,运用问题导向、面向应用、面向实践的思想;②尽量回避运筹学中相关数学方法的推导与论证,将数学理论与方法融入实践应用之中,由浅入深地介绍数学模型的建立和求解方法;③增强应用性和实用性,引入相应的计算机软件.

本书共十章,内容包括绪论、线性规划与单纯形法、对偶理论、整数规划、动态规划、多目标规划、网络模型、网络计划技术、决策分析、系统分析与建模.在本书编写过程中参阅了大量资料和著作,吸收了同行们辛勤劳动的成果,在此表示感谢.

  由于编者水平有限,加之时间仓促,书中难免出现疏漏,希望读者提出宝贵意见,以便再版时修改和完善,甚为感谢.

编著者

2021 年 3 月

目 录

第一章 绪 论 (1)
  第一节 运筹学概述 (1)
  第二节 系统工程概述 (3)
  第三节 学科地位 (8)
  第四节 运筹学与系统工程的关系 (10)
  习 题 (11)

第二章 线性规划与单纯形法 (12)
  第一节 线性规划的概念 (12)
  第二节 线性规划的图解法、解的概念及其性质 (16)
  第三节 单纯形法 (23)
  第四节 单纯形法的进一步讨论 (32)
  习 题 (40)

第三章 对偶理论 (42)
  第一节 对偶线性规划模型 (42)
  第二节 对偶问题的性质 (47)
  第三节 对偶单纯形法 (54)
  第四节 灵敏度分析与参数线性规划 (59)
  习 题 (74)

第四章 整数规划 (76)
  第一节 整数规划问题与模型 (76)
  第二节 分支定界算法 (79)
  第三节 应用案例分析 (85)
  习 题 (90)

第五章 动态规划 (91)
  第一节 多阶段决策问题 (91)
  第二节 最优化原理 (95)
  第三节 多阶段决策问题案例 (97)
  习 题 (103)

第六章 多目标规划 (104)
  第一节 多目标规划 (104)

第二节　目的规划 …………………………………………………………………… (111)
　　第三节　层次分析方法 ………………………………………………………………… (114)
　　第四节　应用案例分析第三方物流供应商选择 ……………………………………… (121)
　　习　题 …………………………………………………………………………………… (126)

第七章　网络模型 ……………………………………………………………………………… (127)
　　第一节　图的基本概念 ………………………………………………………………… (127)
　　第二节　最小树问题 …………………………………………………………………… (131)
　　第三节　最短路问题 …………………………………………………………………… (134)
　　第四节　最大流问题 …………………………………………………………………… (145)
　　第五节　旅行售货员与中国邮路问题 ………………………………………………… (156)
　　习　题 …………………………………………………………………………………… (160)

第八章　网络计划技术 ………………………………………………………………………… (161)
　　第一节　项目网络图 …………………………………………………………………… (161)
　　第二节　时间参数 ……………………………………………………………………… (165)
　　第三节　网络计划优化 ………………………………………………………………… (173)
　　习　题 …………………………………………………………………………………… (181)

第九章　决策分析 ……………………………………………………………………………… (183)
　　第一节　决策概述 ……………………………………………………………………… (183)
　　第二节　决策的原则和分类 …………………………………………………………… (184)
　　第三节　决策的基本要素 ……………………………………………………………… (185)
　　第四节　决策模式与决策过程 ………………………………………………………… (188)
　　第五节　确定型决策 …………………………………………………………………… (189)
　　第六节　风险型决策 …………………………………………………………………… (190)
　　第七节　不确定型决策 ………………………………………………………………… (194)
　　第八节　多目标决策 …………………………………………………………………… (196)
　　第九节　决策支持系统 ………………………………………………………………… (202)
　　习　题 …………………………………………………………………………………… (205)

第十章　系统分析与建模 ……………………………………………………………………… (206)
　　第一节　系统分析概述 ………………………………………………………………… (206)
　　第二节　系统模型概述 ………………………………………………………………… (213)
　　第三节　系统建模方法 ………………………………………………………………… (217)
　　第四节　状态空间法 …………………………………………………………………… (219)
　　第五节　结构模型解析法 ……………………………………………………………… (227)
　　习　题 …………………………………………………………………………………… (232)

主要参考文献 …………………………………………………………………………………… (233)

第一章 绪 论

运筹学是近几十年发展起来的一门新兴的应用型学科,是依靠定量方法进行决策的科学.运筹学是指通过科学方法研究某一系统的最优管理和控制,或者分析研究某一系统的运行状况以及系统的管理问题和生产经营活动.它的主要研究方法是定量化和模型化,特别着重对各种数学模型的运用.

在客观世界中,处处存在着系统,系统的规模有大有小.系统工程作为处理一般系统总体最优的技术与方法,在系统科学的学科体系中处于工程技术层次.随着社会的发展,人们所面临的系统日益庞大与复杂,在这种背景下,系统工程学应运而生并不断发展.

第一节 运筹学概述

运筹学的目的是基于所研究的系统,力求获得一个合理运用人力、物力、财力等各种资源的最佳方案,以使系统获得最优目标.科学技术的发展,特别是计算机技术的高速发展,赋予了运筹学新的生命力,为应用运筹学解决实际问题提供了更新、更丰富的手段和方法.运筹学正广泛地应用到经济管理、工农业生产、商业金融、系统工程、国防科技等领域中,并发挥着越来越重要的作用.

一、运筹学的产生与发展

运筹学的思想在古代就已经产生了.敌我双方交战,要克敌制胜就要在了解双方情况的基础上,找出对付敌人的最优方法,这就是所谓的"运筹帷幄之中,决胜千里之外".在我国古代有很多非常优秀的运作、筹划的思想案例,诸如田忌赛马、都江堰水利工程、丁谓修皇宫等.

运筹学最早是英国人在20世纪30年代末提出的,由于战争的需要而发展起来的学科,在英国被称为Operational Research,在美国被称为Operations Research(缩写为O.R.),可直译为"运用研究"或"作业研究".为了进行运筹学研究,在英国和美国的军队中成立了一些专门小组,开展了护航舰队保护商船队的编队问题和当船队遭受德国潜艇攻击时如何使船队损失最少的问题的研究.研究了反潜深水炸弹的合理爆炸深度后,德国潜艇被摧毁数增加到原来的400%;研究了船只在受敌机攻击时的情况,提出了大船应急速转向和小船应缓慢转向的逃避方法,使船只在受敌机攻击时,中弹率由47%下降到29%.当时研究和解决的问题都是短期的和战术性的.第二次世界大战后,在英国和美国的军队中相继成立了更为正式的运筹研究组织.

1947年,美国数学家丹捷格发表了关于线性规划的研究成果,并给出了求解线性规划问题的单纯形算法.事实上,早在1939年苏联学者康托洛维奇在解决工业生产组织和计划问题时,就已提出了类似线性规划的模型,并给出了求解方法,但当时未被重视,直到1960年康托洛维奇出版了《最佳资源利用的经济计算》一书后,才受到国内外的一致重视.为此,康托洛维奇获得了诺贝尔经济学奖.值得一提的是丹捷格线性规划模型的提出是受到了列昂节夫的投入产出模型(1932)的影响,后来列昂节夫的投入产出模型也获得了诺贝尔奖.冯·诺依曼和摩根斯特恩合著的《博弈论与经济行为》(1944)是对策论的奠基作,同时该书隐约地指出了对策论与线性规划对偶理论的紧密联系.线性规划提出后很快受到经济学家的重视,如在第二次世界大战中从事运输模型研究的美国经济学家库普曼斯,很快看到了线性规划在经济学中应用的意义,并呼吁年轻的经济学家要关注线性规划.库普曼斯在1975年获诺贝尔经济学奖.

20世纪50年代中期,钱学森、许国志等将运筹学由西方引入我国,并结合我国的特点在国内推广应用.他们最早在中国科学院力学研究所建立了运筹室,在运筹学多个领域开展研究和应用工作,其中在经济数学方面,特别是投入产出比的研究和应用开展较早.在此期间以华罗庚为首的一大批数学家加入了运筹学的研究队伍,中国科学院数学所也建立了运筹室,运筹学的很多分支很快跟上了当时的国际水平.

二、运筹学的概念

运筹学是一门仍在蓬勃发展的新兴学科,人们对它的认识不断深化.迄今为止,还没有一个公认的运筹学定义,下面列举一些较有影响的解释作为参考.《大英百科全书》对运筹学的解释是,运筹学是一门应用于管理有组织系统的科学,它为掌管这类系统的人提供决策目标和数量分析的工具.《中国大百科全书》的解释是,运筹学是用数学方法研究经济、民政和国防等部门在内外环境的约束条件下合理分配人力、物力、财力等资源,使实际系统有效运行的技术科学,它可以用来预测发展趋势,制定行动规划或优选可行方案.《辞海》的解释是,运筹学是主要研究经济、管理与军事活动中能用数量来表达有关运行、筹划与决策等方面的问题的一门学科……根据问题的要求,通过数学的分析与运算,做出综合性的、合理的安排,以便较经济、较有效地使用人力物力.

由于运筹学涉及的主要领域是管理,研究的基本手段是建立数学模型,并比较多地运用各种数学工具,从这点出发,有人将运筹学称作"管理数学".1957年我国学者从"运筹帷幄之中,决胜千里之外"这句古语中摘取"运筹"二字,将 Operational Research 正式译作运筹学,包含运用筹划、以策略取胜等含义,比较恰当地反映了这门学科的性质和内涵.

三、运筹学的特点

(1)跨学科性.由有关专家组成的进行集体研究的运筹小组,综合应用多种学科的知识来解决实际问题,这是早期军事运筹研究的一个重要特点.

(2)研究与实践紧密联系.作为一门科学,运筹学不仅包括研究活动(即用科学的方法来创建它的知识),还包括以这些知识的应用为目的的工程活动和其他实践活动. 在运筹学的进程中,研究与实践始终紧密联系、互相促进,共同推动运筹学的发展.

(3) 科学与艺术的结合. 运筹学不仅是一门科学,也是一门艺术. 在运筹学的研究与实践中,往往不只是单纯运用科学方法和科学知识,还要用到各种各样发明和设计的艺术.

(4) 利用模型. 运筹学无论是理论研究还是应用研究,核心问题都是如何建立适当的模型(通常是数学模型)以解释运行系统的现象和预测系统未来的情况. 运筹学模型大致可分为确定型、随机型和模糊型 3 类.

(5) 数量方法. 运筹学是从定量分析的角度研究系统的变化规律,从而对系统未来的情况作出定量预测. 它不仅需要利用已有的数学工具(解析数学、统计数学、计算数学、模糊数学等),还需要创造出一些独特的数量方法.

(6) 试验方法. 运筹学研究并应用试验方法. 例如,直接试验中有优选法、调优运算法、正交试验法等,模拟试验中则有各种实物模拟法以及计算机模拟法等.

(7) 有赖于计算机. 在运筹学模型的实际应用中,往往需要进行十分浩繁的数值计算,即便那些本身不很复杂的模型也多如此,以致手工计算根本无法胜任,必须借助于计算机才能完成. 还有一些模型的算法尽管理论上是正确的和可行的,但囿于目前计算机的功能而无法实现. 因此,运筹学的发展有赖于计算机和计算机科学的发展,而研究、改善各种算法的计算机程序也是运筹学的任务之一.

(8) 全局优化. 根据系统科学,一个系统的各个局部独自优化,其全局未必为优,甚至不能有效运行;反之,全局优化,局部未必都优. 运筹学总是从系统的观点出发,以全局优化为目标,力图以整个系统最佳的方式来解决该系统各部门之间的利害冲突,寻求全局最优的方案.

(9) 科学决策的依据. 运筹学作为一种科学方法,能为现代管理中许多复杂问题提供科学的决策程序、决策模型以及定量分析的丰富资料和优化方案,从而为科学决策提供重要依据.

(10) 适用面广. 运筹学可解决不同领域的问题,这些问题虽千变万化却有共同规律可循. 运筹学就是不断探索这些规律,并且据此提出一些一般理论和通用方法. 因此,运筹学的适用面很广.

第二节 系统工程概述

人类在早期并没有系统的概念,对自然界的认识,往往把现象或事物彼此看成是孤立的、割裂的、互不联系的. 但是,随着社会和科学的发展,人们逐步改变了这种认识,并认为自然界是有着内部联系的统一整体,现象或事物之间都是相互依赖、相互联系、相互制约的. 人类从长期的实践活动和科学总结中逐步抽象出系统的概念,产生了系统工程.

一、系统工程的产生与发展

早在3000多年前,中国就有了《周易》《易传》《天运》等著作,它们都试图对自然的演化、社会的发展作出统一解释,都把世界看成是一个由基本要素组成的、动态演化的、多层次的系统整体,主张从整体上把握由这个基本要素组织起来的系统世界.

在西方,古希腊哲学家泰勒斯、赫拉克利特探索着组成万物的要素,德谟克利特提出构成宇宙系统要素的原子论,而亚里士多德提出的"整体大于各部分的总和"更成为系统论的最基本思想.

进入18世纪,工业革命有力地推动着社会化大生产,同时也极大地推动着社会的前进. 在这种背景下,马克思主义的诞生,标志着人类认识史上的一次伟大飞跃,把系统观作为对世界的总的看法包括在唯物辩证法中.

现代系统思想以系统科学的诞生为标志,随着生产的发展、社会的进步,人们所处理系统的规模越来越大,在这种形势下"系统工程"应运而生. 20世纪二三十年代,美国贝尔电话公司发现要想发展电话通讯,就不能只单纯依靠加装电话机,还要从系统角度注意电话网络的发展. "系统工程(System Engineering)"一词的出现,应该说是以古德(Goode)著的"System Engineering"一书的出版为标志. 其后,1962年霍尔(Hall)出版《系统工程方法论》一书,对系统工程概念、方法作了系统阐述. 1972年12个国家在奥地利成立国际应用系统分析研究所(International Institute for Applied Systems Analysis,IIASA),这个国际性系统分析研究所的建立,标志着人们开始从更广泛的角度关注着全球性系统问题.

在我国,中国科学院于1956年在力学研究所成立"运用组",即后来"运筹组"的前身. 1980年成立"系统科学研究所",同年成立"中国系统工程学会",这些都标志着我国对系统工程研究发展的重视. 1986年钱学森发表《为什么创立和研究系统学》,把我国系统工程研究提升到系统工程基础理论,从系统科学体系的角度进行研究. 随着社会的发展,人们所处理系统的综合性、复杂性及规模都在不断扩大. 在这种背景下,系统思想及系统工程方法日益受到重视,它已渗透到各个应用领域,各行业都力图从总体上更好地把握系统的发展.

二、系统的定义与分类

系统(System)一词在古希腊就已使用,从词源上讲,它来自拉丁语Systema,由词头"共同"和词尾"位于"结合而成,表示共同组成的群或是集合的概念. 系统是一个涉及面广、内涵丰富的概念.

系统是系统科学、系统工程最基本的概念,但是关于它的定义尚没有统一定论. 萨多夫斯基曾经汇总过近40种关于系统的定义. 下面列举几种关于系统的定义.

"一般系统论"的创始人贝塔朗菲(Bertalanffy)认为,系统可以定义为相互关联的元素的集合.

苏联学者乌约莫夫认为,可以把系统定义为客体的集合,在这个集合上实现着带有固定性质的关系.

日本工业标准对系统的定义是,系统是许多组成部分保持着有机的序,并向着同一个目标行动.

《韦氏辞典》把系统定义为,系统是有组织的或是组织化了的总体,以及构成总体的各种概念、原理和规则的相互作用及相互依赖诸要素的集合.

钱学森等学者对系统的定义是,系统是由相互作用和相互依赖的若干组成部分结合成的、具有特定功能的有机整体.

对于这些定义,尽管表述不同,但是都共同地指出了系统的3个基本特征:第一,系统是由元素所组成的;第二,元素之间相互影响、相互作用、相互依赖所构成的元素关系;第三,由元素及元素间关系构成的整体具有特定的功能.

依据上述定义可以看出,系统几乎无所不在,我们所处的正是由各种系统所构成的客观世界.

下面我们从研究对象、系统形成、系统结构、系统依赖时间演化、系统复杂性、系统不确定性和系统的开放性等角度,将系统分类如下.

(1) 按研究对象分类. 系统按具体研究对象的不同分为工程系统、经济系统、教育系统、商业系统、城市系统、军事系统、环境系统、人口系统、社会系统等.

(2) 从系统形成角度分类. 从系统形成角度可以把系统分为自然系统、人工系统和复合系统. 自然系统是指依据自然规律,不以人们意志为转移而形成的系统,如生态系统. 人工系统是按人们意志设计与实现的系统,如通信系统. 但是,在自然系统和人工系统之间还存在大量的既包含自然形成的系统部分,又有人参与的系统部分,使得系统既有客观自然规律支配其演化,又包含人的介入与参与并支配其发展,这样的系统一般称为复合系统,如城市系统、环境保护系统等都属于这类系统.

(3) 按系统结构分类. 按系统的结构不同,系统可分为集中系统、多级递阶系统和分散系统. 集中系统是构成系统的元素(或称为子系统)的行为受集中控制器集中控制的系统,如个人微型计算机就属于集中系统,其运行受CPU的控制. 多级递阶系统是将组成大规模的子系统及其控制器按递阶的方式分级排列而成的系统,即一部分子系统受上一级局部控制器控制,另一部分子系统受另外的上一级局部控制器控制,而这些上一级控制器又受更高一级控制器的控制与协调,并依此可扩展至多层,如行政办公系统就属于多级递阶系统. 分散系统是各子系统不受上级控制与协调,独立运作的系统,如没有集中调度管理的城市交通管理系统就属于分散系统.

(4) 依据系统依赖时间演化分类. 依据系统依赖时间演化情况,将系统分为静态系统和动态系统,前者被认为是不随时间演化的,后者则被认为是随时间演化的. 显然,绝大多数系统属于后者.

(5) 依据系统复杂性分类. 如组成系统元素数量少,关系不复杂,则称这类系统为简单系统;如组成系统元素数量庞大,关系复杂,则称这类系统为复杂系统. 不过需要说明的是,复杂和复杂性,至今也没有统一的明确概念.

(6) 依据系统是否具有不确定性进行分类. 若系统是确定的,不包含不定性,则称其为确定性系统,如在一定环境条件下电路中电压、电流、电阻之间关系是确定的,这就属于确定性系统;若系统具有不定性,则称这类系统为不确定性系统,如股票系统就是不确定性系统.

(7) 按系统开放性分类. 所谓系统开放性是指系统与环境是否存在物质、能量、信息的交换. 如果系统与环境之间存在物质、能量与信息的交换,则称这类系统为开放系统;如果系统与环境之间不存在物质、能量与信息的交换,则称为封闭系统.

开放性的概念源自热力学,热力学对系统开放性有更细致的划分,把系统分为孤立系统、封闭系统和开放系统,在此不再赘述.

在客观世界中,绝大部分系统都属于开放系统,如城市系统等.

(8) 根据组成系统的子系统数量、种类及关联复杂程度分类. 钱学森根据组成系统的子系统数量和种类的多少,以及它们之间关联的复杂程度,把系统分为简单系统和巨系统两大类,其中巨系统又分为简单巨系统和复杂巨系统. 由于复杂巨系统又都是开放的,所以又称作开放的复杂巨系统,如生物体系统、人脑系统、人体系统、地理系统、星系系统等. 在开放的复杂巨系统中,以有意识活动的人作为子系统的社会系统最为复杂,因而又称其为特殊的复杂巨系统.

当然,系统也可以从其他角度进行分类.

三、系统工程的定义及方法论

系统工程在系统科学的学科体系中属于工程技术层次,对于系统工程至今尚没有统一的定义.

1978 年钱学森对系统工程的定义是,系统工程是组织管理系统的规划、研究、设计、制造、试验和使用的科学方法,是一种对所有系统都具有普遍意义的方法. 1975 年《美国科学技术辞典》将系统工程解释为,系统工程是研究复杂系统设计的科学,该系统由许多密切联系的元素所组成. 设计该复杂系统时,应有明确的预定功能及目标,并协调各元素之间及元素和总体之间的有机联系,以使系统能从总体上达到最优目标. 在设计系统时,要同时考虑到参与系统活动的人的因素及其作用. 1977 年日本学者秋山穰和西川智登把系统工程定义为,系统工程是为了把对象创造出来或者在改善的时候,最优地并且最有效地达到该对象的目的,根据系统的思考方法,把它作为系统而进行开发、设计、制造及运行的思考方法、步骤以及各种方法的综合性的工程体系. 同年,三浦武雄认为系统工程的目的是研制一个系统,而系统不仅涉及工程学的领域,还涉及社会、经济和政治等领域,所以为了适当地解决这些领域的问题,除了需要某些纵向技术以外,还要有一种技术从横向把它们组织起来,这种横向技术就是系统工程.

从以上各种对系统工程的定义可以看出,系统工程是以有人参与的复杂大系统为研究对象,按照一定的目的对系统进行分析与管理,以期达到总体效果最优的理论与方法. 因此,所谓系统工程就是寻求"总体最优"的理论与方法. 再简单概括而又不失本质地去定义系统工程,可以认为系统工程就是处理系统的技术.

各个学科根据本身的特点,形成了各个学科自己的方法论. 系统工程方法论指的是,在处理系统问题过程中及分析问题和解决问题的途径、手段和方式,或者说是人们处理系统问题所应用的知识、观点及去解决问题的行为方式. 在系统工程方法论研究发展过程中,逐渐形成处理系统问题的思路及框架,其中 1962 年霍尔在《系统工程方法论》一书中所提出的

"三维结构"最被大家认可.

霍尔的"三维结构"指的是,对于所处理的系统问题,从所需要的专业知识、处理问题的思维步骤和处理问题的工作程序阶段,即相应的"知识维""逻辑维"和"时间维"的三维结构的角度出发,系统展开研究的工作模型(图 1-1).

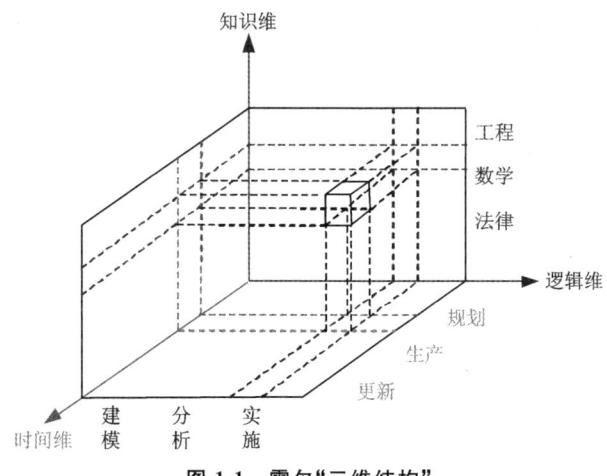

图 1-1　霍尔"三维结构"

霍尔"三维结构"中的"知识维"是指处理系统问题所需要的知识.应该强调的是,由于系统的综合性,除了包含系统的专门知识外,它还包括跨学科的知识,如工程技术、经济、环境、法律、社会、心理、艺术等多领域知识.

"时间维"是指分析处理系统的工作进程,一般分为 7 个阶段:①规划阶段,包括确定系统目标,分析环境条件及资源约束,制定规划;②设计阶段,确定系统方案;③研制阶段,依据设计方案进行系统研制,并做出生产方案;④生产阶段,按照设计方案进行系统的零部件生产;⑤安装阶段,按照系统方案,把零部件组装成系统;⑥运行阶段,把组装成的系统投入运行,检验系统性能是否达到预期指标,并进一步提出改进方案;⑦更新阶段,系统经过运行后,一些指标未达到预期,就须对原系统进行更新.

"逻辑维"是指应用系统工程方法处理各阶段系统问题的步骤,大体分为 7 步:①摆明问题,在系统预调研的基础上,对系统和系统所处的环境、拟解决的系统问题以及系统的未来发展作出基本分析;②确定目标,选择评价系统功能的指标体系、评价准则,这一步在系统分析中十分重要,因为系统目标一旦确定,系统将按照所确定的目标方向发展;③系统综合,通俗地说,这一步骤就是提出并形成系统的可行方案,一般是多方案的;④系统分析,根据问题进行系统建模,以便分析、推断系统发展的各种可能结果;⑤系统优化分析,基于系统模型,进行优化分析,对方案进行比较,判别方案优劣;⑥决策分析,它与优化分析的区别在于,在决策中要考虑决策者对价值及风险的偏好,通过决策分析,对优化方案进行排序,寻求满意方案,推荐给决策者,对系统方案作出最终抉择;⑦实施计划,对所抉择的满意方案付诸实施.

在上述过程中必须强调的是,人们的认识不可能一次到位,应该进行多次的反复,从而不断修改系统目标、补充与扩展新的系统方案、完善系统模型、进行系统优化分析与决策分析,以做出更好的系统选择.我国学者钱学森于1989年提出"综合集成法",是对系统工程方法论研究方面作出的新贡献.从定性到定量的综合集成法指的是,在处理开放复杂巨系统时,将专家群体、数据和各种信息与计算机仿真有机地结合起来,把各种学科的科学理论和人的经验知识结合起来,发挥综合集成系统的整体优势去解决复杂系统问题.复杂系统具有多变量、多层次、结构复杂、机制复杂、跨学科的特点,采用定性和定量相结合的方法,将科学理论和人的经验知识结合起来,依据系统思想把多种学科结合起来,把宏观研究与微观研究结合起来,并通过系统分析,完成对复杂巨系统认识上从定性到定量的飞跃,因此综合集成法具有解决开放复杂巨系统问题的能力.

第三节　学科地位

一、运筹学的学科地位

如前所述,运筹学是一门综合性学科,它与许多学科交叉或密切相关,其中主要的相关学科有数学科学、管理科学、经济科学、系统科学、计算机科学.在前面介绍运筹学的特点时已经简要叙述过它同数学科学、计算机科学的关系,这里再概述一下它同管理科学、经济科学和系统科学的关系.

现代科学的飞速发展使科学知识产生了"爆炸式"的增长,各种学科越分越多,越分越细,越来越专门化.同时,人们在实践中所遇到的许多问题也都十分复杂,往往要用到多种学科的知识,而非单独某一学科知识所能解决.例如,美国的"阿波罗登月计划"和我国的"嫦娥奔月计划",它们的全部任务由地面、空间、登月3部分组成,其中不仅直接用到航空航天、电子、冶金、机械、化工等技术领域的知识,还用到天文、物理、生物、化学、数学等基础学科的知识,因此,非少数学科和技术领域的少数人所能胜任.像这样一些庞大的、复杂的系统工程,其计划、组织与实施是靠系统科学的有效指导而得以圆满完成的,而运筹学就是系统科学的最重要手段之一.在解决这样一些涉及多领域、多学科、多部门的实际问题时,作为系统科学的主要基础和基本手段的运筹学往往可以大显身手.

在美国,管理科学有其特定含义,它是一门同运筹学稍有区别的学科.在我国,管理科学的含义更加广泛,以至无法确切定义.在很大程度上可以说,管理就是决策,因此管理科学是一门决策科学,是帮助人们正确地决定应付各种复杂情况及解决各种复杂问题的方法和行动,以便有效地管理各种复杂系统使之有序运行的一门科学.而运筹学的首要特点就是能提供科学决策的依据,因此运筹学是管理科学的重要基础,是实行科学管理的强有力工具.

本书侧重于日常管理中常见的运筹学问题及其适用的运筹学模型与方法,尤其关注经济系统管理中的一些常见问题.一个经济系统的运行过程可以归结为投入产出的过程,即投入资源(人力、物力、财力、信息、时间)、产出效益(实物和劳务的数量、质量、效率)的过程.人们自然希望以较少的投入实现较大的产出,这就产生了经济系统如何运营的问题.对此,运筹学主要从以下两个方面进行研究:

(1)投入既定,如何实现最大产出?

(2)产出既定,如何实现最小投入?

这是运筹学在经济管理中研究的两类基本问题,即所谓经济系统最优化问题.运筹学能够根据人们的不同需要,提供一些特定的方法用以给出相应的最优方案,从而帮助人们做出科学的决策."田忌赛马""丁谓修皇宫"的典故恰好分别是运筹学思想在这两类问题中成功运用的范例.

由此可见,人们的管理实践是运筹学和管理科学的思想源泉,而运筹学的根本宗旨就是为管理者提供科学决策的依据.

二、系统工程的学科地位

系统工程属于系统科学的学科范畴.系统科学研究系统演化的一般规律、系统有序结构的自组织原理和系统复杂性.系统科学是20世纪产生的,它的诞生是科学发展史上的重大事件之一.

依据系统思想建立的完整科学体系称为系统科学.按照钱学森的观点,系统科学作为完整的学科体系,包含哲学、基础科学、技术科学和工程技术4个层次,他所建立的系统科学体系如图1-2所示.

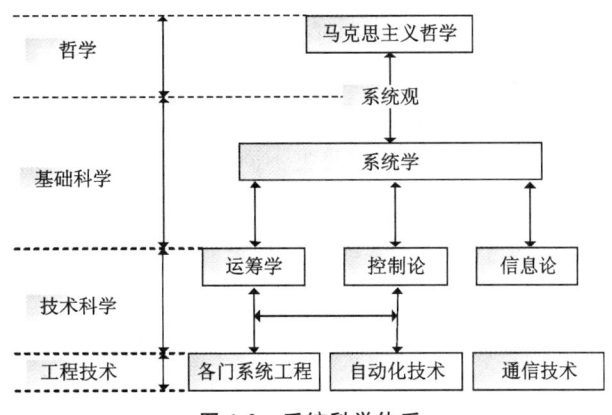

图 1-2　系统科学体系

在他的系统科学体系结构中基础科学指的是这个学科中的理论基础,它解释着这个学科中的一般规律,系统科学的理论基础就是系统学;技术科学指的是这个学科中的技术基础,它沟通着基础理论与实践应用,并指导工程技术的实现,系统科学的技术基础就是运筹学控制论和信息论;工程技术指的是这个学科中的应用技术,系统科学的应用技术就是系统工程.所以,系统工程在系统科学体系结构中处在工程技术层次.

第四节　运筹学与系统工程的关系

一、运筹学与系统工程的联系

作为科学研究对象的客观世界是由物和事组成的,物是独立于人的意识而存在的物质客体,事是指人们变革自然和社会的各种有目的的活动,由此,人的知识可分为关于物的知识和关于事的知识.对物的自然属性进行研究,探讨其运动与变化规律,就是广义的物理学;探讨办好事情的规律与方法,就是事理学.运筹学是事理学中专门研究通过定性谋划和定量计算制定办事方案一类问题的科学,是一类可以用数学语言描述的事理学.

运筹学是 20 世纪 40 年代发展起来的一门科学,它是管理系统的人为了获得系统运行的最优解而使用的一种科学方法.运筹学属技术科学,包括系统工程特有的数学理论,即线性规划、非线性规划、博弈论、动态规划、图论、网络计划、排队论等内容.

系统工程是在运筹学、控制论和计算科学广泛实践的基础上,应用系统方法解决实践问题的工程技术.按钱学森所建立的系统科学体系,系统工程的基础理论是由运筹学、控制论和信息论等技术科学组成的,其基本工具是计算机以及为其提供计算方法的计算科学.

二、运筹学与系统工程的区别

目前,有些人把运筹学和系统工程混淆起来,甚至有人认为二者是一个内容,这是错误的.造成这一错误认识的原因是对运筹学概念的理解有偏差,运筹学这一概念,国外与国内有不同的解释,国外的运筹学与国内的系统工程有相似的内容,因此,被称为"狭义系统工程";而国内运筹学是按钱学森的说法,将其定义为数学方法与理论.由系统科学体系可见,运筹学和系统工程是既有联系又有区别的两类不同层次的科学,可以通过以下几点来理解两类学科的区别和含义.

(1)运筹学是从系统工程中提炼出来的基础理论,属于技术科学;系统工程是运筹学的实践内容,属工程技术.

(2)运筹学在国外被称为"狭义系统工程",与国内的运筹学内涵不同,它解决具体的"战术问题";系统工程侧重于研究战略性的"全局问题".

(3)运筹学侧重对已有系统进行优化;系统工程从系统规划设计开始就运用优化的思想.

(4)运筹学是系统工程的数学理论,是实现系统工程实践的数学工具,是为系统工程服务的;系统工程是方法论,着重于概念、原则、方法的研究,只把运筹学作为手段和工具使用.

三、发展趋势

当前,人们面临的系统越来越大、越来越复杂,系统已经由简单的、结构良好的问题向复杂的、结构不良的问题推进,而运筹学的局限性也逐步暴露出来,主要表现在以下方面.

(1)面对结构不良的复杂问题,单纯依靠数学模型很难解决.

(2)由于分支较细,容易将人们引入方法导向的误区.

(3)系统的状态、发展与演化受各种因素影响,其中很多因素当前很难准确定量,致使运筹学方法受到限制.

(4)追求最优解的思想是正确的,但在复杂系统的实践中往往不存在最优解,寻求次优解或满意解以及寻求对系统的改善往往是重要的.

鉴于运筹学存在的片面性,国内外学者进行了深入的研究,提出了运筹学软化的思想,西方出现了硬运筹学和软运筹学的概念.硬运筹学主要研究结构清楚、目的明确的问题,为进行定量的描述,使用理性工具——数学模型,追求的是最优解;而软运筹学的研究对象是议题,即在社会过程中人们不断"构建"的、本身存在争议的问题,使用的理性工具除数学模型外,还包括为理清思路而引入的概念模型,追求的是满意解或可行且满意的行动方案.钱学森等指出运筹学是关于结构良好的事理问题的数学理论,即最优化理论;事理学是关于结构不良的事理问题的半定性、半定量的科学理论,是寻求较优化或满意解的一般优化理论.这些工作都表明,运筹学的研究正向着定性与定量相结合、做事与做人相结合的方向发展.

习 题

1. 什么是系统?什么是系统工程?
2. 请解释霍尔"三维结构".

第二章 线性规划与单纯形法

线性规划是运筹学的一个重要分支.自1947年丹捷格针对线性规划问题提出一般的求解方法(单纯形法)后,线性规划在理论上日益完善,在实践中的应用日益深入.特别是在计算机能够应对具有成千上万个约束条件和决策变量的线性规划问题之后,线性规划的适用领域迅速扩大,在工业、农业、贸易、交通运输、军事、经济规划和管理决策等领域都占据了重要位置,是现代科学管理的重要手段之一.

第一节 线性规划的概念

一、线性规划问题的提出

规划问题总是离不开有限资源的合理利用.这里的有限资源是一个广义的概念,它可以是原材料、机械设备、资本、空间等有形的事物,也可以是时间、技术等无形的事物.合理利用一般是使费用最小或利润最大,即在资源一定的前提条件下,如何获得最大的经济效益,或者为了达到已定的预期目标,如何实现最少的资源消耗量.

【例 2-1】 工厂每月生产 X、Y、Z 3 种产品,单件产品的原材料消耗量、所需设备、所耗工时、资源限量及单件产品利润如表 2-1 所示.问该工厂为使每月获利最大,应如何生产这 3 种产品?

表 2-1 产品与资源的关系

资源	产品			资源限量
	X	Y	Z	
原材料(kg)	2	1	4	300
设备(台时)	3	2	1	200
工时(h)	1	3	5	150
利润(元/件)	2	4	6	

求解上述问题,设 x_1、x_2、x_3 分别为产品 X、Y、Z 的产量,这时该工厂可获取的利润为 $(2x_1+4x_2+6x_3)$ 元.令 $z=2x_1+4x_2+6x_3$,因问题中要求获取的利润为最大,即 $\max z$. 产品 X、Y、Z 的产量受原材料、设备和工时的资源限制,同时产品 X、Y、Z 的产量不可能为负

值. 由此例 2-1 的数学模型可表示为：

$$\max z = 2x_1 + 4x_2 + 6x_3$$

$$\text{s.t.} \begin{cases} 2x_1 + x_2 + 4x_3 \leqslant 300 \\ 3x_1 + 2x_2 + x_3 \leqslant 200 \\ x_1 + 3x_2 + 5x_3 \leqslant 150 \\ x_j \geqslant 0 \ (j=1,2,3) \end{cases}$$

【例 2-2】 地铁公司拟在下一年度的 1～4 月租用仓库堆放物资. 各月份所需仓库面积数见表 2-2. 仓库租借费用随合同期而定，期限越长，折扣越大，具体见表 2-3. 租借仓库的合同每月初都可办理，每份合同具体规定租用面积数和期限. 因此该厂可根据需要在任何一个月初办理租借合同. 每次办理时可签一份，也可签若干份租用面积和租借期限不同的合同，试确定该公司签订租借合同的最优决策，目的是使所付租借费用最小.

表 2-2 月份与所需仓库面积的关系

月 份	1	2	3	4
所需仓库面积(m^2)	1500	1000	2000	1200

表 2-3 合同租借期限与租金的关系

合同租借期限(月)	1	2	3	4
合同期内租金(元/m^2)	28	45	60	73

本例中若用变量 x_{ij} 表示地铁公司在第 $i(i=1,2,3,4)$ 个月初签订的租借期为 $j(j=1, 2,3,4)$ 个月的仓库面积的合同. 因 5 月起该公司不需要租借仓库，故 $x_{24}, x_{33}, x_{34}, x_{42}, x_{43}, x_{44}$ 均为零. 该公司希望总的租借费用为最小，故有如下数学模型.

目标函数：

$$\min z = 28(x_{11}+x_{21}+x_{31}+x_{41}) + 45(x_{12}+x_{22}+x_{32}) + \\ 60(x_{13}+x_{23}) + 73x_{14}$$

约束条件：

$$\text{s.t.} \begin{cases} x_{11}+x_{12}+x_{13}+x_{14} \geqslant 1500 \\ x_{12}+x_{13}+x_{14}+x_{21}+x_{22}+x_{23} \geqslant 1000 \\ x_{13}+x_{14}+x_{22}+x_{23}+x_{31}+x_{32} \geqslant 2000 \\ x_{14}+x_{23}+x_{32}+x_{41} \geqslant 1200 \\ x_{ij} \geqslant 0 \ (i=1,2,3,4; j=1,2,3,4) \end{cases}$$

这个模型中的约束条件分别表示当月初签订的租借合同的面积数加上该月前签订的未到期的合同的租借面积总和，应不少于该月所需的仓库面积数.

二、线性规划的定义及其数学描述

1. 线性规划的定义

上述两个例子表明,规划问题的数学模型由以下 3 个要素组成:

(1)变量,也称决策变量.它是问题中要确定的未知量,用以表明规划中用数量表示的方案、措施,可由决策者决定和控制.

(2)目标函数.它是决策变量的函数,按优化目标分别在这个函数前加上 max 或 min.

(3)约束条件.约束条件是指决策变量取值时受到的各种资源条件的限制,通常表达为含决策变量的等式或不等式.

如果规划问题的数学模型中,决策变量的取值是连续的,目标函数是决策变量的线性函数,约束条件是含决策变量的线性等式或不等式,则该类规划问题的数学模型称为线性规划的数学模型.

2. 线性规划的数学描述

由以上两个例子可以看出,线性规划具有以下几个特征:

(1) 要求有一组变量(决策变量),用 $x_j(j=1,2,\cdots,n)$ 来表示,这组变量的一组定值就代表一个问题中的具体方案.

(2) 要求有一个目标要求(目标函数),其价值系数用 $c_j(j=1,2,\cdots,n)$ 来表示,此目标函数可表示为决策变量的线性函数,并且要求这个目标函数达到最优(最大或最小).

(3) 存在一定的限制条件(约束条件),即线性规划的此决策变量取值要受到 m 项资源的限制,用 $r_i(i=1,2,\cdots,m)$ 表示第 i 种资源的拥有量,这些限制条件可以用一组线性等式或不等式来表示.

(4) 由于工艺或技术的不同,会使得资源消耗不同,可用 b_{ij} 表示每生产 1 个单位的产品 j,消耗第 i 种资源的数量.由此可将上述线性规划问题的数学模型表示为:

$$\max(\text{或 min})z = c_1x_1 + c_2x_2 + \cdots + c_nx_n$$
$$\text{s.t.} \begin{cases} b_{11}x_1 + b_{12}x_2 + \cdots + b_{1n}x_n \leqslant (=,\geqslant) r_1 \\ b_{21}x_1 + b_{22}x_2 + \cdots + b_{2n}x_n \leqslant (=,\geqslant) r_2 \\ \qquad\qquad\qquad\vdots \\ b_{m1}x_1 + b_{m2}x_2 + \cdots + b_{mn}x_n \leqslant (=,\geqslant) r_m \\ x_j \geqslant 0 \ (j=1,2,\cdots,n) \end{cases} \tag{2-1}$$

其紧缩形式为:

$$\max(\text{或 min})z = \sum_{j=1}^{n} c_j x_j$$
$$\text{s.t.} \begin{cases} \sum_{j=1}^{n} b_{ij} x_j \leqslant (=,\geqslant) r_i \ (i=1,2,\cdots,m) \\ x_j \geqslant 0 \ (j=1,2,\cdots,n) \end{cases} \tag{2-2}$$

用向量形式表达时,上述模型可写为:

$$\max(\text{或 min})z = \sum_{j=1}^{n} c_j x_j$$

$$\text{s. t.} \begin{cases} \sum_{j=1}^{n} \boldsymbol{p}_j x_j \leqslant (=, \geqslant) \boldsymbol{r} \\ x_j \geqslant 0 \ (j=1,2,\cdots,n) \end{cases} \quad (2\text{-}3)$$

式(2-3)中,

$$\boldsymbol{p}_j = \begin{bmatrix} b_{1j} \\ b_{2j} \\ \vdots \\ b_{mj} \end{bmatrix}, \boldsymbol{r} = \begin{bmatrix} r_1 \\ r_2 \\ \vdots \\ r_m \end{bmatrix}$$

上述线性规划问题可以用矩阵形式表示:

$$\max(\text{或 min})z = \boldsymbol{CX}$$

$$\text{s. t.} \begin{cases} \boldsymbol{BX} \leqslant (=, \geqslant) \boldsymbol{r} \\ \boldsymbol{X} \geqslant 0 \end{cases} \quad (2\text{-}4)$$

式中,

$$\boldsymbol{C} = (c_1, c_2, \cdots, c_n), \boldsymbol{B} = \begin{bmatrix} b_{11} b_{12} \cdots b_{1n} \\ b_{21} b_{22} \cdots b_{2n} \\ \vdots \ \vdots \ \cdots \ \vdots \\ b_{m1} b_{m2} \cdots b_{mn} \end{bmatrix}, \boldsymbol{X} = \begin{bmatrix} x_1 \\ x_2 \\ \vdots \\ x_n \end{bmatrix}, \boldsymbol{r} = \begin{bmatrix} r_1 \\ r_2 \\ \vdots \\ r_m \end{bmatrix}$$

三、线性规划的标准型

用单纯形法求解线性规划问题时,为便于讨论,须将线性规划模型化为统一的标准形式,本书规定线性规划问题的标准形式须满足以下 4 点.

1. 目标函数极大化

对于目标函数为极小化问题,如 $\min z = \sum_{j=1}^{n} c_j x_j$,可以等价为极大化问题. 因为求 $\min z$ 等价于求 $\max(-z)$,令 $z' = -z$,即化为 $\max z' = -\sum_{j=1}^{n} c_j x_j$.

最小化线性规划模型与对应的最大化线性规划模型之间的关系如图 2-1 所示.

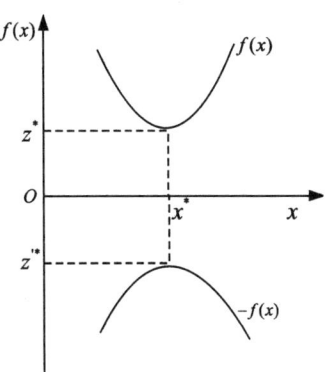

图 2-1 对应关系

2. 约束条件为等式

对于形如 $b_{i1}x_1 + b_{i2}x_2 + \cdots + b_{in}x_n \leqslant r_i$ 的不等式约束,可以通过引入所谓"松弛变量 x_{n+i}"化为等式约束 $b_{i1}x_1 + b_{i2}x_2 + \cdots + b_{in}x_n + x_{n+i} = r_i$(其中 $x_{n+i} \geqslant 0$);而对于形如 $b_{i1}x_1 + b_{i2}x_2 + \cdots + b_{in}x_n \geqslant r_i$ 的不等式约束,可以通过引入所谓"剩余变量 x_{n+i}"化为等式约束 $b_{i1}x_1 + b_{i2}x_2 + \cdots + b_{in}x_n - x_{n+i} = r_i$(其中 $x_{n+i} \geqslant 0$).

3. 决策变量为非负

对于变量 x_j 自由无约束条件问题,可以定义 $x_j = x'_j - x''_j$,$x'_j \geqslant 0, x''_j \geqslant 0$,从而化为非负约束;对于变量 $x_j \leqslant 0$ 的情况,令 $x'_j = -x_j$,显然 $x'_j \geqslant 0$.

4. 约束条件右端常数项非负

对于约束条件右端常数项 $r_i < 0 (i=1,2,\cdots,m)$,只需将等式或不等式两端同乘以 (-1),即可将其化为非负.

【例 2-3】 将下述线性规划问题化为标准型.

$$\min z = -x_1 + x_2 - 3x_3$$

$$\text{s.t.} \begin{cases} 2x_1 + x_2 + x_3 \leqslant 8 \\ x_1 + x_2 + x_3 = 3 \\ -3x_1 + x_2 + 2x_3 \leqslant -5 \\ x_1 \geqslant 0, x_2 \leqslant 0, x_3 \text{ 自由无约束} \end{cases}$$

解:(1) 因为 $x_2 \leqslant 0$,故令 $x'_2 = -x_2$,x_3 无符号要求,即 x_3 取正值也可取负值,标准型中要求变量非负,所以令 $x_3 = x'_3 - x''_3$,这里 x'_3、$x''_3 \geqslant 0$.

(2) 第一个约束条件是"$\leqslant$",在"$\leqslant$"左端加入松弛变量 x_4($x_4 \geqslant 0$),化为等式.

(3) 第二个约束条件是"$=$",故不需要变化.

(4) 第三个约束条件是"$\leqslant$"且常数项为负数,因此在"$\leqslant$"左边加入松弛变量 x_5($x_5 \geqslant 0$),同时两边乘以 (-1).

(5) 目标函数是最小值,为了化为求最大值,令 $z' = -z$,得到 $\max z' = -\min z$,即当 z 达到最小值时,z' 达到最大值,反之亦然.

最终该问题的标准型为:

$$\max z' = x_1 + x'_2 + 3(x'_3 - x''_3) + 0x_4 + 0x_5$$

$$\text{s.t.} \begin{cases} 2x_1 - x'_2 + x'_3 - x''_3 + x_4 = 8 \\ x_1 - x'_2 + x'_3 - x''_3 = 3 \\ 3x_1 + x'_2 - 2(x'_3 - x''_3) - x_5 = 5 \\ x_1, x'_2, x'_3, x''_3, x_4, x_5 \geqslant 0 \end{cases}$$

第二节 线性规划的图解法、解的概念及其性质

一、线性规划的图解法(解的几何性质)

图解法顾名思义就是利用绘图来求解线性规划问题.这种方法简单、直观,适合求解两个决策变量的线性规划问题.下面介绍其步骤:

(1)建立平面直角坐标系.取决策变量为坐标向量,标出坐标原点、坐标轴指向及单位长度.

(2)确定线性规划解的可行域.根据非负条件和约束条件画出解的可行域.只有在第一象限的点才满足线性规划非负条件,将不等式表示的每个约束条件化为等式,在坐标系第一象限作出约束直线,每条约束直线将第一象限划分为两个半平面,经判断后确定不等式所决定的半平面.所有约束直线可能形成或不能形成相交区域,若能形成相交区域,则相交区域的任意点表示的解为此线性规划可行解,这些符合约束条件的点的集合,称为可行集或可行域;若不能形成相交区域,则该线性规划问题无可行解.

(3)绘制目标函数等值线.目标函数等值线即目标函数取值相同点的集合,一般是一条直线.

(4)寻找线性规划最优解.对于目标函数 max 的任意等值线,确定该等值线平移后值增加的方向,不断平移此等值线,使其达到既与可行域相交又不可能使目标函数值再增加的位置.相交位置存在 3 种情况:若仅有唯一交点,目标函数等值线与可行域相切,切点坐标即为线性规划的最优解;若相交于多个点,则线性规划有无穷多最优解;若相交于无穷远处,此时不存在有限最优解(无界解).若可行域是空集,则线性规划无解,即无可行解.

【例 2-4】 用图解法求下述线性规划问题的最优解.

$$\max z = -2x_1 - 2x_2$$
$$\text{s. t.} \begin{cases} x_1 - x_2 \geqslant 1 \\ -x_1 + 2x_2 \leqslant 2 \\ x_j \geqslant 0 \ (j = 1,2) \end{cases}$$

解:可行域为阴影部分,如图 2-2 所示.虚线为目标函数,目标函数最终与可行域交在 $(1,0)$ 点,将其代入目标函数,可得 $z = -2$.

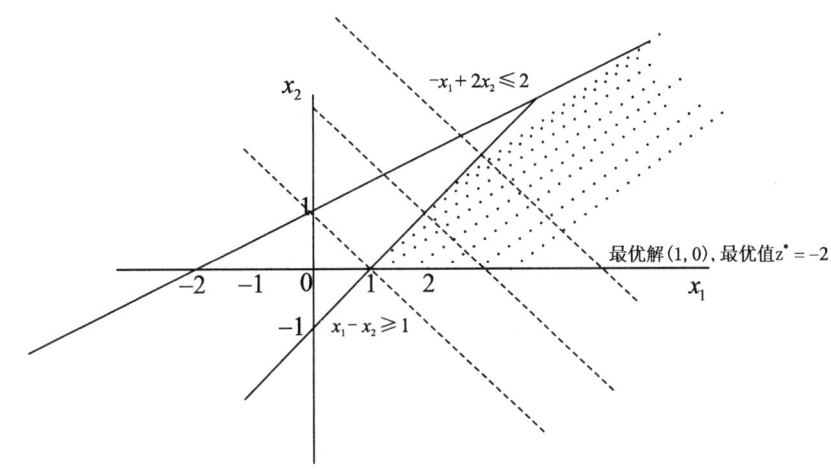

图 2-2 可行域

线性规划的可行域和最优解有下列几种可能的情况:

(1)可行域为封闭的有界区域.①有唯一的最优解;②有无穷多个最优解.

(2)可行域为非封闭的无界区域.①有唯一的最优解;②有无穷多个最优解;③目标函数无界(即虽有可行解,但在可行域中,目标函数可以无限增大或无限减小),所以不存在有限最优解.

(3)可行域为空集.这种情况没有可行解,原问题无最优解.

以上几种情况的图示如图 2-3 所示.

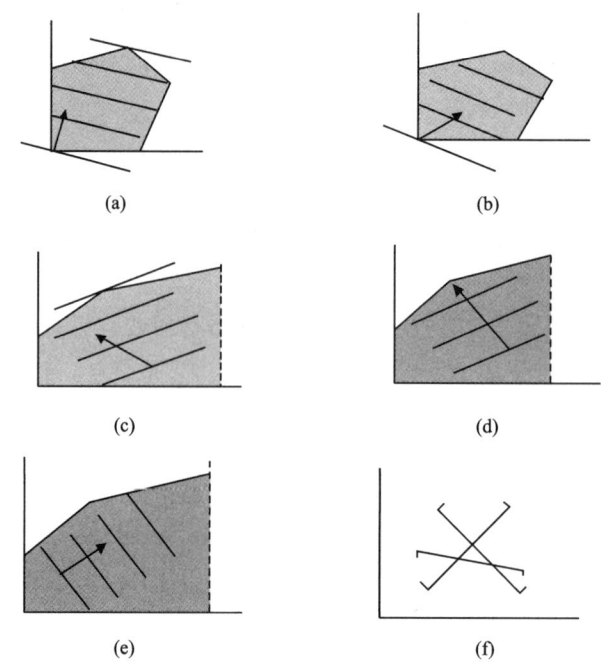

图 2-3 线性规划的可行域和最优解可能包含的情况

(a)可行域有界,唯一最优解;(b)可行域有界,多个最优解;(c)可行域无界,唯一最优解;
(d)可行域无界,多个最优解;(e)可行域无界,目标函数无界;(f)可行域为空集,无可行解

二、线性规划的解的概念

考虑一个标准的线性规划问题.设线性规划的标准型:

$$\max z = \boldsymbol{CX} \tag{2-5}$$

$$\text{s. t.} \begin{cases} \boldsymbol{AX} = \boldsymbol{b} \\ \boldsymbol{X} \geqslant 0 \end{cases} \tag{2-6}$$

式中:$\boldsymbol{A}$ 是 $m \times n$ 是矩阵,$m \leqslant n$ 并且 $r(\boldsymbol{A}) = m$,显然 $\boldsymbol{A}$ 中至少有一个 $m \times n$ 子矩阵 $\boldsymbol{B}$,使得 $r(\boldsymbol{B}) = m$.

1. 基

$\boldsymbol{A}$ 中 $m \times n$ 子矩阵 $\boldsymbol{B}$ 且满足 $r(\boldsymbol{B}) = m$,则称 $\boldsymbol{B}$ 是线性规划的一个基(或基矩阵).当 $m = n$ 时,基矩阵唯一;当 $m < n$ 时,基矩阵可能有多个,但是数目不超过 C_n^m.由线性代数可知,基矩阵 $\boldsymbol{B}$ 必为非奇异矩阵,并有 $|\boldsymbol{B}| \neq 0$.若基矩阵 $\boldsymbol{B}$ 的行列式等于零,即 $|\boldsymbol{B}| = 0$ 时,就不是基.

2. 基向量、非基向量、基变量、非基变量

当确定某一矩阵为基矩阵时,将基矩阵对应的列向量称为基向量,其余列向量称为非基

向量.基向量对应的变量称为基变量,非基向量对应的变量称为非基变量.

3. 可行解

满足式(2-6)约束条件的解 $X=(x_1,x_2,\cdots,x_n)^T$,称为线性规划问题的可行解.全部可行解的集合称为可行域.

4. 最优解

满足式(2-5)目标函数的可行解称为最优解,即使得目标函数达到最大值的可行解就是最优解.

5. 基本解

对某一特定的基 B,令非基变量等于零,利用 $AX=b$ 解出基变量,则这组解称为基 B 的基本解.

6. 基本可行解

如果基本解是可行解,则称之为基本可行解(也称基本可行解).

7. 基本最优解

最优解是基本解,称为基本最优解.

8. 可行基

基本可行解对应的基称为可行基.

9. 最优基

基本最优解对应的基称为最优基.

基本最优解、最优解、基本可行解、基本解、可行解的关系如图 2-4 所示.

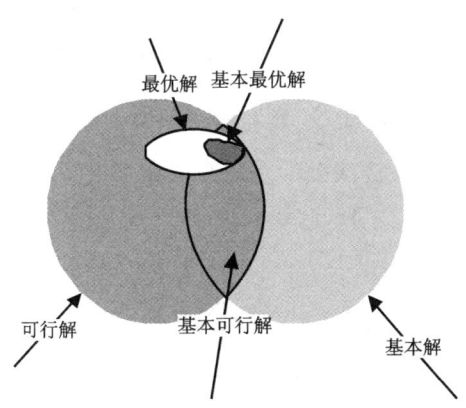

图 2-4 线性规划的解的关系

10. 凸集

由图解法可知,对于两个变量的线性规划,其可行域是由若干个直线围成的向外凸出的区域,这种类型的图形称为凸集.和其他集合相比,凸集最大的特点是任意两点的连线段仍在集合中,相反非凸集一定存在两个点,其连线上的部分点不在集合中,如图 2-5 所示.

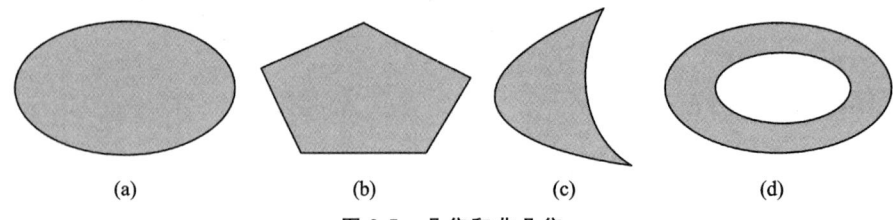

图 2-5 凸集和非凸集

(a)、(b)代表的集合为凸集；(c)、(d)代表的集合为非凸集

设 K 是 m 维空间的一个点集,对于任意两点 X_1、$X_2 \in K$,当满足 $X = aX_1 + (1-a)X_2 \in K(0 \leqslant a \leqslant 1)$ 时,则称 K 为凸集.

$X = aX_1 + (1-a)X_2$ 是以 X_1、X_2 为端点的线段方程,点 X 的位置由 a 的值确定,当 $a = 0$ 时,$X = X_2$,当 $a = 1$ 时,$X = X_1$.

11. 凸组合

设 $X, X_1, X_2, \cdots, X_k$ 是 R^m 中的点,若存在 $a_1, a_2, \cdots, a_k$,且 $a_i \geqslant 0$ 及 $\sum_{i=1}^{k} a_i = 1$,使得 $X = \sum_{i=1}^{k} a_i X_i$ 成立,则称 X 为 $X_1, X_2, \cdots, X_k$ 的凸组合.

12. 顶点

设 K 是凸集,$X \in K$,若 X 不能用 K 中两个不同的点 X_1, X_2 来表示,则称 X 是 K 的一个顶点. 即对任何 $X_1 \in K, X_2 \in K$,不存在 $X = aX_1 + (1-a)X_2 \in K(0 < a < 1)$,就称 X 是凸集 K 的顶点.

三、线性规划的解的性质

定理 2-1 若线性规划问题存在可行解,则问题的可行域是凸集.

证明：若满足线性规划约束条件 $\sum_{j=1}^{n} p_j x_j = r$ 的所有点组成的几何图形 K 是凸集,根据凸集定义,K 内任意两点 X_1, X_2 连线上的点也必然在 K 内,下面给予证明.

设 $X_1 = (x_{11}, x_{12}, \cdots, x_{1n})^T$,$X_2 = (x_{21}, x_{22}, \cdots, x_{2n})^T$ 为 K 内任意两点,即 $X_1 \in K$,$X_2 \in K$,将 X_1, X_2 代入约束条件有：

$$\sum_{j=1}^{n} p_j x_{1j} = r, \sum_{j=1}^{n} p_j x_{2j} = r \tag{2-7}$$

X_1, X_2 连线上任意一点可以表示为：

$$X = aX_1 + (1-a)X_2 \quad (0 < a < 1) \tag{2-8}$$

将式(2-7)代入式(2-8)得：

$$\begin{aligned}
\sum_{j=1}^{n} p_j x_j &= \sum_{j=1}^{n} p_j [ax_{1j} + (1-a)x_{2j}] \\
&= \sum_{j=1}^{n} p_j a x_{1j} + \sum_{j=1}^{n} p_j x_{2j} - a\sum_{j=1}^{n} p_j x_{2j} \\
&= ar + r - ar = r
\end{aligned} \tag{2-9}$$

所以 $\boldsymbol{X} = a\boldsymbol{X}_1 + (1-a)\boldsymbol{X}_2 \in K$，由于集合中任意两点连线上的点均在集合内，故 K 为凸集．

引理 2-1　线性规划问题的可行解 $\boldsymbol{X} = (x_1, x_2, \cdots, x_n)^\mathrm{T}$ 为基本可行解的充要条件是 $\boldsymbol{X}$ 的正分量所对应的系数列向量是线性独立的．

证明：(1)必要性．由基本可行解的定义显然得证．

(2)充分性．若向量 $\boldsymbol{p}_1, \boldsymbol{p}_2, \cdots, \boldsymbol{p}_k$ 线性独立，则必有 $k \leqslant m$．当 $k = m$ 时，它们恰好构成一个基，从而 $\boldsymbol{X} = (x_1, x_2, \cdots, x_m, 0, \cdots, 0)^\mathrm{T}$ 为相应的基本可行解．当 $k < m$ 时，一定可以从其余列向量中找出 $(m-k)$ 个与 $\boldsymbol{p}_1, \boldsymbol{p}_2, \cdots, \boldsymbol{p}_k$ 构成一个基，其对应的解恰为 $\boldsymbol{X}$，因此据定义可知，它是基本可行解．

定理 2-2　线性规划问题基本可行解 $\boldsymbol{X}$ 对应线性规划问题可行域(凸集)的顶点．

证明：本定理需要证明 $\boldsymbol{X}$ 是可行域顶点 $\Leftrightarrow \boldsymbol{X}$ 是基本可行解．采用反证法，即证明 $\boldsymbol{X}$ 不是可行域的顶点 $\Leftrightarrow \boldsymbol{X}$ 不是基本可行解．下面分两步来证明．

(1) $\boldsymbol{X}$ 不是基本可行解 $\Rightarrow \boldsymbol{X}$ 不是可行域的顶点．

不失一般性，假设 $\boldsymbol{X}$ 的前 m 个分量为正，故有：

$$\sum_{j=1}^m \boldsymbol{p}_j x_j = \boldsymbol{r} \tag{2-10}$$

由引理得 $\boldsymbol{p}_1, \boldsymbol{p}_2, \cdots, \boldsymbol{p}_m$ 线性相关，即存在一组不全为零的数 $\delta_i (i = 1, 2, \cdots, m)$，使得：

$$\delta_1 \boldsymbol{p}_1 + \delta_2 \boldsymbol{p}_2 + \cdots + \delta_m \boldsymbol{p}_m = 0 \tag{2-11}$$

由式(2-10)＋式(2-11)可得：

$$(x_1 + \delta_1)\boldsymbol{p}_1 + (x_2 + \delta_2)\boldsymbol{p}_2 + \cdots + (x_m + \delta_m)\boldsymbol{p}_m = \boldsymbol{r} \tag{2-12}$$

由式(2-10)－式(2-11)可得：

$$(x_1 - \delta_1)\boldsymbol{p}_1 + (x_2 - \delta_2)\boldsymbol{p}_2 + \cdots + (x_m - \delta_m)\boldsymbol{p}_m = \boldsymbol{r} \tag{2-13}$$

令

$$\boldsymbol{X}_1 = [(x_1 + \delta_1), (x_2 + \delta_2), \cdots, (x_m + \delta_m), 0, \cdots, 0]$$
$$\boldsymbol{X}_2 = [(x_1 - \delta_1), (x_2 - \delta_2), \cdots, (x_m - \delta_m), 0, \cdots, 0]$$

又 δ_i 可以这样来选取，使得对所有 $i = 1, 2, \cdots, m$，均有

$$x_i \pm \delta_i \geqslant 0$$

由此 $\boldsymbol{X}_1 \in K, \boldsymbol{X}_2 \in K, \boldsymbol{X} = \frac{1}{2}\boldsymbol{X}_1 + \frac{1}{2}\boldsymbol{X}_2$，即 $\boldsymbol{X}$ 不是可行域的顶点．

(2) $\boldsymbol{X}$ 不是可行域的顶点 $\Rightarrow \boldsymbol{X}$ 不是基本可行解．

不失一般性，设 $\boldsymbol{X} = (x_1, x_2, \cdots, x_m, 0, \cdots, 0)^\mathrm{T}$ 不是可行域的顶点，因而可以找到可行域内另外两个不同点 $\boldsymbol{Y}$ 和 $\boldsymbol{Z}$，有：

$$\boldsymbol{X} = a\boldsymbol{Y} + (1-a)\boldsymbol{Z} \quad (0 < a < 1),$$

或可写为：

$$x_j = a y_j + (1-a) z_j \qquad (0 < a < 1; j = 1, 2, \cdots, n)$$

因 $a > 0, (1-a) > 0$，故当 $x_j = 0$ 时，必有 $y_j = z_j = 0$

因为有

$$\sum_{j=1}^{n} p_j x_j = \sum_{j=1}^{m} p_j x_j = r$$

所以

$$\sum_{j=1}^{n} p_j y_j = \sum_{j=1}^{m} p_j y_j = r \tag{2-14}$$

$$\sum_{j=1}^{n} p_j z_j = \sum_{j=1}^{m} p_j z_j = r \tag{2-15}$$

由式(2-14)、式(2-15)可得：

$$\sum_{j=1}^{m} (y_j - z_j) p_j = 0$$

因 $(y_j - z_j)$ 不全为零，故 $p_1, p_2, \cdots, p_m$ 线性相关，即 X 不是基本可行解.

定理 2-3 若线性规划问题有最优解，一定存在一个基本可行解是最优解.

证明：设 $X = (x_1, x_2, \cdots, x_m)^T$ 是线性规划的一个最优解，$z = CX = \sum_{j=1}^{m} c_j x_j$ 是目标函数的最大值. 如果 X 不是基本可行解，由定理 2-2 可知 X 不是顶点，一定能在可行域内找到通过 X 的直线上的另外两个点 $(X + \delta) \geqslant 0$ 与 $(X - \delta) \geqslant 0$. 将这两个点代入目标函数，则有：

$$C(X + \delta) = CX + C\delta$$
$$C(X - \delta) = CX - C\delta$$

因 CX 为目标函数的最大值，故有：

$$CX \geqslant C(X + \delta) = CX + C\delta$$
$$CX \geqslant C(X - \delta) = CX - C\delta$$

即 $0 \geqslant C\delta, 0 \geqslant -C\delta$

由此可知 $C\delta = 0$，即有 $C(X + \delta) = CX = C(X - \delta)$. 如果 $(X + \delta)$ 或 $(X - \delta)$ 仍不是基本可行解，继续按上述的方法做，最后必然能找到一个基本可行解，其目标函数值等于 CX，从而使问题得证.

定理 2-1 描述了可行解集的特征.

定理 2-2 刻画了可行解集的顶点与基本可行解的对应关系，顶点是基本可行解；反之，基本可行解一定是顶点，但它们并非一一对应，有可能同一顶点同时对应两个或几个基本可行解(退化基本可行解时).

定理 2-3 描述了最优解在可行解集中的位置，若最优解唯一，则最优解只能在某一顶点上达到；若存在多重最优解，则最优解是某些顶点的凸组合，因此最优解一定是可行解集的顶点或界点，不会是可行解集的内点.

若线性规划的可行解集非空且有界，则一定存在最优解；若可行解集无界，则线性规划的最优解可能存在，也可能不存在.

定理 2-2 及定理 2-3 还启示我们，寻求最优解不是在无限个可行解中去找，而是在有限个基本可行解中去寻求.

第三节　单纯形法

单纯形法是求解线性规划的通用算法,其基本思想就是将顶点逐步转移,即从一个可行域的顶点(基本可行解)开始,不断迭代,转移到另一个顶点(另一个基本可行解)的过程.转移以目标函数值得到改善(逐步变优)为条件,当目标函数达到最优值时,问题也就得到了最优解.根据线性规划解的性质定理可知,线性规划问题的可行域是凸多边形或凸多面体.若一个线性规划问题有最优解,那这个最优解所对应的点一定是可行域的一个顶点;若该线性规划有多个最优解,那么在可行域的顶点中至少可以找到一个最优解.因此要解决的问题是:①如何寻找一个使迭代开始的初始基本可行解?②为使目标函数逐步变优,怎样转移顶点?③判断目标函数达到最优的标准是什么?

一、单纯形法原理

对于一个基,当确定非基变量后,也就确定了基变量和目标函数的值.利用非基变量可以表示基变量和目标函数,这时非基变量是自由变量,目标函数称为典式,对应的基本可行解中非基变量均为零.典式又称为典则形式,它符合以下要求:①符合线性规划标准形式的要求;②目标函数不含基变量;③约束方程组中基变量向量对应的系数列向量构成一个单位矩阵.

换基:沿可行域边界从一个极点移动到相邻的极点时,所有的非基变量中只有一个变量的值从零增加,其他非基变量值都保持零不变,直至有一个基变量下降为零.为了方便大家理解,我们通过下例阐明单纯形法求解线性规划问题的迭代过程及算法原理.

【例 2-5】　用单纯形法的思想求解线性规划问题.

$$\max z = 2x_1 + 3x_2 + 3x_3$$

$$\text{s.t.} \begin{cases} x_1 + x_2 + x_3 \leqslant 3 \\ x_1 + 4x_2 + 7x_3 \leqslant 9 \\ x_1, x_2, x_3 \geqslant 0 \end{cases}$$

上式中,第 1 个约束为劳动力约束,第 2 个约束为原材料约束.

解:(1) 引入非负松弛变量 x_4、x_5,将上例化为标准型.

$$\max z = 2x_1 + 3x_2 + 3x_3 + 0x_4 + 0x_5$$

$$\text{s.t.} \begin{cases} x_1 + x_2 + x_3 + x_4 = 3 \\ x_1 + 4x_2 + 7x_3 + x_5 = 9 \\ x_1, x_2, x_3, x_4, x_5 \geqslant 0 \end{cases}$$

(2) 寻求初始可行解,确定基变量.

$$\boldsymbol{A} = \begin{bmatrix} 1 & 1 & 1 & 1 & 0 \\ 1 & 4 & 7 & 0 & 1 \end{bmatrix}, \boldsymbol{B} = \begin{bmatrix} \boldsymbol{p}_4 & \boldsymbol{p}_5 \end{bmatrix} = \begin{bmatrix} 1 & 0 \\ 0 & 1 \end{bmatrix}, \text{对应基变量 } x_4 \text{、} x_5.$$

(3)写出初始基本可行解和相应的目标函数值.两个关键的基本表达式如下.

① 用非基变量表示基变量的表达式为：

$$\begin{cases} x_4 = 3 - x_1 - x_2 - x_3 \\ x_5 = 9 - x_1 - 4x_2 - 7x_3 \end{cases}$$，其基本可行解为 $\boldsymbol{X}^{(0)} = (0,0,0,3,9)^{\mathrm{T}}$.

② 用非基变量表示目标函数的表达式为：

$z = 2x_1 + 3x_2 + 3x_3$，当前的目标函数值为 $z^{(0)} = 0$.

该结果的经济含义是不生产任何产品,资源全部节余（$x_4 = 3, x_5 = 9$），3 种产品的总利润为 0. 这不是最优结果,只要生产任一产品,就可使产品的总利润大于 0.

(4)分析两个基本表达式,观察目标函数是否可以改善.

① 分析用非基变量表示目标函数的表达式. 非基变量前面的系数均为正数,所以任何一个非基变量进基(变为基变量)都能使 z 值增加,通常把非基变量前面的系数叫"检验数".

② 选哪一个非基变量进基？选 x_1 为进基变量(换入变量).

③确定出基变量.

a. x_1 进基意味着其取值从 0 变成一个正数(经济意义——生产 A 产品),能否无限增大？

b. 当 x_1 增加时，x_4、x_5 如何变化？

c. 现在的非基变量是哪些？

d. 具体如何确定换出变量？

由用非基变量表示基变量的表达式可知：

$$\begin{cases} x_4 = 3 - x_1 - x_2 - x_3 \\ x_5 = 9 - x_1 - 4x_2 - 7x_3 \end{cases}$$

当 x_1 增加时，x_4、x_5 会减小,但有限度——必须大于等于 0,以保持解的可行性,于是有：

$$\begin{cases} x_4 = 3 - x_1 \geq 0 \\ x_5 = 9 - x_1 \geq 0 \end{cases} \Rightarrow \begin{cases} x_1 \leq 3 \\ x_1 \leq 9 \end{cases} \Rightarrow x_1 \leq \min\{3, 9\} = 3 \triangleq \theta$$

当 x_1 的值从 0 增加到 3 时，x_4 首先变为 0,此时 $x_5 = 6 > 0$,因此,可选 x_4 为出基变量,这种用来确定出基变量的规则,称作最小比值原则（或 θ 原则）.

如果 x_1 的系数列向量 $\boldsymbol{p}_1 \leq 0$,则意味着此时 x_1 的值无论怎么增大,解的可行性总能得到满足,这样将会导致无界解的产生,从而最小比值原则会失效.

④ 基变换. 产生新的基变量 x_1、x_5,新的非基变量 x_2、x_3、x_4.

写出用非基变量表示基变量的表达式：

$$\begin{cases} x_4 = 3 - x_1 - x_2 - x_3 \\ x_5 = 9 - x_1 - 4x_2 - 7x_3 \end{cases} \Rightarrow \begin{cases} x_1 = 3 - x_2 - x_3 - x_4 \\ x_5 = 6 - 3x_2 - 6x_3 + x_4 \end{cases}$$

可得新的基本可行解 $\boldsymbol{X}^{(1)} = (3,0,0,0,6)^{\mathrm{T}}$.

⑤ 写出用非基变量表示目标函数的表达式：

$z = 2x_1 + 3x_2 + 3x_3 = 2(3 - x_2 - x_3 - x_4) + 3x_2 + 3x_3 = 6 + x_2 + x_3 - 2x_4$

可得相应的目标函数值为 $z^{(1)} = 6, z^{(1)} > z^{(0)}$,已得到改善. 检验数仍有正的,返回①进行讨论.

(5) 上述过程何时停止？当用非基变量表示目标函数的表达式时,非基变量的系数(检验数)全部非正时,当前的基本可行解就是最优解.因为用非基变量表示目标函数的表达式,如果让负检验数所对应的变量进基,目标函数值将会减小.

最终,新的基本可行解为(非基变量为零) $\boldsymbol{X}^{(2)} = (1,2,0,0,0)^\mathrm{T}$,目标函数 $z^{(2)} = 2+6 = 8$,此时非基变量检验数均为负,解最优.

二、单纯形法的一般法则及计算步骤

1. 单纯形法的一般法则

用求解线性规划问题基本可行解(极点)来寻找最优解的方法称穷举法,因其计算量很大,所以自然想找到一种捷径,能否不求所有的基本可行解,而是按照一定规则只求部分基本可行解来达到最优解呢？单纯形法恰好符合这样的思路和准则.首先,找到一个基本可行解(极点),利用给定准则判断该极点的最优性.若该极点是最优解,或不存在有限最优解则停止；否则,沿着可行域的边界搜索一个相邻的极点,新极点的目标函数值需要不比原目标函数值差.然后,对新极点进行最优性判断.重复此过程.

由例 2-5 可知,单纯形法是一种迭代算法.通常使用单纯形法求解线性规划时,必须先确定初始基本可行解,并依据判别准则进行最优性检验.若得到了最优解或者判定该线性规划没有"有限最优解",则可停止迭代；否则就进行换基迭代,求得新的基本可行解.如此不断迭代,直至求出最优解.

2. 单纯形法的计算步骤

为简单明了又不失一般性,这里就线性规划的约束条件全部是"≤"类型,新增松弛变量作为初始基变量的情况进行讨论.此时线性规划的标准型为:

$$\max z = \sum_{j=1}^{n} c_j x_j + \sum_{j=n+1}^{n+m} 0 x_j$$

$$\mathrm{s.t.} \begin{cases} a_{11}x_1 + a_{12}x_2 + \cdots + a_{1n}x_n + x_{n+1} = r_1 \\ a_{21}x_1 + a_{22}x_2 + \cdots + a_{2n}x_n + x_{n+2} = r_2 \\ \vdots \qquad \vdots \qquad \qquad \vdots \\ a_{m1}x_1 + a_{m2}x_2 + \cdots + a_{mn}x_n + x_{n+m} = r_m \\ x_j \geqslant 0 \ (j=1,2,\cdots,n+m) \end{cases} \quad (2\text{-}16)$$

取 $\boldsymbol{B}^{(0)} = [\boldsymbol{p}_{n+1}, \boldsymbol{p}_{n+2}, \cdots, \boldsymbol{p}_{n+m}] = \begin{bmatrix} 1 & 0 & \cdots & 0 \\ 0 & 1 & \cdots & 0 \\ \vdots & \vdots & & \vdots \\ 0 & 0 & \cdots & 1 \end{bmatrix}$ 作为初始可行基,则得到初始基本可行解: $\boldsymbol{X}^{(0)} = (0,0,\cdots,0,r_1,r_2,\cdots,r_m)^\mathrm{T}$.

1) 确定初始基本可行解

要确定初始基本可行解,首先需要令数学模型标准化,然后确定初始可行基.可根据不同的具体情况,选择采用以下方法来确定初始可行解.

(1)观察法:如果系数矩阵中含有现成的单位阵,可将该单位阵作为初始可行基.

(2)当约束条件中的约束类型都是"≤"时,初始基变量可选择新增的松弛变量,对应的系数列向量恰好构成单位阵,可将该单位阵作为初始可行基.

(3)当约束条件的约束类型都是"≥"或"="时,首先标准化约束条件,再引入非负的人工变量,以人工变量作为初始基变量,其对应的系数列向量构成单位阵(人造基),初始可行基由该人造基构成,然后用大 M 法或两阶段法求解.

为了使约束方程的系数矩阵中出现一个单位阵,在等式约束左边加入一个非负的人工变量.将单位阵的每一个列向量对应的决策变量作为"基变量",出现在单纯形表中的解答列值(即约束方程的右端常数)正好是基变量的取值.

一旦确定了初始可行基,只需根据"用非基变量表示基变量的表达式",让非基变量等于零,从而求出基变量取值,即可构成初始基本可行解.

2)选择进基变量

通常,如果 $\max_j(\sigma_j | \sigma_j > 0) = \sigma_k$,则选择与 σ_k 对应的变量 x_k 为进基变量,其目的是改善目标函数(较快增大).进基变量对应的系数列称为主元列.

3)选择出基变量

要确定出基变量,需依据最小比值原则,即如果 $\theta = \min_i(\frac{b_i}{a_{ik}} | a_{ik} > 0) = \frac{b_l}{a_{lk}}$,则选择变量 x_l 为出基变量.出基变量所在的行称为主元行.主元行和主元列的交叉元素称为主元素(也称为枢元).

4)按照主元素进行矩阵的初等行变换

把主元素变成 1,主元列的其他元素变成零(主元列变为单位向量),得到新的基本可行解.

5)单纯形法最优性判别

判别准则是判断是否已得到最优解或者确定线性规划没有"有限最优解"的基本依据.针对式(2-16),一般(经过若干次迭代)对于基 **B**,用非基变量表示基变量的表达式为:

$$x_{n+i} = r'_i - \sum_{j=1}^{n} a'_{ij} x_j \ (i = 1, 2, \cdots, m) \tag{2-17}$$

用非基变量表示目标函数的表达式为:

$$z = \sum_{j=1}^{n+m} c_j x_j = \sum_{j=1}^{n} c_j x_j + \sum_{i=1}^{m} c_{n+i} x_{n+i} = \sum_{j=1}^{n} c_j x_j + \sum_{i=1}^{m} c_{n+i} (r'_i - \sum_{j=1}^{n} a'_{ij} x_j)$$

$$= \sum_{i=1}^{m} c_{n+i} r'_i + \sum_{j=1}^{n} c_j x_j - \sum_{i=1}^{m} \sum_{j=1}^{n} c_{n+i} a'_{ij} x_j = \sum_{i=1}^{m} c_{n+i} r'_i + \sum_{j=1}^{n} (c_j - \sum_{i=1}^{m} c_{n+i} a'_{ij}) x_j$$

令 $z_0 = \sum_{i=1}^{m} c_{n+i} r'_i, z_j = \sum_{i=1}^{m} c_{n+i} a'_{ij}, \sigma_j = c_j - z_j$,则

$$z = z_0 + \sum_{j=1}^{n} \sigma_j x_j \tag{2-18}$$

重复 2)、3)、4)、5),一直到计算结束为止.

用单纯形法求解时,结果为唯一最优解、无穷多最优解、无界解及无可行解.

(1) 最优性判别定理. 若 $X^{(0)} = (0,0,\cdots,0,r_1,r_2,\cdots,r_m)^T$ 对应基 B 的基本可行解,σ_j 是非基变量的检验数,而对一切非基变量的角标 j,均有 $\sigma_j \leqslant 0$,则 $X^{(0)}$ 为最优解.

(2) 无"有限最优解"的判别定理. 若 $X^{(0)} = (0,0,\cdots,0,r_1,r_2,\cdots,r_m)^T$ 为一基本可行解,有一非基变量 X_k,其检验数 $\sigma_k > 0$,而对于 $i = 1,2,\cdots,m$,均有 $a'_{ik} \leqslant 0$,则该线性规划问题没有"有限最优解"(因在 max 中,c_j 一般指利润,即使有成本,也可与销售价格合并,以利润形式表示,故 c_j 为正,目标函数值可无限增大).

(3) 若在最终单纯形表中,存在某个非基变量的检验数为零,且该问题的最优解是非退化解,则该问题存在无穷多个最优解,即最优解不唯一.

单纯形法计算步骤流程图如图 2-6 所示.

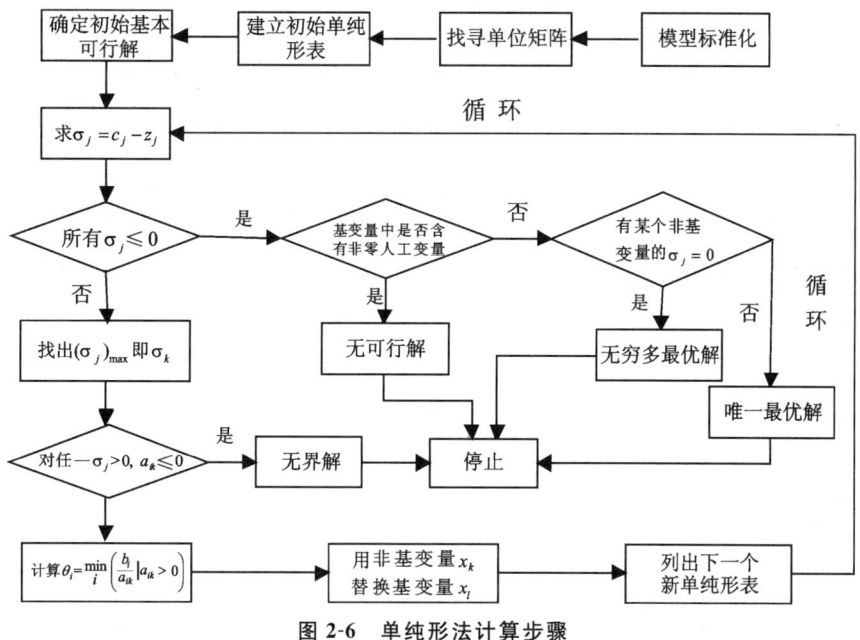

图 2-6 单纯形法计算步骤

三、单纯形表

线性规划的典式在上文的单纯形法求解过程中发挥了重要作用,用其约束方程组能确定某个基变量向量所对应的基本可行解. 同时利用目标函数,能求出所有非基变量的检验数以及当前基本可行解的目标函数值. 典式的特定要求需要在每一次迭代中,利用方程组的变换将基变量向量在约束方程组中的系数列向量转变成一个单位矩阵,然后再将目标函数重写成只含非基变量的函数形式. 由此看来,约束方程组的等价变换是单纯形法迭代的重要手段.

为了便于计算和检查,在实际操作中通常先标准化线性规划问题,再利用等价变换将方程组以矩阵形式来表示,也就是先分离线性规划问题中的系数,然后根据这些系数以表格的形式来表示目标函数、约束方程组以及迭代过程,从而简化计算过程. 这种利用单纯形表求解线性规划的方法就称为表格单纯形法,或称单纯形表上作业法.

1. 初始单纯形表的建立

初始单纯形表的结构如表 2-4 所示.

表 2-4 初始单纯形表

C_B	X_B	b	c_1 x_1	$\cdots$	c_m x_m	$\cdots$	c_j x_j	$\cdots$	c_n x_n
	$c_j \to$								
c_1	x_1	b_1	1	$\cdots$	0	$\cdots$	a_{1j}	$\cdots$	x_{1n}
c_2	x_2	b_2	0	$\cdots$	0	$\cdots$	a_{2j}	$\cdots$	x_{2n}
$\vdots$	$\vdots$	$\vdots$	$\vdots$		$\vdots$		$\vdots$		$\vdots$
c_m	x_m	b_m	0	$\cdots$	1	$\cdots$	a_{mj}	$\cdots$	x_{mn}
	$c_j - z_j$		0	$\cdots$	0	$\cdots$	$c_j - \sum_{i=1}^{m} c_i a_{ij}$	$\cdots$	$c_n - \sum_{i=1}^{m} c_i a_{in}$

2. 单纯形表结构

表 2-4 的第 1 列为基变量在目标函数中的系数值 C_B，第 2 列和第 3 列为基本可行解中的基变量 X_B 及其取值 b. 接下来列出问题中所有变量，基变量下面列的是单位矩阵，非基变量 x_j 下面列的是该变量在约束方程的系数向量 p_j 表示成为基向量线性组合时的系数. 因 $p_1, p_2, \cdots, p_m$ 是单位向量，故有：

$$p_j = a_{1j} p_1 + a_{2j} p_2 + \cdots + a_{mj} p_m$$

表 2-4 最上端的一行数是各变量在目标函数中的系数值.

对 x_j 只要将它下面这一列数字与 C_B 中同行的数字分别相乘，再用它上端 c_j 值减去上述乘积之和有：

$$\sigma_j = c_j - (c_1 a_{1j} + c_2 a_{2j} + \cdots + c_m a_{mj}) = c_j - \sum_{i=1}^{m} c_i a_{ij} \tag{2-19}$$

结合式(2-19)，并结合单纯形法的计算步骤，对 $j = 1, 2, \cdots, n$，将分别按求得的检验数 σ_j，或写为 $(c_j - z_j)$ 记入表 2-4 的最下面一行，形成一个迭代后的新的单纯形表，如表 2-5 所示.

表 2-5 新的单纯形表

C_B	X_B	b	c_1 x_1	$\cdots$	c_l x_l	$\cdots$	c_m x_m	$\cdots$	c_j x_j	$\cdots$	c_k x_k	$\cdots$
	$c_j \to$											
c_1	x_1	$b_1 - b_l \dfrac{a_{1k}}{a_{lk}}$	1	$\cdots$	$-\dfrac{a_{1k}}{a_{lk}}$	$\cdots$	0	$\cdots$	$a_{1j} - a_{1k} \dfrac{a_{lj}}{a_{lk}}$	$\cdots$	0	$\cdots$
$\vdots$	$\vdots$	$\vdots$	$\vdots$		$\vdots$		$\vdots$		$\vdots$		$\vdots$	
c_k	x_k	$\dfrac{b_l}{a_{lk}}$	0	$\cdots$	$\dfrac{1}{a_{lk}}$	$\cdots$	0	$\cdots$	$\dfrac{a_{lj}}{a_{lk}}$	$\cdots$	1	$\cdots$
$\vdots$	$\vdots$	$\vdots$	$\vdots$		$\vdots$		$\vdots$		$\vdots$		$\vdots$	
c_m	x_m	$b_m - b_l \dfrac{a_{mk}}{a_{lk}}$	0	$\cdots$	$-\dfrac{a_{mk}}{a_{lk}}$	$\cdots$	1	$\cdots$	$a_{mj} - a_{mk} \dfrac{a_{lj}}{a_{lk}}$	$\cdots$	0	$\cdots$
	$c_j - z_j$		0	$\cdots$	$-\dfrac{c_k - z_k}{a_{lk}}$	$\cdots$	0	$\cdots$	$(c_j - z_j) - \dfrac{a_{lj}}{a_{lk}}(c_k - z_k)$	$\cdots$	0	$\cdots$

【例 2-6】 用单纯形法求解下列线性规划问题.

$$\max z = 3x_1 + 5x_2$$

$$\text{s.t.} \begin{cases} x_1 \leqslant 4 \\ 2x_2 \leqslant 12 \\ 3x_1 + 2x_2 \leqslant 18 \\ x_1, x_2 \geqslant 0 \end{cases}$$

解:将上述问题化为标准形式.

$$\max z = 3x_1 + 5x_2 + 0x_3 + 0x_4 + 0x_5$$

$$\text{s.t.} \begin{cases} x_1 + x_3 = 4 \\ 2x_2 + x_4 = 12 \\ 3x_1 + 2x_2 + x_5 = 18 \\ x_j \geqslant 0 \ (j = 1, 2, \cdots, 5) \end{cases}$$

列出初始单纯形表,如表 2-6 所示.

表 2-6 初始单纯形表

C_B	X_B	b	$c_j \to$				
			3	5	0	0	0
			x_1	x_2	x_3	x_4	x_5
0	x_3	4	1	0	1	0	0
0	x_4	12	0	[2]	0	1	0
0	x_5	18	3	2	0	0	1
	$c_j - z_j$		3	5	0	0	0

由于表 2-6 中含大于零的检验数,故表中基本可行解不是最优解.因 $\sigma_2 > \sigma_1$,故确定 x_2 为换入变量.将 b 列除以 p_2 同行数字可得:

$$\theta = \min\left\{-, \frac{12}{2}, \frac{18}{2}\right\} = \frac{12}{2} = 6$$

则 2 为主元素,作为标志,对主元素 2 加上方括号[ ],主元素所在行的基变量为 x_4 作为换出变量.用 x_2 替换基变量 x_4 得到一个新的基 p_3, p_2, p_5,按本章第三节单纯形法计算步骤4),可以找到新的基本可行解,并列出新的单纯形表,如表 2-7 所示.

表 2-7 新的单纯形表

C_B	X_B	b	$c_j \to$				
			3	5	0	0	0
			x_1	x_2	x_3	x_4	x_5
0	x_3	4	1	0	1	0	0
0	x_2	6	0	1	0	$\frac{1}{2}$	0
0	x_5	6	[3]	0	0	-1	1
	$c_j - z_j$		3	0	0	$-\frac{5}{2}$	0

由于表 2-7 中还存在大于零的检验数 σ_j，问题仍没得到最优解，选择 x_1 作为进基变量，由于 $\theta = \min\left\{\dfrac{4}{1}, -, \dfrac{6}{3}\right\} = \dfrac{6}{3} = 2$，选择 x_5 作为出基变量，迭代后见新的单纯形表，如表 2-8 所示．

表 2-8　迭代后新的单纯形表

C_B	X_B	b	$c_j \to$				
			3	5	0	0	0
			x_1	x_2	x_3	x_4	x_5
0	x_3	2	0	0	1	$\dfrac{1}{3}$	$-\dfrac{1}{3}$
5	x_2	6	0	1	0	$\dfrac{1}{2}$	0
3	x_1	2	1	0	0	$-\dfrac{1}{3}$	$\dfrac{1}{3}$
	$c_j - z_j$		0	0	0	$-\dfrac{3}{2}$	-1

表 2-8 中所有 $\sigma_j \leqslant 0$，且基变量中不含人工变量，故表中的基本可行解 $\boldsymbol{X}^* = (2, 6, 2, 0, 0)^{\mathrm{T}}$ 为最优解，代入目标函数得最优值为 $z_{\max} = 36$．

本书前面所讲的单纯形法，都是针对极大化问题．对于极小化问题，可以先将其化为标准型，转化为极大化问题，然后再进行求解．但当我们掌握了单纯形法的基本原理后，就能直接求解最小化问题，只需要简单修改针对最大值问题的判定定理，以及进基变量和出基变量的规则，即相应改变最优检验和进基变量法即可，如表 2-9 所示．

表 2-9　单纯形法中最大化和最小化的对应关系

法则	问题	
	最大化	最小化
最优性检验	所有非基变量的检验数 $\sigma_j \leqslant 0$	所有非基变量的检验数 $\sigma_j \geqslant 0$
进基变量的确定	如果 $\max\limits_j(\sigma_j \mid \sigma_j > 0) = \sigma_k$ 则选择与 σ_k 对应的变量 x_k 为进基变量	如果 $\min\limits_j(\sigma_j \mid \sigma_j < 0) = \sigma_k$ 则选择与 σ_k 对应的变量 x_k 为进基变量
出基变量的确定	如果 $\theta = \min\limits_i\left(\dfrac{b_i}{a_{ik}} \mid a_{ik} > 0\right) = \dfrac{b_l}{a_{lk}}$，则选择变量 x_l 为出基变量（i 为所有基变量的下标）	

【例 2-7】　用单纯形法求解下述线性规划问题．

$$\min z = -3x_1 - 5x_2$$

$$\text{s. t.} \begin{cases} x_1 \leqslant 4 \\ 2x_2 \leqslant 12 \\ 3x_1 + 2x_2 \leqslant 18 \\ x_1, x_2 \geqslant 0 \end{cases}$$

如果将此目标函数化为极大化的话,就是例 2-6 的问题了,现不对目标函数进行处理,直接求解如下:

$$\max z = 3x_1 + 5x_2 + 0x_3 + 0x_4 + 0x_5$$

$$\text{s.t.} \begin{cases} x_1 + x_3 = 4 \\ 2x_2 + x_4 = 12 \\ 3x_1 + 2x_2 + x_5 = 18 \\ x_j \geqslant 0 \ (j = 1, 2, \cdots, 5) \end{cases}$$

列出初始单纯形表,如表 2-10 所示.

表 2-10 初始单纯形表

	$c_j \rightarrow$		3	5	0	0	0
C_B	X_B	b	x_1	x_2	x_3	x_4	x_5
0	x_3	4	1	0	1	0	0
0	x_4	12	0	[2]	0	1	0
0	x_5	18	3	2	0	0	1
	$c_j - z_j$		−3	−5	0	0	0

因表 2-10 中有小于零的检验数,根据表 2-9 的 min 可知,表中基本可行解不是最优解. 因 $\sigma_1 > \sigma_2$,故确定 x_2 为换入变量. 将 b 列除以 p_2 同行数字可得:

$$\theta = \min\left\{-, \frac{12}{2}, \frac{18}{2}\right\} = \frac{12}{2} = 6$$

则 2 为主元素,作为标志,对主元素 2 加上方括号 [ ],主元素所在行的基变量为 x_4 作为换出变量. 用 x_2 替换基变量 x_4 得到一个新的基 p_3, p_2, p_5,按本章第三节单纯形法计算步骤 4),可以找到新的基本可行解,并列出新的单纯形表,如表 2-11 所示.

表 2-11 新的单纯形表

	$c_j \rightarrow$		3	5	0	0	0
C_B	X_B	b	x_1	x_2	x_3	x_4	x_5
0	x_3	4	1	0	1	0	0
−5	x_2	6	0	1	0	$\frac{1}{2}$	0
0	x_5	6	[3]	0	0	−1	1
	$c_j - z_j$		−3	0	0	$\frac{5}{2}$	0

由于表 2-11 中还存在小于零的检验数 σ_1,问题仍没得到最优解,选择 x_1 作为进基变量,由于

$$\theta = \min\left\{\frac{4}{1}, -, \frac{6}{3}\right\} = \frac{6}{3} = 2$$

选择 x_5 作为出基变量,迭代后见新的单纯形表 2-12.

表 2-12 新的单纯形表

C_B	X_B	$c_j \rightarrow$ b	3 x_1	5 x_2	0 x_3	0 x_4	0 x_5
0	x_3	2	0	0	1	$\frac{1}{3}$	$-\frac{1}{3}$
-5	x_2	6	0	1	0	$\frac{1}{2}$	0
-3	x_1	2	1	0	0	$-\frac{1}{3}$	$\frac{1}{3}$
	$c_j - z_j$		0	0	0	$\frac{3}{2}$	1

表 2-12 中所有 $\sigma_j \geqslant 0$，且基变量中不含人工变量，故表中的基本可行解 $X^* = (2,6,2,0,0)^T$ 为最优解，代入目标函数得最优值为 $z_{\min} = -36$.

例 2-6 与例 2-7 同时也验证了约束条件一样的情况下，目标函数为 max 的值与目标函数为 min 的值相差一个负号，即互为相反数.

第四节　单纯形法的进一步讨论

要用单纯形法来求解线性规划问题，首先要将其化为规范型，然后在此基础上进行迭代．对于约束条件全部为"$\leqslant$"类型的线性规划问题，可以加入松弛变量将问题变为标准形式，这些新加入的松弛变量在约束方程组中的系数列向量构成一个单位矩阵，可直接作为初始可行解，从而能顺利计算单纯形表．然而当约束条件中包含"$\geqslant$"或"$=$"类型的线性规划问题，化为标准型后，不存在现成的初始可行基，所以不是规范型．在实际问题中有些模型并不含有单位矩阵，因此无法直接应用单纯形表法．为了得到一组基向量和初始基本可行解，可以在约束条件的等式左端加一组虚拟非负变量，将标准型化为规范型，进而得到一组基变量．不同于决策变量和松弛变量，这种人为加的变量称为人工变量，构成的可行基称为人工基．这种利用人工变量的求解方法称为人工变量法．

一、大 M 法和两阶段法

与松弛变量和剩余变量不同，在最优解中，这两者可以不为零，而人工变量必须为零，否则将违背原来的等式约束．为了保证人工变量在最优解中等于零，常用方法有大 M 法和两阶段法．

1. 大 M 法

大 M 法的基本思想是将约束条件加入人工变量，求极大值时，把目标函数转换为：

$$\max z = \sum_{j=1}^{n} c_j x_j - M \sum_{j=n+1}^{n+m} x_j$$

式中 M 为无穷大的正数，因而 $-M \sum_{j=n+1}^{n+m} x_j$ 是无穷小的负数，在迭代过程中，z 要达到极大化，人工变量就会迅速出基.

求极小化时,将目标函数变为:

$$\min z = \sum_{j=1}^{n} c_j x_j + M \sum_{j=n+1}^{n+m} x_j$$

同理,在迭代过程中,z 要达到极小化,人工变量也会迅速出基.

【例 2-8】 求解下述线性规划问题.

$$\max z = 3x_1 - x_2 - x_3$$

$$\text{s.t.} \begin{cases} x_1 - 2x_2 + x_3 \leqslant 11 \\ -4x_1 + x_2 + 2x_3 \geqslant 3 \\ -2x_1 + x_3 = 1 \\ x_j \geqslant 0 \ (j = 1, 2, 3) \end{cases}$$

解:先将其化为标准形式.

$$\max z = 3x_1 - x_2 - x_3 + 0x_4 + 0x_5$$

$$\text{s.t.} \begin{cases} x_1 - 2x_2 + x_3 + x_4 = 11 \\ -4x_1 + x_2 + 2x_3 - x_5 = 3 \\ -2x_1 + x_3 = 1 \\ x_j \geqslant 0 \ (j = 1, 2, \cdots, 5) \end{cases}$$

由于其标准形式不是单纯形法所要求的规范形式,故需引入人工变量 x_6、x_7,由于约束条件中有 2 个在添加人工变量前已是等式,为使这些等式得到满足,因此在最优解中,人工变量取值必须为零. 为此,令目标函数中人工变量的系数为任意大的负值,用"$-M$"表示. "$-M$"称为"罚因子",即只要人工变量取值大于零,目标函数就不可能实现最优. 因而添加人工变量后,例 2-8 的数学模型形式就变为:

$$\max z = 3x_1 - x_2 - x_3 + 0x_4 + 0x_5 - Mx_6 - Mx_7$$

$$\text{s.t.} \begin{cases} x_1 - 2x_2 + x_3 + x_4 = 11 \\ -4x_1 + x_2 + 2x_3 - x_5 + x_6 = 3 \\ -2x_1 + x_3 + x_7 = 1 \\ x_j \geqslant 0 \ (j = 1, 2, \cdots, 7) \end{cases}$$

用大 M 法求解,如表 2-13 所示.

表 2-13 大 M 法求解过程

	$c_j \to$		3	-1	-1	0	0	$-M$	$-M$
C_B	X_B	b	x_1	x_2	x_3	x_4	x_5	x_6	x_7
0	x_4	11	1	-2	1	1	0	0	0
$-M$	x_6	3	-4	1	2	0	-1	1	0
$-M$	x_7	1	-2	0	[1]	0	0	0	1

续表 2-13

	$c_j - z_j$		$3-6M$	$M-1$	$3M-1$	0	$-M$	0	0
0	x_4	10	3	-2	0	1	0	0	-1
$-M$	x_6	1	0	[1]	0	0	-1	1	-2
-1	x_3	1	-2	0	1	0	0	0	1
	$c_j - z_j$		1	$M-1$	0	0	$-M$	0	$-3M+1$
0	x_4	12	[3]	0	0	1	-2	2	-5
-1	x_2	1	0	1	0	0	-1	1	-2
-1	x_3	1	-2	0	1	0	0	0	1
	$c_j - z_j$		1	0	0	0	-1	$1-M$	$-1-M$
3	x_1	4	1	0	0	$\frac{1}{3}$	$-\frac{2}{3}$	$\frac{2}{3}$	$-\frac{5}{3}$
-1	x_2	1	0	1	0	0	-1	1	-2
-1	x_3	9	0	0	1	$\frac{2}{3}$	$-\frac{4}{3}$	$\frac{4}{3}$	$-\frac{7}{3}$
	$c_j - z_j$		0	0	0	$-\frac{1}{3}$	$-\frac{1}{3}$	$\frac{1}{3}-M$	$\frac{2}{3}-M$

从表 2-13 可以看出，最优解 $\boldsymbol{X}^* = (4,1,9,0,0,0,0)^\mathrm{T}$，最优值为 $z_{\max} = 2$。

2. 两阶段法

在用人工求解时，用大 M 法处理人工变量不会碰到麻烦．但用电子计算机求解时，大 M 法就只能在计算机内输入一个机器最大字长的数字．如果线性规划问题中的 a_{ij}、b_i、c_j 等参数值较接近于或远远小于这个代表 M 的数，那么计算机计算时取值上误差的存在，很有可能使计算结果发生错误．为了克服这个问题，可以将添加人工变量后的线性规划问题分两个阶段来计算，即两阶段法．

类似于大 M 法的目的，将人工变量从基变量中换出，以求出原问题的初始基本可行解．将问题分成两个阶段求解，第一阶段的目标函数是：

$$\min w = \sum_{j=n+1}^{n+m} x_j$$

加入人工变量后的约束方程为约束条件，当第一阶段的最优解中没有人工变量作基变量时，求得原线性规划的一个基本可行解，第二阶段以此为基础求得原目标函数的最优解．若第一阶段最优解的目标函数值 $w \neq 0$ 时，说明还有不为零的人工变量是基变量，此时原问题无可行解．

当第一阶段求解结果表明问题有可行解时，第二阶段去除原问题中的人工变量，并从此可行解（即第一阶段的最优解）出发，继续寻找问题的最优解．

例 2-8 用两阶段法求解时,第一阶段的线性规划问题可写为:

$$\min w = x_6 + x_7$$

$$\text{s. t.} \begin{cases} x_1 - 2x_2 + x_3 + x_4 = 11 \\ -4x_1 + x_2 + 2x_3 - x_5 + x_6 = 3 \\ -2x_1 + x_3 + x_7 = 1 \\ x_j \geqslant 0 \ (j = 1, 2, \cdots, 7) \end{cases}$$

当然也可将其进行标准化之后再求解,单纯形法的迭代过程如表 2-14 所示.

表 2-14 第一阶段迭代过程

	$c_j \to$		0	0	0	0	0	1	1
C_B	X_B	b	x_1	x_2	x_3	x_4	x_5	x_6	x_7
0	x_4	11	1	-2	1	1	0	0	0
1	x_6	3	-4	1	2	0	-1	1	0
1	x_7	1	-2	0	[1]	0	0	0	1
	$c_j - z_j$		6	-1	-3	0	1	0	0
0	x_4	10	3	-2	0	0	0	0	-1
1	x_6	1	0	[1]	0	0	-1	1	-2
0	x_3	1	-2	0	1	0	0	0	1
	$c_j - z_j$		0	-1	0	0	1	0	3
0	x_4	12	3	0	0	1	-2	2	-5
0	x_2	1	0	1	0	0	-1	1	-2
0	x_3	1	-2	0	1	0	0	0	1
	$c_j - z_j$		0	0	0	0	0	1	1

从表中可以看出,第一阶段的最优解 $\boldsymbol{X}^* = (0,1,1,12,0,0,0)^\text{T}$,最优值为 $w_{\min} = 0$,转入第二阶段求解如下.

第二阶段需要将表 2-14 中的人工变量 x_6、x_7 除去,目标函数改为:

$$\max z = 3x_1 - x_2 - x_3 + 0x_4 + 0x_5$$

再从表 2-14 中的最后一行出发,继续用单纯形法计算,求解过程如表 2-15 所示.

表 2-15 第二阶段迭代过程

$c_j \rightarrow$			3	−1	−1	0	0
C_B	X_B	b	x_1	x_2	x_3	x_4	x_5
0	x_4	12	[3]	0	0	1	−2
−1	x_2	1	0	1	0	0	−1
−1	x_3	1	−2	0	1	0	0
	$c_j - z_j$		1	0	0	0	−1
3	x_1	4	1	0	0	$\frac{1}{3}$	$-\frac{2}{3}$
−1	x_2	1	0	1	0	0	−1
−1	x_3	9	0	0	1	$\frac{2}{3}$	$-\frac{4}{3}$
	$c_j - z_j$		0	0	0	$-\frac{1}{3}$	$-\frac{1}{3}$

从表 2-15 可以看出,最优解 $X^* = (4,1,9,0,0,0)^T$,最优值为 $z_{\max} = 2$.

二、线性规划解的几种情况讨论

在讨论线性规划的图解法时,我们了解到一个线性规划问题的解可能有以下两种情况.

(1)线性规划问题有最优解:①有可行解,且有唯一最优解(目标函数的等值线与可行域最后交于一点).②有可行解,且有无穷多个最优解(目标函数的等值线与可行域最后的交点多于一点,即与可行域的某条线重合).

(2)线性规划问题无最优解:①有可行解,但无最优解(目标函数的等值线与可行域无最后的交点,即无界解,产生无界解的原因是由于在建模时遗漏了某些必要的资源约束条件).②无可行解,因而无最优解(约束条件互相矛盾,无公共区域,即可行域为空集).

那么,在用单纯形法求解线性规划问题时,应如何判断上述解的各种情况呢?下面,我们分别就每种情况进行讨论.

1. 有最优解

(1)有唯一最优解,见例 2-6.

(2)有无穷多个最优解.

可用下述方法来判断一个线性规划是否有无穷多个最优解. 若在最终单纯形表中,有某一非基变量检验数 $\sigma_k = 0$,且该问题的最优解为非退化解,则该问题存在无穷多个最优解.

【例 2-9】 用单纯形法求解线性规划问题.

$$\max z = 4x_1 + 14x_2$$
$$\text{s.t.} \begin{cases} 2x_1 + 7x_2 \leqslant 21 \\ 7x_1 + 2x_2 \leqslant 21 \\ x_j \geqslant 0 \ (j = 1,2) \end{cases}$$

解:将上述线性规划问题化为规范型后,模型可写成:

$$\max z = 4x_1 + 14x_2 + 0x_3 + 0x_4$$
$$\text{s.t.} \begin{cases} 2x_1 + 7x_2 + x_3 = 21 \\ 7x_1 + 2x_2 + x_4 = 21 \\ x_j \geqslant 0 \ (j = 1, \cdots, 4) \end{cases}$$

加入松弛变量后,用单纯形法进行迭代计算,过程如表 2-16 所示.

表 2-16 迭代过程

	$c_j \to$		4	14	0	0
C_B	X_B	b	x_1	x_2	x_3	x_4
0	x_3	21	2	[7]	1	0
0	x_4	21	7	2	0	1
	$c_j - z_j$		4	14	0	0
14	x_2	3	$\frac{2}{7}$	1	$\frac{1}{7}$	0
0	x_4	15	$\frac{45}{7}$	0	$-\frac{2}{7}$	1
	$c_j - z_j$		0	0	-2	0

由表 2-16 的单纯形表可以看出,所有 $\sigma_j \leqslant 0$,而由非基变量 x_1 的检验数 $\sigma_1 = 0$ 可知,该线性规划问题有无穷多最优解,最优值为 $z_{\max} = 42$. 如按表 2-16 的最终单纯形表继续进行迭代,得表 2-17.

表 2-17 继续迭代过程

	$c_j \to$		4	14	0	0
C_B	X_B	b	x_1	x_2	x_3	x_4
14	x_2	3	$\frac{2}{7}$	1	$\frac{1}{7}$	0
0	x_4	15	$[\frac{45}{7}]$	0	$-\frac{2}{7}$	1
	$c_j - z_j$		0	0	-2	0
14	x_2	$\frac{7}{3}$	0	1	$\frac{7}{45}$	$-\frac{2}{45}$
4	x_1	$\frac{7}{3}$	1	0	$-\frac{2}{45}$	$\frac{7}{45}$
	$c_j - z_j$		0	0	-2	0

由表 2-17 可知,虽然最优解发生了变化,但最优值仍为 $z_{\max} = 42$. 由此可判断,该线性规划问题有无穷多最优解.

2. 无最优解

(1) 无界解. 若要判断一个线性规划是否有无界解,可用下述方法. 若在最终单纯形表的检验数行中非基变量检验数存在 $\sigma_k > 0$,而该检验数所对应的所有系数列向量 $p_k \leqslant 0$,即 $a_{ik} \leqslant 0 (i = 1, 2, \cdots, m)$,则线性规划问题无最优解.

【例 2-10】 用单纯形法求解线性规划问题.

$$\max z = 2x_1 + x_2$$

$$\text{s.t.} \begin{cases} x_1 - x_2 \leqslant 2 \\ -2x_1 + x_2 \leqslant 8 \\ x_j \geqslant 0 \ (j = 1, 2) \end{cases}$$

解: 将上述线性规划问题化为规范型后,模型可写成:

$$\max z = 2x_1 + x_2 + 0x_3 + 0x_4$$

$$\text{s.t.} \begin{cases} x_1 - x_2 + x_3 = 2 \\ -2x_1 + x_2 + x_4 = 8 \\ x_j \geqslant 0 \ (j = 1, \cdots, 4) \end{cases}$$

以 x_3、x_4 为基变量列出初始单纯形表,进行迭代计算,过程如表 2-18 所示.

表 2-18 迭代过程

	$c_j \to$		2	1	0	0
C_B	X_B	b	x_1	x_2	x_3	x_4
0	x_3	2	[1]	-1	1	0
0	x_4	8	-2	1	0	1
	$c_j - z_j$		2	1	0	0
2	x_1	2	1	-1	1	0
0	x_4	12	0	-1	2	1
	$c_j - z_j$		0	3	-2	0

由表 2-18 最终单纯形表可知,只有 $\sigma_2 > 0$,其所对应的所有系数列向量 $a_{12} = -1 < 0$,$a_{22} = -1 < 0$,因此无法找到出基变量,则该线性规划问题有无界解(无最优解).

(2) 无可行解. 判断一个线性规划是否无可行解:①大 M 法求解时,最终单纯形表中含有非零人工变量,则原问题无可行解. ②两阶段法计算时,当第一阶段的最优值 $w \neq 0$ 时,则原问题无可行解.

3. 退化与循环

当基变量取值为零时的基本可行解称为退化解. 当用单纯形法选择出基变量时,若出现多个相等最小比值,那一定会有退化解. 当有多个相等最小比值时,选择最小比值所对应的任意一个基变量作为出基变量,此时可以看出,对应于相等最小比值但未被选择为出基变量的基变量在下一个基本可行解中的取值将变为零,该基本可行解称为退化解.

如果在求解时出现退化解,可能会导致目标函数在后续的迭代中出现并未优化的现象. 如果选择取值为零的基变量作为下一次迭代中的出基变量,就会继续出现有基变量等于零且目标函数值不变的迭代结果,甚至形成死循环.

【例 2-11】 用单纯形法求解线性规划问题.

$$\min z = x_1 + 2x_2 + x_3$$

$$\text{s. t.} \begin{cases} x_1 - 2x_2 + 4x_3 = 4 \\ 4x_1 - 9x_2 + 14x_3 = 16 \\ x_j \geqslant 0 \ (j=1,2,3) \end{cases}$$

解:用大 M 法,加入人工变量 x_4、x_5,构造数学模型:

$$\min z = x_1 + 2x_2 + x_3 + Mx_4 + Mx_5$$

$$\text{s. t.} \begin{cases} x_1 - 2x_2 + 4x_3 + x_4 = 4 \\ 4x_1 - 9x_2 + 14x_3 + x_5 = 16 \\ x_j \geqslant 0 \ (j=1,\cdots,5) \end{cases}$$

以 x_4、x_5 为基变量列出初始单纯形表,进行迭代计算,过程如表 2-19 所示.

表 2-19 迭代过程

	$c_j \to$			1	2	1	M	M
	C_B	X_B	b	x_1	x_2	x_3	x_4	x_5
(1)	M	x_4	4	1	-2	$[4]$	1	0
	M	x_5	16	4	-9	14	0	1
		$c_j - z_j$		$1-5M$	$2+11M$	$1-18M$	0	0
(2)	1	x_3	1	$[\frac{1}{4}]$	$-\frac{1}{2}$	1	$\frac{1}{4}$	0
	M	x_5	2	$\frac{1}{2}$	-2	0	$-\frac{7}{2}$	1
		$c_j - z_j$		$\frac{3}{4}-\frac{1}{2}$	$\frac{5}{2}+2M$	0	$-\frac{1}{4}+\frac{9}{2}M$	0
(3)	1	x_1	4	1	-2	4	1	0
	M	x_5	0	0	$[-1]$	-2	-4	1
		$c_j - z_j$		0	$4+M$	$-3+2M$	$-1+5M$	0
(4)	1	x_1	4	1	0	8	9	-2
	2	x_2	0	0	1	$[2]$	4	-1
		$c_j - z_j$		0	0	-11	$M-17$	$M+4$
(5)	1	x_1	4	1	-4	0	-7	2
	1	x_3	0	0	$\frac{1}{2}$	1	2	$-\frac{1}{2}$
		$c_j - z_j$		0	$\frac{11}{2}$	0	$M+5$	$M-\frac{3}{2}$

由表 2-19 的(3)和(5),得到退化最优解 $X^* = (4,0,0)^T$,最优值为 $z_{\max} = 4$.不难看出,表 2-19 中的(3)~(5)的右端常数没有发生变化,表 2-19(2)的最小比值相同,导致出现退化.若在表 2-19(2)中选 x_5 出基便得到表 2-19(5),或在表 2-19(3)中选 x_3 进基也可得到表 2-19(5).表 2-19(3)和(5)的最优解从数值上看相同,但它们是两个基本可行解,对应于同一个极点.表 2-19(3)的常数是零,可以选出基行任意非基变量的非零系数作主元素.

本例主要阐述退化解产生的原因与过程. 其实,按前面求得最优解的方法可知,计算到表 2-19 (3)就已经是最优解了.

习 题

1. 用图解法求解下列线性规划问题.

$$\min z = 6x_1 + 4x_2$$
$$\text{s. t.} \begin{cases} 2x_1 + x_2 \geqslant 1 \\ 3x_1 + 4x_2 \geqslant 1.5 \\ x_j \geqslant 0 \ (j=1,2) \end{cases}$$

$$\max z = x_1 + x_2$$
$$\text{s. t.} \begin{cases} x_1 - x_2 \geqslant -1 \\ -0.5x_1 + x_2 \leqslant 2 \\ x_j \geqslant 0 \ (j=1,2) \end{cases}$$

$$\max z = 2x_1 + x_2$$
$$\text{s. t.} \begin{cases} x_1 - x_2 \geqslant 0 \\ 3x_1 - x_2 \leqslant -3 \\ x_j \geqslant 0 \ (j=1,2) \end{cases}$$

$$\min z = -8x_1 - 10x_2$$
$$\text{s. t.} \begin{cases} 3x_1 + 4x_2 \leqslant 10 \\ 5x_1 + 2x_2 \leqslant 8 \\ x_1 - 2x_2 \leqslant 2 \\ x_j \geqslant 0 \ (j=1,2) \end{cases}$$

2. 将下列线性规划模型化为标准形式.

$$\min z = x_1 + 2x_2 + 4x_3$$
$$\text{s. t.} \begin{cases} -3x_1 + 2x_2 + 2x_3 \leqslant 19 \\ -4x_1 + 3x_2 + 4x_3 \geqslant 14 \\ 5x_1 - 2x_2 - 4x_3 = -26 \\ x_1 \leqslant 0, x_2 \geqslant 0, x_3 \text{ 无约束} \end{cases}$$

$$\max z = 2x_1 - 3x_2 + x_3$$
$$\text{s. t.} \begin{cases} 3x_1 + x_2 + x_3 \leqslant 7 \\ 4x_1 + x_2 + 6x_3 \geqslant 6 \\ -x_1 - x_2 + x_3 = -4 \\ x_1 \geqslant 0, x_2 \geqslant 0, x_3 \text{ 无约束} \end{cases}$$

3. 根据下述问题,建立数学模型.

(1) 制造某机床需要 A、B、C 3 种轴,其规格、需要量如表 2-20 所示. 各种轴都用长 7.4 m 的圆钢来截毛坯. 如果制造 100 台机床,问最少要用多少根圆钢? 试建立数学模型.

表 2-20 轴件规格需要量表格

轴 件	规格:长度(m)	每台机床所需轴件数量(个)
A	2.9	1
B	2.1	1
C	1.2	1

(2) 某罐头食品厂用 A、B 两种等级的西红柿加工成整番茄、番茄汁、番茄酱 3 种罐头. A、B 原料质量评分分别为 90 分、50 分. 为保证产品质量,该厂规定 3 种罐头的品格(所用原料的质量平均分)如表 2-21 所示.

表 2-21 品格分类表

罐头品名	整番茄	番茄汁	番茄酱
品格(分)	$\geqslant 80$	$\geqslant 60$	$\geqslant 50$

该厂现以 1.2 元/kg 的价格购进 1500t 西红柿,其中可挑出 A 等西红柿 20%,其余为 B 等. 据市场预测,3 种罐头的最大需求量为整番茄 800 万罐,番茄汁 50 万罐,番茄酱 80 万罐. 原料耗量为整番茄 0.75kg/罐,番茄汁 1.0kg/罐,番茄酱 1.25kg/罐. 3 种罐头的价格及生产费用(其中不包括西红柿原料费)如表 2-22 所示. 问该厂应如何拟订西红柿罐头的生产计划才能获利最大?试建立数学模型.

表 2-22 加工费用表

费用	项目(罐)		
	整番茄	番茄汁	番茄酱
价格(元)	8.60	9.00	7.60
加工费(元)	2.36	2.64	1.08
其他费用(元)	3.51	3.84	3.17

第三章 对偶理论

对偶现象几乎影响了数学科学的所有分支,它是数学科学中一种非常重要的现象.对偶现象也存在于线性规划中,也是线性规划这门学科发展早期最为重要的发现之一.它带给我们一个有趣的启示:任何线性规划问题都有一个与其关联的线性规划问题,这两个相互对应的问题被称为"原问题"和"对偶问题",它们在数学形式上呈一定的对称关系,并且在目标函数值、基本解上也有一定的对应.

第一节 对偶线性规划模型

一、引例

F 公司以利润最大化为目标,用本周所采购的原材料 320kg M_1 和 100kg M_2,安排 3 种产品 A、B、C 的周生产计划,三种产品的基本信息如表 3-1 所示,如果设 3 种产品的产量分别为 x_1、x_2、x_3,则其线性规划模型为:

$$\max Z = 5x_1 + 4x_2 + 2x_3$$
$$\text{s.t.} \begin{cases} 8x_1 + 4x_2 + 5x_3 \leqslant 320 \\ 2x_1 + 2x_2 + x_3 \leqslant 100 \\ x_1, x_2, x_3 \geqslant 0 \end{cases} \tag{3-1}$$

现考虑另一种情况,如果 F 公司临时决定不安排生产,而是将本周所采购的原材料 M_1

表 3-1 三种产品的基本信息表

资源	产品			可用资源(kg)
	A	B	C	
原材料 M_1 (kg)	8	4	5	320
原材料 M_2 (kg)	2	2	1	100
单位产品利润(元/件)	5	4	2	

和 M_2 全部转让出售,那么这两种原材料的单位转让收益分别应为多少才是可接受的?

设原材料 M_1 和 M_2 的单位转让收益分别为 y_1 和 y_2,那么决策者应这样考虑,如果将生产一件产品 A 所使用的原材料转让出去,其利润不应低于生产并出售一件产品 A 所取得的利润,于是有:

$$8y_1 + 2y_2 \geqslant 5$$

同理,对于产品 B 和产品 C 有:

$$4y_1 + 2y_2 \geqslant 4$$
$$5y_1 + y_2 \geqslant 2$$

将原材料全部转让的总收益(目标函数)为:

$$w = 320y_1 + 100y_2$$

如果对上式的目标函数取最大值,显然得到的线性规划问题没有意义,因为从约束条件来看,目标函数最大则该问题有无界解(目标函数可以取无穷大).如果对目标函数取最小值,则得到的线性规划模型为:

$$\min W = 320y_1 + 100y_2$$
$$\text{s. t.} \begin{cases} 8y_1 + 2y_2 \geqslant 5 \\ 4y_1 + 2y_2 \geqslant 4 \\ 5y_1 + y_2 \geqslant 2 \\ y_1 \geqslant 0, y_2 \geqslant 0 \end{cases} \tag{3-2}$$

式(3-2)可以理解为,将全部原材料 M_1 和 M_2 转让出售时,至少有多少收益才不至于造成机会损失.那么出售是否会造成机会损失又该如何判定?显然,这要看将原材料 M_1 和 M_2 全部用于最优生产计划时的收益有多少.结合实际背景不难引出以下两个问题:

(1)将原材料 M_1 和 M_2 全部出售所获得的利润不应低于用最优生产计划安排生产所能获得的利润.

(2)由式(3-2)所求得的最优解为转让单位原材料 M_1 和 M_2 的可接受利润,这种利润的形成机制与该资源的市场价格没有直接的关系,它在本质上取决于最优生产计划.

抛开问题的实际背景,单从数学的角度观察以上引出的两个线性规划问题,不难发现两个问题之间的一些关系特征.如果将式(3-1)称为原问题,那么称式(3-2)为式(3-1)的对偶问题(称 y_1,y_2 为对偶变量),则原问题与对偶问题在问题模型的表述上存在如下的关系:

(1)原问题的目标函数系数(行)向量对应于对偶问题约束条件的右端常数(列)向量.同理,原问题约束条件的右端常数(列)向量对应于对偶问题的目标函数系数(行)向量.

(2)原问题与对偶问题约束不等式的不等号方向相反.

(3)如果原问题的目标函数是求最大值,则对偶问题的目标函数是求最小值;反之亦然.

(4)原问题约束条件中变量的系数矩阵,正好是对偶问题约束条件中变量系数矩阵的转置,因此,原问题约束条件的个数等于对偶问题变量的个数.同理,对偶问题约束条件的个数等于原问题变量的个数.

上述的对偶关系可以一般化地表示为：

原问题

$$\max Z = c_1 x_1 + c_2 x_2 + \cdots + c_n x_n$$

$$\text{s. t.} \begin{cases} a_{11} x_1 + a_{12} x_2 + \cdots + a_{1n} x_n \leqslant b_1 \\ a_{21} x_1 + a_{22} x_2 + \cdots + a_{2n} x_n \leqslant b_2 \\ \vdots \quad\quad \vdots \quad\quad \ddots \quad\quad \vdots \quad\quad \vdots \\ a_{m1} x_1 + a_{m2} x_2 + \cdots + a_{mn} x_n \leqslant b_m \\ x_i \geqslant 0 \ (i = 1, 2, \cdots, n) \end{cases}$$

对偶问题

$$\min W = b_1 y_1 + b_2 y_2 + \cdots + b_m y_m$$

$$\text{s. t.} \begin{cases} a_{11} y_1 + a_{21} y_2 + \cdots + a_{m1} y_m \geqslant c_1 \\ a_{12} y_1 + a_{22} y_2 + \cdots + a_{m2} y_m \geqslant c_2 \\ \vdots \quad\quad \vdots \quad\quad \ddots \quad\quad \vdots \quad\quad \vdots \\ a_{1n} y_1 + a_{2n} y_2 + \cdots + a_{mn} y_m \geqslant c_n \\ y_j \geqslant 0 \ (j = 1, 2, \cdots, m) \end{cases}$$

令：

$$\boldsymbol{A} = \begin{bmatrix} a_{11} & a_{12} & \cdots & a_{1n} \\ a_{21} & a_{22} & \cdots & a_{2n} \\ \vdots & \vdots & \ddots & \vdots \\ a_{m1} & a_{m2} & \cdots & a_{mn} \end{bmatrix}, \quad \boldsymbol{X} = \begin{bmatrix} x_1 \\ x_2 \\ \vdots \\ x_n \end{bmatrix}, \quad \boldsymbol{b} = \begin{bmatrix} b_1 \\ b_2 \\ \vdots \\ b_m \end{bmatrix}$$

$$\boldsymbol{C} = (c_1, c_2, \cdots, c_n), \quad \boldsymbol{Y} = (y_1, y_2, \cdots, y_m)$$

则上述关系可以表示为以下的矩阵形式：

原问题 　　　　　对偶问题

$$\max Z = \boldsymbol{CX} \quad\quad\quad \min W = \boldsymbol{Yb}$$

$$\text{s. t.} \begin{cases} \boldsymbol{AX} \leqslant \boldsymbol{b} \\ \boldsymbol{X} \geqslant \boldsymbol{0} \end{cases} \quad\quad \text{s. t.} \begin{cases} \boldsymbol{YA} \geqslant \boldsymbol{C} \\ \boldsymbol{Y} \geqslant \boldsymbol{0} \end{cases} \tag{3-3}$$

原问题与对偶问题各系数之间的关系还可以更为直观地以表格形式表达（表3-2）。

表 3-2　原问题与对偶问题的关系

		原问题					
		x_1	x_2	$\cdots$	x_n	右端	
对偶问题	y_1	a_{11}	a_{12}	$\cdots$	a_{1n}	$\leqslant$	b_1	目标函数系数
	y_2	a_{21}	a_{11}	$\cdots$	a_{2n}	$\leqslant$	b_2	（$\min W$）
	$\vdots$	$\vdots$	$\vdots$	$\vdots$	$\vdots$	$\vdots$	$\vdots$	
	y_m	a_{m1}	a_{m1}	$\cdots$	a_{mn}	$\leqslant$	b_m	
	右端	$\geqslant$	$\geqslant$	$\cdots$	$\geqslant$			
		c_1	c_2	$\cdots$	c_n			
	目标函数系数（$\max Z$）							

不难知道,对偶问题的对偶是原问题. 式(3-3)中的对偶问题可改写为:

$$\max -W = -Yb$$
$$\text{s. t.} \begin{cases} -YA \leqslant -C \\ Y \geqslant 0 \end{cases}$$

其对偶问题为:

$$\min W' = -CX$$
$$\text{s. t.} \begin{cases} -AX \geqslant -b \\ X \geqslant 0 \end{cases} \tag{3-4}$$

显然,式(3-4)与式(3-3)的原问题等价.

二、对偶模型

以上阐述了原问题和对偶问题的关系,同时给出了得到一个线性规划模型的对偶问题的方法. 但这只适用于对称型线性规划问题,即满足这样的条件:原问题的所有变量非负,所有约束条件均为不等式(求最大值问题时不等号为"$\leqslant$",求最小值问题时不等号为"$\geqslant$"). 若不满足这些条件,则称为非对称型线性规划问题. 在这一类问题中,原问题可能包含不满足非负约束的变量,例如"$\leqslant 0$"或没有符号限制;约束条件有时会出现"$\leqslant$""$\geqslant$""$=$"约束并存的现象.

要得到非对称模型的对偶问题,就要将模型转化为对称形式,写出其对偶问题,再转化回与原问题对偶的形式. 下面通过一个例子来详细说明.

【例 3-1】 求以下问题的对偶问题.

$$\max Z = x_1 - 2x_2 + x_3$$
$$\text{s. t.} \begin{cases} x_1 + 2x_2 - x_3 \leqslant 2 \\ x_1 - x_2 + x_3 = 1 \\ 2x_1 + x_2 + x_3 \geqslant 2 \\ x_1 \geqslant 0, x_2 \leqslant 0, x_3 \text{无符号限制} \end{cases}$$

解: 首先,将表达式和变量变换为符合对称型问题的形式:

$$x_1 - x_2 + x_3 = 1 \Leftrightarrow \begin{cases} x_1 - x_2 + x_3 \geqslant 1 \\ x_1 - x_2 + x_3 \leqslant 1 \end{cases} \Leftrightarrow \begin{cases} -x_1 + x_2 - x_3 \leqslant -1 \\ x_1 - x_2 + x_3 \leqslant 1 \end{cases}$$

对 $x_2 \leqslant 0$,可作变量代换,令 $x'_2 = -x_2$,代入原问题,就得到 $x'_2 \geqslant 0$. 对于自由变量 x_3,可令 $x_3 = x'_3 - x''_3$,其中 $x'_3, x''_3 \geqslant 0$. 这样,原问题化为:

$$\max Z = x_1 + 2x'_2 + x'_3 - x''_3$$
$$\text{s. t.} \begin{cases} x_1 - 2x'_2 - x'_3 + x''_3 \leqslant 2 \\ -x_1 - x'_2 - x'_3 + x''_3 \leqslant -1 \\ x_1 + x'_2 + x'_3 - x''_3 \leqslant 1 \\ -2x_1 + x'_2 - x'_3 + x''_3 \leqslant -2 \\ x_1, x'_2, x'_3, x''_3 \geqslant 0 \end{cases}$$

其对偶问题为:

$$\min W = 2u_1 - u_2 + u_3 - 2u_4$$

$$\text{s.t.} \begin{cases} u_1 - u_2 + u_3 - 2u_4 \geqslant 1 \\ -2u_1 - u_2 + u_3 + u_4 \geqslant 2 \\ -u_1 - u_2 + u_3 - u_4 \geqslant 1 \\ u_1 + u_2 - u_3 + u_4 \geqslant -1 \\ u_1, u_2, u_3, u_4 \geqslant 0 \end{cases}$$

再化简，令 $y_1 = u_1, y_2 = -u_2 + u_3, y_3 = -u_4$，并将最后两个不等式约束合并为一个等式约束，得到对偶问题：

$$\min W = 2y_1 + y_2 + 2y_3$$

$$\text{s.t.} \begin{cases} y_1 + y_2 + 2y_3 \geqslant 1 \\ 2y_1 - y_2 + y_3 \leqslant -2 \\ -y_1 + y_2 + y_3 = 1 \\ y_1 \geqslant 0, y_3 \leqslant 0, y_2 \text{ 无符号限制} \end{cases}$$

事实上，对于一般的线性规划问题，无论其是否为对称型，原问题与对偶问题在表达式上的对应关系都可以用表 3-3 来归纳. 只要熟悉其中的规律，就可以迅速地写出任意一个线性规划模型的对偶问题，而不需要像例 3-1 做繁琐的变换.

表 3-3　线性规划对偶问题关系对照表

max Z 原问题或对偶问题	min W 对偶问题或原问题
变量的个数 n	约束条件的个数 n
约束条件的个数 m	变量的个数 m
目标函数中第 j 个变量的系数	第 j 个约束条件的右端常数项
第 i 个约束条件的右端常数项	目标函数中第 i 个变量的系数
系数矩阵 A	系数矩阵 A^T
第 j 个变量 $\begin{cases} \geqslant 0 \\ \text{无符号限制} \\ \leqslant 0 \end{cases}$	第 j 个约束条件 $\begin{cases} \geqslant \\ = \\ \leqslant \end{cases}$
第 i 个约束条件 $\begin{cases} \geqslant \\ = \\ \leqslant \end{cases}$	第 i 个变量 $\begin{cases} \geqslant 0 \\ \text{无符号限制} \\ \leqslant 0 \end{cases}$

【例 3-2】 求下列线性规划的对偶问题.

$$\min W = 2y_1 + y_2 - y_3$$

$$\text{s.t.} \begin{cases} y_1 + y_2 - y_3 = 1 \\ y_1 - y_2 + y_3 \geqslant 2 \\ y_2 + y_3 \leqslant 3 \\ y_1 \geqslant 0, y_2 \leqslant 0, y_3 \text{ 无符号限制} \end{cases}$$

解：根据表 3-3 直接写出对偶问题.

$$\max Z = x_1 + 2x_2 + 3x_3$$

$$\text{s. t.} \begin{cases} x_1 + x_2 \leqslant 2 \\ x_1 - x_2 + x_3 \geqslant 1 \\ -x_1 + x_2 + x_3 = -1 \\ x_1 \text{ 无符号限制}, x_2 \geqslant 0, x_3 \leqslant 0 \end{cases}$$

第二节 对偶问题的性质

原问题与对偶问题不仅仅在表示形式上对称，根据对偶问题的性质可以看出原问题与对偶问题在目标函数值和解上也有密切的关联性.

一、目标函数值的关联性

由于非对称型问题可以转换为对称型问题，为讨论方便，下面所涉及的原问题和对偶问题都采用如式(3-3)的对称型形式.

定理 3-1 弱对偶定理，如果互为对偶的线性规划问题

$$\begin{array}{ll} \text{原问题} & \text{对偶问题} \\ \max Z = \boldsymbol{CX} & \min W = \boldsymbol{Yb} \\ \text{s. t.} \begin{cases} \boldsymbol{AX} \leqslant \boldsymbol{b} \\ \boldsymbol{X} \geqslant \boldsymbol{0} \end{cases} & \text{s. t.} \begin{cases} \boldsymbol{YA} \geqslant \boldsymbol{C} \\ \boldsymbol{Y} \geqslant \boldsymbol{0} \end{cases} \end{array} \tag{3-5}$$

分别有可行解 $\boldsymbol{X}^0$ 和 $\boldsymbol{Y}^0$，则有 $\boldsymbol{CX}^0 \leqslant \boldsymbol{Y}^0 \boldsymbol{b}$.

弱对偶定理表明最大值问题任一可行解的目标函数值总是不大于它的对偶问题（最小值问题）的任一可行解的目标函数值. 例如，引例中原问题取可行解 $x_1 = 10$，$x_2 = 10, x_3 = 0$，则目标函数 $Z = \boldsymbol{CX} = 90$；对偶问题取可行解 $y_1 = 1, y_2 = 1$，目标函数 $W = \boldsymbol{Yb} = 420 > Z$.

从定理 3-1 又可以推出以下的重要推论.

推论 3-1 最大值问题（原问题）的任一可行解的目标函数值是其对偶问题最优目标函数值的下界；最小值问题（对偶问题）的任一可行解的目标函数值是其原问题最优目标函数值的上界.

推论 3-2 互为对偶的两个线性规划问题，如果其中一个有可行解且有无界解，则另一个问题无可行解.

由推论 3-2 还可以逆推出以下结论.

推论 3-3 互为对偶的两个线性规划问题，如果其中一个有可行解且另一个无可行解，则前者有无界解.

【例 3-3】 应用对偶理论证明线性规划问题

$$\max Z = x_1 + x_2$$
$$\text{s.t.} \begin{cases} -x_1 + x_2 \leqslant -2 \\ 4x_1 + x_2 \leqslant 4 \\ x_1, x_2 \geqslant 0 \end{cases}$$

的对偶问题有无界解.

证明：首先,用图解法求解原问题,发现原问题无可行域 (图 3-1),说明原问题无可行解.

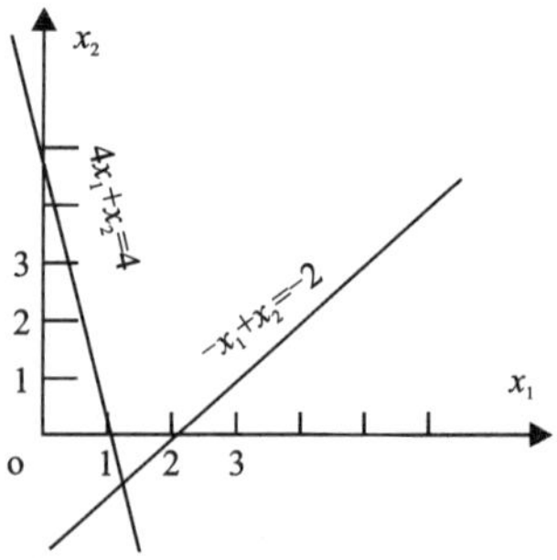

对偶问题的模型为：

$$\min W = -2y_1 + 4y_2$$
$$\text{s.t.} \begin{cases} -y_1 + 4y_2 \geqslant 1 \\ y_1 + y_2 \geqslant 1 \\ y_1, y_2 \geqslant 0 \end{cases}$$

只要对偶问题有一个可行解,则称对偶问题可行.任取 $y_1 = 0, y_2 = 1$,显然能满足对偶问题的约束条件.综上,原问题无可行解且对偶问题有可行解,根据推论 3-3,可知对偶问题有无界解,证毕.

图 3-1 无可行域说明

定理 3-2 最优解判别定理,如果存在可行解 X^0 和 Y^0 使得原问题和对偶问题有相等的目标函数值,即 $Y^0 b = CX^0$,那么 X^0 和 Y^0 分别为原问题和对偶问题的最优解.

定理 3-3 主对偶定理,如原问题与对偶问题均有可行解,则两者必有最优解,且最优值相等.

例如,引例中原问题取可行解 $x_1 = 30, x_2 = 20, x_3 = 0$,对偶问题取可行解 $y_1 = \frac{1}{4}$, $y_2 = \frac{2}{3}$,又有 $Z = W = 230$,所以这两个可行解分别为原问题和对偶问题的最优解.

另外,主对偶定理还引出了一个重要的推论.

推论 3-4 如果 B 是原问题的最优基,则对偶问题的最优解为 $Y^* = C_B B^{-1}$.

二、解的互补关联性

以上介绍了原问题与对偶问题基本性质的一些定理,下面将原问题和对偶问题标准化,对它们之间的关系性质做进一步探讨.

定理 3-4 互补松弛定理

有互为对偶的线性规划问题

$$\begin{array}{ll} \text{原问题} & \text{对偶问题} \\ \max Z = CX & \min W = Yb \\ \text{s.t.} \begin{cases} AX \leqslant b \\ X \geqslant 0 \end{cases} & \text{s.t.} \begin{cases} YA \geqslant C \\ Y \geqslant 0 \end{cases} \end{array} \quad (3\text{-}6)$$

在原问题和对偶问题中分别引入松弛向量 $U = (u_1, u_2, \cdots, u_m)^T$ 和剩余向量 $V = (v_1, v_2, \cdots, v_n)$，则其标准形式分别为：

$$\max Z = CX \qquad\qquad \min W = Yb$$
$$\text{s.t.} \begin{cases} AX + U = b \\ X, U \geqslant 0 \end{cases} \qquad \text{s.t.} \begin{cases} YA - V = C \\ Y, V \geqslant 0 \end{cases}$$

设 X^0 和 Y^0 分别为原问题和对偶问题的可行解，U^0 和 V^0 则分别为其可行解所对应的松弛向量和剩余向量的取值，则当且仅当

$$V^0 X^0 = Y^0 U^0 = 0 \tag{3-7}$$

时，X^0 和 Y^0 分别为原问题和对偶问题的最优解．

式(3-7)可展开为：

$$v_j^0 x_j^0 = y_i^0 u_i^0 = 0, j = 1, 2, \cdots, n; i = 1, 2, \cdots, m \tag{3-8}$$

一般把式(3-8)称为互补松弛条件．可以这样理解，原问题和对偶问题都取得最优解的充要条件是：对偶问题约束条件中的剩余变量 v_j^0 和原问题中的变量 x_j^0 必须至少有一个为零，对偶问题的变量 y_i^0 和原问题约束条件中的松弛变量 u_i^0 必须至少有一个为零．

根据互补松弛定理，只要知道了原问题（或其对偶问题）的最优解，就可以迅速求出其对偶问题（或原问题）的最优解．

【例 3-4】 已知线性规划问题

$$\max Z = 3x_1 + 4x_2 + 2x_3 + 5x_4 + x_5$$
$$\text{s.t.} \begin{cases} x_1 + 3x_2 + 2x_3 + 3x_4 + x_5 \leqslant 6 \\ 4x_1 + 6x_2 + 5x_3 + 7x_4 + x_5 \leqslant 15 \\ x_j \geqslant 0, j = 1, 2, 3, 4, 5 \end{cases}$$

的对偶问题的最优解为 $Y^* = (y_1^*, y_2^*) = \left(\dfrac{1}{3}, \dfrac{2}{3}\right)$，试用互补松弛定理找出原问题的最优解．

解：先写出其对偶问题：

$$\min W = 6y_1 + 15y_2$$
$$\text{s.t.} \begin{cases} y_1 + 4y_2 \geqslant 3 \\ 3y_1 + 6y_2 \geqslant 4 \\ 2y_1 + 5y_2 \geqslant 2 \\ 3y_1 + 7y_2 \geqslant 5 \\ y_1 + y_2 \geqslant 1 \\ y_1, y_2 \geqslant 0 \end{cases}$$

在原问题和对偶问题中各自引入松弛变量和剩余变量将问题标准化：

原问题
$$\max Z = 3x_1 + 4x_2 + 2x_3 + 5x_4 + x_5$$
$$\text{s.t.} \begin{cases} x_1 + 3x_2 + 2x_3 + 3x_4 + x_5 + u_1 = 6 \\ 4x_1 + 6x_2 + 5x_3 + 7x_4 + x_5 + u_2 = 15 \\ x_j \geqslant 0, u_i \geqslant 0, j = 1, 2, 3, 4, 5; i = 1, 2 \end{cases}$$

对偶问题

$$\min W = 6y_1 + 15y_2$$

$$\text{s.t.} \begin{cases} y_1 + 4y_2 - v_1 = 3 \\ 3y_1 + 6y_2 - v_2 = 4 \\ 2y_1 + 5y_2 - v_3 = 2 \\ 3y_1 + 7y_2 - v_4 = 5 \\ y_1 + y_2 - v_5 = 1 \\ y_1, y_2 \geqslant 0, v_j \geqslant 0, j = 1,2,3,4,5 \end{cases}$$

将 $y_1^* = \frac{1}{3}, y_2^* = \frac{2}{3}$ 代入对偶问题,有:

$$v_1^* = 0, v_2^* = 1, v_3^* = 2, v_4^* = \frac{2}{3}, v_5^* = 0$$

根据互补松弛条件又有:

$$u_1^* = 0, u_2^* = 0, x_2^* = x_3^* = x_4^* = 0$$

代入原问题,得:

$$x_1^* + x_5^* = 6$$
$$4x_1^* + x_5^* = 15$$

这是一个二元一次方程组,求解得 $x_1^* = 3, x_5^* = 3$,故原问题的最优解为:

$$\boldsymbol{X}^* = (x_1^*, x_2^*, x_3^*, x_4^*, x_5^*)^{\text{T}} = (3,0,0,0,3)^{\text{T}}, Z^* = 12.$$

定理 3-5 互补基本解定理,设原问题和对偶问题的标准形式分别为:

原问题 对偶问题

$$\max Z = \boldsymbol{CX} \qquad \min W = \boldsymbol{Yb}$$

$$\text{s.t.} \begin{cases} \boldsymbol{AX} + \boldsymbol{U} = \boldsymbol{b} \\ \boldsymbol{X}, \boldsymbol{U} \geqslant 0 \end{cases} \qquad \text{s.t.} \begin{cases} \boldsymbol{YA} - \boldsymbol{V} = \boldsymbol{C} \\ \boldsymbol{Y}, \boldsymbol{V} \geqslant 0 \end{cases} \qquad (3\text{-}9)$$

则原问题某个基本解的检验数对应其对偶问题的一个基本解:

$$(\boldsymbol{Y} \mid \boldsymbol{V}) = (-\bar{\boldsymbol{C}}_U \mid -\bar{\boldsymbol{C}})$$

且其目标函数值相等.其中,$\boldsymbol{U}$ 和 $\boldsymbol{V}$ 分别为原问题和对偶问题标准化时引入的松弛向量和剩余向量,$\bar{\boldsymbol{C}}$ 和 $\bar{\boldsymbol{C}}_U$ 分别为 $\boldsymbol{X}$ 和 $\boldsymbol{U}$ 的检验数向量.

需要注意的是,定理 3-5 中的原问题为对称型最大值问题.如果原问题为对称型最小值问题,则对偶问题的基本解与原问题检验数的对应关系不再取相反数.

仍以引例为例,将原问题和对偶问题标准化后,有:

原问题 对偶问题

$$\max Z = 5x_1 + 4x_2 + 2x_3 \qquad \min W = 320y_1 + 100y_2$$

$$\text{s.t.} \begin{cases} 8x_1 + 4x_2 + 5x_3 \leqslant 320 \\ 2x_1 + 2x_2 + x_3 \leqslant 100 \\ x_1, x_2, x_3 \geqslant 0 \end{cases} \qquad \text{s.t.} \begin{cases} 8y_1 + 2y_2 \geqslant 5 \\ 4y_1 + 2y_2 \geqslant 4 \\ 5y_1 + y_2 \geqslant 2 \\ y_1 \geqslant 0, y_2 \geqslant 0 \end{cases}$$

写出求解原问题的初始单纯形表,并表示出原问题和对偶问题的基本解在表中位置,得到表 3-4.

由表 3-3 可得出原问题的一个基本解为:$\boldsymbol{X} = (0,0,0,320,100)^T$. 由定理 3-5,可知其对应的对偶问题的基本解为 $\boldsymbol{Y} = (0,0,-5,-4,-2)$,它们有相同的目标函数值 $Z = W = 0$. 类似地,可以通过指定基变量组合,来找出原问题所有基本解所对应的对偶问题的基本解,表 3-5 按照目标函数值从小到大的顺序列出引例中所有 10 组基本解,其中第 7 组基本解分别为原问题和对偶问题的最优解.

表 3-4 引例原问题初始表及对照关系

		原问题变量			原问题松弛变量		
		x_1	x_2	x_3	x_4	x_5	
0	x_4	8	4	5	1	0	320
0	x_5	2	2	1	0	1	100
检验数		5	4	2	0	0	$Z = 0$
		对偶问题剩余变量			对偶问题变量		
		y_3	y_4	y_5	y_1	y_2	

表 3-5 引例原问题和对偶问题的所有基本解

序号	原问题 max Z		$Z = W$	对偶问题 min W	
	基本解	可行解		可行解	基本解
1	$(0,0,0,320,100)^T$	是	0	否	$(0,0,-5,-4,-2)$
2	$(0,0,0,64,0,36)^T$	是	128	否	$\left(\dfrac{2}{2},0,-\dfrac{9}{5},-\dfrac{12}{5},0\right)$
3	$(0,50,0,120,0)^T$	是	200	否	$(0,2,-1,0,0)$
4	$(0,30,40,0,0)^T$	是	200	否	$(0,2,-1,0,0)$
5	$(40,0,0,0,20)^T$	是	200	否	$\left(\dfrac{5}{8},0,0,-\dfrac{3}{2},\dfrac{9}{8}\right)$
6	$(0,0,100,-180,0)^T$	否	200	否	$(0,2,-1,0,0)$
7	$(30,20,0,0,0)^T$	**是**	**230**	**是**	$\left(\dfrac{1}{4},\dfrac{3}{2},0,0,\dfrac{3}{4}\right)$
8	$(50,0,0,-80,0)^T$	否	250	是	$\left(0,\dfrac{5}{2},0,1,\dfrac{1}{2}\right)$
9	$(90,0,-80,0,0)^T$	否	290	否	$\left(-\dfrac{1}{2},\dfrac{9}{2},0,3,0\right)$
10	$(0,80,0,0,-60)^T$	否	320	是	$(1,0,3,0,3)$

注:表中对偶问题的第 3、4、6 个基本解都是 $(0,2,-1,0,0)$,但它们分别是基变量取 (y_1,y_2,y_3)、(y_2,y_3,y_4) 和 (y_2,y_3,y_5) 时的基本解.

原问题和对偶问题的最优单纯形表如表 3-6 和表 3-7 所示.

表 3-6　引例原问题的最优单纯形表

		原问题变量			原问题松弛变量		
		x_1	x_2	x_3	x_4	x_5	
5	x_1	1	0	$\frac{3}{4}$	$\frac{1}{4}$	$-\frac{1}{2}$	30
4	x_2	0	1	$-\frac{1}{4}$	$-\frac{1}{4}$	1	20
检测数		0	0	$-\frac{3}{4}$	$-\frac{1}{4}$	$-\frac{3}{2}$	$Z=230$
		对偶问题剩余变量			对偶问题变量		
		y_3	y_4	y_5	y_1	y_2	

表 3-7　引例对偶问题的最优单纯形表

		对偶问题变量		对偶问题剩余变量			
		y_1	y_2	y_3	y_4	y_5	
320	y_1	1	0	$-\frac{1}{4}$	$\frac{1}{4}$	0	$\frac{1}{4}$
100	y_2	0	1	$\frac{1}{2}$	-1	0	$\frac{3}{2}$
0	y_5	0	0	$-\frac{3}{4}$	$\frac{1}{4}$	1	$\frac{3}{4}$
检测数		0	0	30	20	0	$W=230$
		原问题松弛变量		原问题变量			
		x_4	x_5	x_1	x_2	x_3	

根据定理 3-5，原问题最优表（表 3-6）中松弛变量 x_4、x_5 的检验数的相反数就是对偶问题最优解中原有决策变量 y_1、y_2 的取值；同理，对偶问题最优表（表 3-7）中剩余变量 y_3、y_4、y_5 的检验数就是原问题最优解中原有决策变量 x_1、x_2、x_3 的取值（注意：这里不是相反数）. 因此，当原问题和对偶问题都有可行解时，从任意一个问题的最优单纯形表中可以直接读出其对偶问题的最优解.

三、对偶变量的经济意义——影子价格

由前面介绍的对偶问题的性质可知，利用有限的 m 种资源生产 n 种产品以获取最大利润 Z 的生产计划问题，其最优目标函数值可以表示为：

$$Z^* = \boldsymbol{C}_B \boldsymbol{B}^{-1} \boldsymbol{b} = \boldsymbol{Y}^* \boldsymbol{b} = \sum_{i=1}^{m} b_i y_i^* \tag{3-10}$$

其中，$\boldsymbol{b} = (b_1, b_2, \cdots, b_m)^\mathrm{T}$ 表示这 m 种资源的限量，$\boldsymbol{Y}^* = (y_1^*, y_2^*, \cdots, y_m^*)$ 为对偶问题的最优解(不含引入的剩余变量部分).

对式(3-10)取 $b_i(i = 1, \cdots, m)$ 的偏导数，有：

$$\frac{\partial Z^*}{\partial b_i} = y_i^* \tag{3-11}$$

式(3-11)表明第 i 种资源供应量的单位增量对最优总利润 Z^* 的边际贡献为 y_i^*，由于此边际贡献表现为货币形式，通常称 y_i^* 为第 i 种资源的影子价格.

例如，引例是利用有限的两种原材料 M_1 和 M_2 生产 3 种产品 A、B、C 的问题，其对偶问题的最优解即为 M_1 和 M_2 的影子价格. 又由定理 3-5 可知影子价格与原问题最优单纯形表的对应关系：对于最优生产计划问题，该资源的影子价格即最优单纯形表中某个资源约束下所引入的松弛变量检验数的绝对值. 对于引例，可直接从表 3-5 中读出 M_1 和 M_2 的影子价格分别为 $y_1^* = \frac{1}{4}$ 元和 $y_2^* = \frac{3}{2}$ 元，亦即当资源 M_1 的供应量增加 1kg 时，可以为最优总利润 Z^* 带来 $\frac{1}{4}$ 元的边际贡献；当资源 M_2 的供应量增加 1kg 时，此边际贡献值为 $\frac{3}{2}$ 元.

结合引例，可进一步分析影子价格在经济活动分析中的经济意义：

(1) 某种资源的影子价格代表了该资源的稀缺性，越高的影子价格表明该资源越稀缺.

(2) 影子价格可以看作一种机会成本或附加价值. 从影子价格的数学意义可看出，增加单位资源时其对最优生产计划的总利润所带来的边际贡献. 因此，若某种资源的影子价格大于零，就要购入一定的该资源来扩大生产；反之，若影子价格等于零，则不应购入该资源或选择卖出该资源多余的部分. 在引例中，如果原材料 M_1 和 M_2 的影子价格均大于零，那么单独购入一定数量的 M_1 或 M_2 都能增加最优生产计划的总利润.

(3) 资源的市场价格是已知的且相对稳定的，而影子价格则由最优生产计划决定，由推论 3-4，影子价格向量为 $\boldsymbol{Y}^* = \boldsymbol{C}_B \boldsymbol{B}^{-1}$，可知最优生产计划中产品的利润改变(即 $\boldsymbol{C}_B$ 改变)、最优生产计划中的产品组合或单位资源消耗改变(即 $\boldsymbol{B}$ 改变)，都将引起影子价格的变化(即 $\boldsymbol{Y}^*$ 的变化)，可以在本章第四节的灵敏度分析中看到这种现象.

(4) 影子价格只是某种资源在发生微小变化时为最优总利润带来的边际贡献，是一种边际价格. 虽然第(2)点中指出，影子价格为正的资源应买入，但第(3)点又表明，因影子价格的易变性，影子价格为正时，不能单纯看作可无限制地购入大规模相应资源来扩大生产，应有一个购入的具体范围，这在灵敏度分析的相关内容中也会有体现.

(5) 根据定理 3-4 (互补松弛定理)，某种资源若在最优生产计划中未充分利用(该资源约束中的松弛变量取值为正)，其影子价格定为零，但这并不表示该资源没有在生产中做出贡献，而应看作该资源供应量的增长不会让企业的利润或产出增加. 相反，如果某种资源影子价格为正，必然表示该资源在最优生产计划中已经完全消耗，如引例中已消耗完的两种原材料 M_1 和 M_2 都有正的影子价格.

另外必须强调，上述关于影子价格的分析，基于的是原问题的目标函数是求最大利润(生产计划问题引例)的前提，本书关于影子价格的全部分析都是针对此类问题. 特别强调这一点,是因为对原问题目标函数不同的定义,如定义为最大销售收入,影子价格的具体经济意义也会不同,此时上述分析就不完全正确甚至是错误的,这也就是为什么某些书中对影子价格的经济解释与本书不完全一致.

第三节　对偶单纯形法

在介绍这部分内容之前,为了便于进行区分和对比,现进一步将前面介绍的单纯形法界定为基本单纯形法.首先需声明的是:本节所介绍的对偶单纯形法并非求解对偶问题的单纯形法,而是一种应用对偶原理和单纯形法来求解原问题的方法.

下面引入对偶可行基的概念,并探讨其与原问题最优解之间的关系.

原问题引入松弛向量 U 之后有标准形式:
$$\max Z = CX$$
$$\text{s.t.} \begin{cases} AX + U = b \\ X, U \geqslant 0 \end{cases} \tag{3-12}$$

如果式(3-12)存在一个基 B(B 不一定是可行基),则原有变量 X 的检验数为:
$$\bar{C} = C - C_B B^{-1} A$$

对于引人的松弛向量 U,由于其目标函数系数为零,其在约束矩阵中为单位矩阵 I,所以其检验数为:
$$\bar{C}_U = 0 - C_B B^{-1} I = -C_B B^{-1} \tag{3-13}$$

则当原问题的最优化条件满足时,有:
$$\bar{C} = C - C_B B^{-1} A \leqslant 0$$
$$\bar{C}_U = -C_B B^{-1} \leqslant 0$$

令 $Y = C_B B^{-1}$,则以上两式可以合并为:
$$C - YA \leqslant 0$$
$$-Y \leqslant 0$$

亦即:
$$YA \geqslant C \tag{3-14}$$
$$Y \geqslant 0$$

式(3-14)表明对偶问题的约束条件得到了满足,此时对偶问题取得的基本解为可行解.

以上推理可以综合为:当原问题的某个基 B 满足最优化条件时,对偶问题取得基本可行解,称此基 B 为对偶可行基.进而如果 B 既是对偶可行基,又是原问题的可行基,则原问题取得最优解,此时 B 为最优基.于是有以下定理.

定理 3-6　B 是最优基的充要条件是:B 是可行基,同时又是对偶可行基.

根据定理 3-6,如果用可行基与对偶可行基来描述第二章介绍的基本单纯形法,其运算过程是首先找到一个可行基(对应于初始基本可行解),若此基不能使最优化条件得到满足(即此可行基不是对偶可行基),就进行循环往复的基变换,直到取得某个可行基可以满足最优化条件(即取得某个对偶可行基),从而得到最优解.简单来说,基本单纯形法求解过程,是在始终保持基的可行性的前提下,通过基变换逐步找到一个对偶可行基.

与基本单纯形法相对照,对偶单纯形法的思路是,从一个对偶可行基出发(此基对原问题不一定可行),在始终保持基的对偶可行性的前提下,通过基变换逐步找到一个可行基.

下面给出在单纯形表中应用对偶单纯形法的步骤.

(1)初始化.将线性规划问题标准化后,变换约束方程组,以找出一个对偶可行基,即满足以下条件:①在约束方程组系数矩阵中找到 m 个列向量构成一个单位矩阵作为基 $\boldsymbol{B}$,常数向量中可以有负数;②由基 $\boldsymbol{B}$ 所确定的初始基本解,其对应的所有非基变量的检验数 $\bar{c}_j$ 必须符合最优条件(最大值问题中检验数全部非正,最小值问题中检验数全部非负).

(2)可行性检验.观察基本解,若该解可行(即常数向量 $\boldsymbol{b}$ 中全部元素非负),当前解即为最优解;若该解不可行(即 $\boldsymbol{b}$ 中存在至少一个负数元素),则转到第三步.

(3)迭代.①选择出基变量,如果有

$$b_k = \min\{b_i \mid b_i < 0, i = 1, \cdots, m\} \tag{3-15}$$

则选择基变量 x_k 为出基变量;

②选择入基变量,如最小比值为

$$\left|\frac{\bar{c}_l}{a_{kl}}\right| = \min\left\{\left|\frac{\bar{c}_j}{a_{kj}}\right| a_{kj} < 0, \forall x_j \in X_N\right\} \tag{3-16}$$

则选择非基变量 x_l 为入基变量,如果最小比值准则失效(即对所有 j ,都有 $a_{kl} \geqslant 0$ 时),该问题无可行解;

③进行基变换,以 x_l 所在的列为主元列,以 a_{kl} 为主元素进行矩阵行变换,使得新的基变量向量在系数矩阵中的列向量构成一个单位矩阵,得到新的单纯形表.转入第二步.

由此可以得出对偶单纯形法与基本单纯形法在实施步骤上的一些差异.

首先,在(初始)单纯形表中,基本单纯形法与对偶单纯形法有不同的要求.前者要求"保持基的可行性",即让右端常数向量保持非负;后者要求"保证基的对偶可行性",即让所有检验数始终满足最优化条件(即最大值问题的检验数全部为非正,最小值问题的检验数全部为非负),而右端常数向量中可以有负的元素,这是对偶单纯形法步骤中第一步的要求.由此看出,对偶单纯形法并非所有线性规划问题的通用解法,它只能求解检验数已经满足最优化条件的基本解.

其次,由于对基的可行性和对偶可行性要求不同,两种方法在迭代时选择入基变量与出基变量的准则和顺序也存在差异.在基本单纯形法中,入基变量的选择规则是尽可能提高目标函数优化的速率,其最小比值准则的意义为使基变换后基保持可行性.在对偶单纯形法中,先是选择右端常数向量中最小负数所在约束方程对应的基变量作为出基变量,见式(3-15),从而使基的可行性更快提升,再通过式(3-16)选择入基变量,使得新基仍符合最优化条件(即基的对偶可行性).

最后,两种方法对最优解的判别也不同.基本单纯形法中,检验数满足最优化条件时问题得到最优解;对偶单纯形法中,常数向量全部非负时得到最优解.

【例 3-5】 用对偶单纯形法求解引例中的对偶问题.

$$\min W = 320y_1 + 100y_2$$

$$\text{s. t.} \begin{cases} 8y_1 + 2y_2 \geqslant 5 \\ 4y_1 + 2y_2 \geqslant 4 \\ 5y_1 + y_2 \geqslant 2 \\ y_1 \geqslant 0, y_2 \geqslant 0 \end{cases}$$

解:模型中的约束条件都是"≥"不等式,在引入剩余变量后约束方程组中无法直接找到初始基变量组合.在基本单纯形法中,这类问题通常采用人工变量法(大 M 法或两阶段法)求解.但是进一步观察,这个模型符合一定的条件:①如果标准化后所有约束方程两端同乘以−1,就可使引入的剩余变量成为基变量;②目标函数系数皆为正数,如果填入单纯形表,则初始表的检验数均为非负,满足最小值问题的最优化条件,尽管此时得到的初始基本解不可行,却能够应用对偶单纯形法求解.

对于本例,为了使用由 c_j、$\boldsymbol{C}_B$、x、$\boldsymbol{b}$、c_j 等符号所表述的单纯形表来完成计算,将变量符号 y 暂换为 x.引入剩余变量,改写得到以下模型:

$$\min W = 320x_1 + 100x_2$$

$$\text{s. t.} \begin{cases} -8x_1 - 2x_2 + x_3 = -5 \\ -4x_1 - 2x_2 + x_4 = -4 \\ -5x_1 - x_2 + x_5 = -2 \\ x_1, x_2, x_3, x_4, x_5 \geqslant 0 \end{cases}$$

由上式可以找到一个以 $(x_3, x_4, x_5)^\mathrm{T}$ 为基变量向量的对偶可行基,建立初始单纯形表 3-8.

表 3-8 初始对偶单纯形表

	c_j		320	100	0	0	0	$\boldsymbol{b}$
$\boldsymbol{C}_B$	$\boldsymbol{X}_B$		x_1	x_2	x_3	x_4	x_5	
0	x_3		[−8]	−2	1	0	0	−5 →
0	x_4		−4	−2	0	1	0	−4
0	x_5		−5	−1	0	0	1	−2
	$\bar{c}_j$		320	100	0	0	0	$W = 0$

比值是 $\left|\dfrac{320}{-8}\right| : \left|\dfrac{100}{-2}\right|$.

因为常数向量 $\boldsymbol{b}$ 中含有小于零的元素,此基本解不是最优解.选择并标示 $\boldsymbol{b}$ 中最小负元素 −5 所对应的基变量 x_3 为出基变量,第 1 行为主元行.再分别计算各非基变量的检验数与出基变量所在行对应负元素比值的绝对值,如表 3-8 下方所示,则最小比值为:

$$\min\left\{\left|\dfrac{320}{-8}\right|, \left|\dfrac{100}{-2}\right|\right\} = \left|\dfrac{320}{-8}\right|$$

故选择并标示 x_1 为入基变量,第 1 列为主元列. 然后,以主元行与主元列中交叉位置的主元素 -8 为中心进行迭代,使新的基变量向量在新的单纯形表中的列向量构成单位矩阵,得到表 3-9.

表 3-9　第一次迭代表

c_j		320	100	0	0	0	b
C_B	X_B	x_1	x_2	x_3	x_4	x_5	
320	x_1	1	$\frac{1}{4}$	$-\frac{1}{8}$	0	0	$\frac{5}{8}$
0	x_4	0	$[-1]$	$-\frac{1}{2}$	1	0	$-\frac{3}{2}$ →
0	x_5	0	$\frac{1}{4}$	$-\frac{5}{8}$	0	1	$\frac{9}{8}$
$\bar{c}_j$		0	20↑	40	0	0	$W=200$

比值是 $\left|\dfrac{20}{-1}\right| : \left|\dfrac{40}{-\frac{1}{2}}\right|$.

同理,常数向量 b 中含有小于零的元素,当前的基本解不是最优解,选择 x_4 为出基变量. 又因最小比值为:

$$\min\left\{\left|\frac{20}{-1}\right|, \left|\frac{40}{-\frac{1}{2}}\right|\right\} = \left|\frac{20}{-1}\right|$$

选择 x_2 为入基变量. 迭代得到表 3-10.

表 3-10　第二次迭代表

c_j		320	100	0	0	0	b
C_B	X_B	x_1	x_2	x_3	x_4	x_5	
320	x_1	1	0	$-\frac{1}{4}$	$\frac{1}{4}$	0	$\frac{1}{4}$
100	x_2	0	1	$\frac{1}{2}$	-1	0	$\frac{3}{2}$
0	x_5	0	0	$-\frac{3}{4}$	$\frac{1}{4}$	1	$\frac{3}{4}$
$\bar{c}_j$		0	0	30	20	0	$W=230$

表 3-10 中常数向量 b 的所有元素全部为非负,问题已经取得最优解. 将变量行号由 x 换回 y,本问题的最优解为:

$$\boldsymbol{Y}^* = (y_1^*, y_2^*, y_3^*, y_4^*, y_5^*) = \left(\frac{1}{4}, \frac{3}{4}, 0, 0, \frac{3}{4}\right), W^* = 230$$

求解结束,此结果与表 3-7 一致.

在熟练掌握后,上述计算过程可以直接用连续的单纯形表完成,最小比值的计算可放在表外或不再列示.

【例 3-6】 用对偶单纯形法求解线性规划问题.

$$\min Z = 3x_1 + 4x_2 + 5x_3$$

$$\text{s.t.} \begin{cases} x_1 + 2x_2 + 3x_3 \geqslant 5 \\ 2x_1 + 2x_2 + x_3 \geqslant 6 \\ x_1, x_2, x_3 \geqslant 0 \end{cases}$$

解:与例 3-5 类似,引入剩余变量 x_4、x_5 将模型标准化后再转化为以下形式:

$$\min Z = 3x_1 + 4x_2 + 5x_3$$

$$\text{s.t.} \begin{cases} -x_1 - 2x_2 - 3x_3 + x_4 = -5 \\ -2x_1 - 2x_2 - x_3 + x_5 = -6 \\ x_1, x_2, x_3, x_4, x_5 \geqslant 0 \end{cases}$$

则以 x_4、x_5 为基变量可以得到一个对偶可行基(非基变量的检验数全部符合最优化条件),建立单纯形表求解此问题,完整过程如表 3-11 所示.

表 3-11 例 3-6 的对偶单纯形法求解过程

	c_j	3	4	5	0	0	b
C_B	X_B	x_1	x_2	x_3	x_4	x_5	
0	x_4	-1	-2	-3	1	0	-5
0	x_5	$[-2]$	-2	-1	0	1	$-6 \rightarrow$
	$\bar{c_j}$	$3\uparrow$	4	5	0	0	$Z=0$
0	x_4	0	$[-1]$	$-\dfrac{5}{2}$	1	$-\dfrac{1}{2}$	$-2 \rightarrow$
0	x_1	1	1	$\dfrac{1}{2}$	0	$-\dfrac{1}{2}$	3
	$\bar{c_j}$	0	$1\uparrow$	$\dfrac{7}{2}$	0	$\dfrac{3}{2}$	$Z=9$
4	x_2	0	1	$\dfrac{5}{2}$	-1	$\dfrac{1}{2}$	2
3	x_1	1	0	-2	1	-1	1
	$\bar{c_j}$	0	0	1	1	1	$Z=11$

最终表中常数向量 b 的所有元素都为非负,问题已经取得最优解:

$$X^* = (x_1^*, x_2^*, x_3^*, x_4^*, x_5^*)^T = (1,2,0,0,0)^T, Z^* = 11$$

在例 3-5 和例 3-6 中,如果不使用对偶单纯形法,而是采用基本单纯形法,那么只能引入人工变量,用大 M 法或两阶段法来求解,计算过程将相对繁琐.

但是,这并不能说明对于所有问题,或者对于需要引入人工变量来求解的问题,都可以用对偶单纯形法来求解. 实际上,大多数线性规划问题并不满足对偶单纯形法十分苛刻的使用条件,即初始基本解必须对应于一个对偶可行基,简言之,初始基本解所对应的所有非基变量的检验数必须满足最优化条件. 例 3-5 和例 3-6 能直接应用对偶单纯形法的原因,只是因为其问题模型刚好满足了此适用条件. 若这两例的目标函数变为求最大值,或者将其目标函数中任意一个变量的系数变成负数,那么对偶单纯形法就不再适合.

即使这样,有时又必定会出现对偶单纯形法的使用条件,这也令对偶单纯形法的应用更加广泛. 在灵敏度分析和参数规划的某些特定问题中,以及整数规划问题的某些求解方法中,采用对偶单纯形法可以极大地提升求解效率.

第四节 灵敏度分析与参数线性规划

线性规划问题的最优解求解的前提,一般是假设问题模型中的 a_{ij}、b_i、$c_j(i=1,\cdots,m;j=1,\cdots,n)$ 都是已知常数. 许多实际问题中,采用经验法或统计预测方法得到的估计值来表示这些系数. 首先,由于认知能力有限,人们建立的数学模型中的某些系数常常与现实状况有一定差异,模型的最优解不一定就是实际的最优解;其次,即使数学模型能够很好地反映现实状况,但现时条件下成立的最优解也会由于环境的多变性在短期内就不再是最优.

例如,在本章引例中的生产计划问题,产品市场销售状况的变化将会影响产品的销售价格,从而影响产品的利润系数 c_j;资源供应量的改变,也会影响到 b_i;产品的生产工艺和原材料消耗受到技术进步的影响,进而影响模型中约束条件的系数 a_{ij}. 当这些变化发生时,求得的最优生产组合也许不再是最优解.

所以,仅仅求出给定系数设定下特定线性规划问题的最优解无法完全满足现实生产经营活动的需求,还需要进一步解决以下几个问题:

(1)当某个系数发生变化时,原来求得的最优解有没有变化或有什么样的变化?
(2)当某个系数在一个什么样的范围内变化时,原来求得的最优解或最优基不变?
(3)当某个系数的变化已经引起最优解变化时,如何用最简单的方法求得新的最优解?

这就是灵敏度分析(sensitivity analysis,又称敏感性分析)的主要任务,本节主要讨论灵敏度分析的以下几种情况.

(1)目标函数系数的变化.
(2)右端常数向量的变化.
(3)约束条件的变化,包括:①加入新的决策变量;②约束矩阵系数列向量的变化;③增加新的约束条件.

灵敏度分析的起点一般为最优单纯形表,而基本的分析方法是在改进单纯形法部分得出的矩阵形式的单纯形表(表 3-12),通过它可以更直接地观察不同系数的变化所带来的影响.

需说明的是,表 3-12 中的计算公式应灵活运用. 例如,如果问题已经给出了最优单纯形表,则当前的 $\bar{\boldsymbol{p}}_j$ 不需要用公式 $\bar{\boldsymbol{p}}_j = \boldsymbol{B}^{-1}\boldsymbol{p}_j$ 就可以直接从表中读出,进而检验数 $\bar{c}_j$ 也可以直接用 $\bar{c}_j = c_j - \boldsymbol{C}_B \bar{\boldsymbol{p}}_j$ 来计算.

表 3-12 矩阵形式的单纯形表

		c_j	
		x_j	
C_B	X_B	$\overline{p_j} = B^{-1} p_j$	$\overline{b} = B^{-1} b$
		$\overline{c_j} = c_j - C_B B^{-1} p_j$	$Z = C_B B^{-1} b$

下面用一个例子来说明灵敏度分析的各种情况.

【例 3-7】 F 公司每周根据采购的原材料 M_1 和 M_2 安排产品 A、B 和 C 的生产活动,已知生产 3 种产品的单件资源消耗和利润见表 3-1,求 F 公司最优的周产品生产组合.

以 x_1、x_2 和 x_3 分别为本周生产产品 A、B 和 C 的数量,其线性规划模型为:

$$\max Z = 5x_1 + 4x_2 + 2x_3$$

$$\text{s.t.} \begin{cases} 8x_1 + 4x_2 + 5x_3 \leqslant 320 \\ 2x_1 + 2x_2 + x_3 \leqslant 100 \\ x_1, x_2, x_3 \geqslant 0 \end{cases}$$

用单纯形表法求解这个模型. 其中,初始表如表 3-13 所示.

表 3-13 例 3-7 的初始单纯形表

	c_j	5	4	2	0	0	
C_B	X_B	x_1	x_2	x_3	x_4	x_5	b
0	x_4	8	4	5	1	0	320
0	x_5	2	2	1	0	1	100
	$\overline{c_j}$	5	4	2	0	0	$Z = 0$

经过两次迭代,得到最优表如表 3-14 所示.

表 3-14 例 3-7 的最优单纯形表

	c_j	5	4	2	0	0	
C_B	X_B	x_1	x_2	x_3	x_4	x_5	b
5	x_1	1	0	$\frac{3}{4}$	$\frac{1}{4}$	$-\frac{1}{2}$	30
4	x_2	0	1	$-\frac{1}{4}$	$-\frac{1}{4}$	1	20
	$\overline{c_j}$	0	0	$-\frac{3}{4}$	$-\frac{1}{4}$	$-\frac{3}{2}$	$Z = 230$

最优解为 $x_1^* = 30, x_2^* = 20$,即最优的周产品生产组合为 30 件 A,20 件 B,不生产 C,总利润为 230 元.

下面我们将看到,灵敏度分析有助于分析某些条件的变化对最优产品生产组合的影响,并且提供了找到新的最优生产组合的方法.

一、目标函数系数的变化

1. 目标函数中非基变量系数的变化

由表 3-12 可知,目标函数中非基变量系数的变化只会通过该非基变量的检验数来影响当前基本解的最优性.

【例 3-8】 例 3-7 中产品 C 的单位利润在什么范围内变化时,原最优解仍为最优? 当产品 C 的单位利润增加至 4 元时,最优解是什么?

解:改变产品 C 的单位利润,实际上就是改变原最优解中非基变量 x_3 的目标函数系数 c_3. 因为

$$\bar{c}_3 = c_3 - \boldsymbol{C}_B \bar{\boldsymbol{p}}_3 = c_3 - (5,4)\begin{pmatrix} \frac{3}{4} \\ -\frac{1}{4} \end{pmatrix} = c_3 - \frac{11}{4}$$

欲使表 3-14 仍为最优,只需满足 $c_3 - \frac{11}{4} \leq 0$. 换句话说,只要产品 C 的单位利润小于 $\frac{11}{4}$ 元,生产它就不合算.

当产品 C 的单位利润增至 4 元,则有:

$$\bar{c}_3 = c_3 - \frac{11}{4} = \frac{5}{4} > 0$$

这时生产 C 可以增加总利润,表 3-14 不再最优. 为了得到新的最优解,可将 $c_3 = 4$ 和 $\bar{c}_3 = \frac{5}{4}$ 填入原最优表 3-14 继续求解. x_3 入基,由最小比值准则,x_1 出基,迭代结果如表3-15所示.

表 3-15 例 3-8 迭代结果

	c_j		5	4	4	0	0	b
$\boldsymbol{C}_B$	$\boldsymbol{X}_B$		x_1	x_2	x_3	x_4	x_5	
5	x_1		1	0	$\left[\frac{3}{4}\right]$	$\frac{1}{4}$	$-\frac{1}{2}$	30 →
4	x_2		0	1	$-\frac{1}{4}$	$-\frac{1}{4}$	1	20
	$\bar{c}_j$		0	0	$\frac{5}{4}$ ↑	$-\frac{1}{4}$	$-\frac{3}{2}$	$Z=230$
4	x_3		$\frac{4}{3}$	0	1	$\frac{1}{3}$	$-\frac{2}{3}$	40
4	x_2		$\frac{1}{3}$	1	0	$-\frac{1}{6}$	$\frac{5}{6}$	30
	$\bar{c}_j$		$-\frac{5}{3}$	0	0	$-\frac{2}{3}$	$-\frac{2}{3}$	$Z=280$

于是，新的最优生产组合是 30 件产品 B，40 件产品 C，此时的最大利润为 280 元.

2. 目标函数中基变量系数的变化

在例 3-7 中，最优解对应的基变量为 x_1、x_2，现考虑改变 x_1 的目标函数系数，即产品 A 的单位利润 c_1. 分析可知，当 c_1 在一定的范围内变化时，表 3-14 最优解将不受影响；当 c_1 下降至某一水平，生产 A 就不再合算；当 c_1 增加至某一水平时，也可能导致其他产品的生产变得不合算.

【例 3-9】 例 3-7 中产品 A 的单位利润在什么范围内变化时，原最优解维持最优？当 A 的单位利润增加至 10 元时，最优解是什么？

解：由表 3-12 可知，目标函数中基变量系数的变化会通过影响所有非基变量的检验数来影响当前基本解的最优性，并进一步改变目标函数值. 由于 x_1 为基变量，计算 x_1 的检验数没有意义（c_1 在一定范围内变化时必有 $\bar{c}_1 = 0$），但是 c_1 的变化同时影响了 $\boldsymbol{C}_B$，根据非基变量检验数算式 $\bar{c}_j = c_j - \boldsymbol{C}_B \bar{\boldsymbol{p}}_j$，有：

$$\bar{c}_3 = c_3 - \boldsymbol{C}_B \bar{\boldsymbol{p}}_3 = 2 - (c_1, 4)\begin{pmatrix} \frac{3}{4} \\ -\frac{1}{4} \end{pmatrix} = 3 - \frac{3}{4}c_1 \leqslant 0$$

$$\bar{c}_4 = c_4 - \boldsymbol{C}_B \bar{\boldsymbol{p}}_4 = 0 - (c_1, 4)\begin{pmatrix} \frac{1}{4} \\ -\frac{1}{4} \end{pmatrix} = 1 - \frac{1}{4}c_1 \leqslant 0$$

$$\bar{c}_5 = c_5 - \boldsymbol{C}_B \bar{\boldsymbol{p}}_5 = 0 - (c_1, 4)\begin{pmatrix} -\frac{1}{2} \\ 1 \end{pmatrix} = -4 + \frac{1}{2}c_1 \leqslant 0$$

即当 c_1 在 [4,8] 范围内时，表 3-14 保持最优，当前的解仍为最优解. 如果 $c_1 = 10$，将有 $\bar{c}_5 > 0$，表 3-14 不再最优，可应用单纯形法求出新的最优解（表 3-16）.

表 3-16 例 3-9 求解结果

	c_j	10	4	4	0	0	b
$\boldsymbol{C}_B$	$\boldsymbol{X}_B$	x_1	x_2	x_3	x_4	x_5	
10	x_1	1	0	$\frac{3}{4}$	$\frac{1}{4}$	$-\frac{1}{2}$	30
4	x_2	0	1	$-\frac{1}{4}$	$-\frac{1}{4}$	[1]	20 →
	$\bar{c}_j$	0	0	$-\frac{5}{2}$	$-\frac{3}{2}$	1 ↑	$Z = 380$
10	x_1	1	$\frac{1}{2}$	$\frac{5}{8}$	$\frac{1}{8}$	0	40
0	x_5	0	1	$-\frac{1}{4}$	$-\frac{1}{4}$	1	20
	$\bar{c}_j$	0	-1	$-\frac{9}{4}$	$-\frac{5}{4}$	0	$Z = 400$

新的最优生产组合为 40 件产品 A，最大利润为 400 元.

3. 基变量和非基变量的目标函数系数同时变化

【例 3-10】 如果例 3-7 中产品 A、B、C 的单位利润分别变为 6 元、3 元、4 元，最优解是什么？

解：同时改变 3 种产品的利润，则目标函数变为 $Z = 6x_1 + 3x_2 + 4x_3$，与例 3-9 类似，求出所有非基变量的检验数：

$$\bar{c}_3 = c_3 - \boldsymbol{C}_B \bar{\boldsymbol{p}}_3 = 4 - (6,3)\begin{pmatrix} \dfrac{3}{4} \\ -\dfrac{1}{4} \end{pmatrix} = \dfrac{1}{4}$$

$$\bar{c}_4 = c_4 - \boldsymbol{C}_B \bar{\boldsymbol{p}}_4 = 0 - (6,3)\begin{pmatrix} \dfrac{1}{4} \\ -\dfrac{1}{4} \end{pmatrix} = -\dfrac{3}{4}$$

$$\bar{c}_5 = c_5 - \boldsymbol{C}_B \bar{\boldsymbol{p}}_5 = 0 - (6,3)\begin{pmatrix} -\dfrac{1}{2} \\ 1 \end{pmatrix} = 0$$

由于 $\bar{c}_3 > 0$，最优解将发生变化，可应用单纯形法求出新的最优解（略）.

二、右端常数向量 $\boldsymbol{b}$ 的变化

由表 3-12 可知，常数向量 $\boldsymbol{b}$ 与非基变量的检验数没有直接的关系，因此当一个问题取得最优解时，$\boldsymbol{b}$ 的变化不会影响解的最优性. 但由式 $\boldsymbol{X}_B = \bar{\boldsymbol{b}} = \boldsymbol{B}^{-1}\boldsymbol{b}$ 可知，$\boldsymbol{b}$ 的变化必然首先影响解的数值.

【例 3-11】 在例 3-7 中，如果原材料 M_1 的周供应量由 320kg 增至 360kg，最优解有什么变化？M_1 的周供应量 b_1 在什么范围内变化时，原生产组合（仅生产 A 和 B）仍为最优组合？当 b_1 增加至 500 时，最优解是什么？

解：初始右端常数向量 $\boldsymbol{b}$ 由 $\begin{pmatrix} 320 \\ 100 \end{pmatrix}$ 变为 $\begin{pmatrix} 360 \\ 100 \end{pmatrix}$ 时，有：

$$\bar{\boldsymbol{b}} = \boldsymbol{B}^{-1}\boldsymbol{b}, \boldsymbol{B}^{-1} = \begin{bmatrix} \dfrac{1}{4} & -\dfrac{1}{2} \\ -\dfrac{1}{4} & 1 \end{bmatrix}$$

则以原最优表（表 3-14）的 x_1 和以 x_1 作为基变量组合时，$\bar{\boldsymbol{b}}$ 变为：

$$\bar{\boldsymbol{b}} = \begin{bmatrix} \dfrac{1}{4} & -\dfrac{1}{2} \\ -\dfrac{1}{4} & 1 \end{bmatrix}\begin{pmatrix} 360 \\ 100 \end{pmatrix} = \begin{pmatrix} 40 \\ 10 \end{pmatrix}$$

$\bar{b}$ 中所有元素仍为非负,因此表 3-14 中的基仍为最优基(x_1、x_2 仍为最优基变量组合). 但最优解变为 $x_1=40, x_2=10, x_3=0$ 时,即最优生产组合为 40 件 A 和 10 件 B,最优利润变为 240 元,较原最优利润增加了 10 元.

原材料 M_1 供应量的增加,在维持最优基不变的同时增加了最优利润,但这并不说明其供应量无限增大仍然能保持当前的基为最优基. M_1 的周供应量为 b_1,以 b^* 表示初始常数向量,有:

$$b^* = \begin{pmatrix} b_1 \\ 100 \end{pmatrix}$$

进而有:

$$\bar{b} = B^{-1}b^* = \begin{bmatrix} \dfrac{1}{4} & -\dfrac{1}{2} \\ -\dfrac{1}{4} & 1 \end{bmatrix} \begin{pmatrix} b_1 \\ 100 \end{pmatrix} = \begin{bmatrix} \dfrac{1}{4}b_1 - 50 \\ -\dfrac{1}{4}b_1 + 100 \end{bmatrix}$$

要维持表 3-14 的最优基仍为最优,应满足 $\bar{b} \geqslant 0$. 即:

$$\dfrac{1}{4}b_1 - 50 \geqslant 0$$

$$-\dfrac{1}{4}b_1 + 100 \geqslant 0$$

因此,只要 b_1 落在 $[200, 400]$ 内,就可以维持产品 A、B 的最优生产组合,在这个区间内,最优解为:

$$x_1 = \dfrac{1}{4}b_1 - 50, x_2 = -\dfrac{1}{4}b_1 + 100, x_3 = 0$$

当 b_1 增至 500 时超出了该范围,$b = \begin{pmatrix} 500 \\ 100 \end{pmatrix}$,则 $\bar{b}$ 为:

$$\bar{b} = \begin{bmatrix} \dfrac{1}{4} & -\dfrac{1}{2} \\ -\dfrac{1}{4} & 1 \end{bmatrix} \begin{pmatrix} 500 \\ 100 \end{pmatrix} = \begin{bmatrix} 75 \\ -25 \end{bmatrix}$$

即 $x_2 = -25$,此基本解不可行,表 3-14 不再最优. 此时可将 $\bar{b}$ 填入原最优表,继续应用对偶单纯形法求出新的最优解,如表 3-17 所示.

表 3-17 例 3-11 单纯形表

c_j		5	4	2	0	0	b
C_B	X_B	x_1	x_2	x_3	x_4	x_5	
5	x_1	1	0	$\frac{3}{4}$	$\frac{1}{4}$	$-\frac{1}{2}$	75
4	x_2	0	1	$-\frac{1}{4}$	$\left[-\frac{1}{4}\right]$	1	$-25 \to$
$\bar{c}_j$		0	0	$-\frac{3}{4}$	$-\frac{1}{4}\uparrow$	$-\frac{3}{2}$	$Z=275$
5	x_1	1	1	$\frac{1}{2}$	0	$\frac{1}{2}$	50
0	x_4	0	-4	1	1	-4	100
$\bar{c}_j$		0	-1	$-\frac{1}{2}$	0	$-\frac{5}{2}$	$Z=250$

新的最优生产计划为生产 50 件产品 A,最大利润为 250 元.

由例 3-11 可知,尽管常数向量 b 的改变不会直接影响非基变量的检验数,但却可能让 $\bar{b}$ 中出现负元素从而影响原最优基的可行性,进而影响最优解. 此外,由于 b 的变化不会直接影响非基变量的检验数,所以只要 b 的变化不影响最优基,那资源的影子价格就保持不变,这时能直接用影子价格乘以新增/减少的资源数量求出最优利润的变化. 在本例中,只要 b_1 落在 $[200,400]$ 内,最优基保持不变,原材料 M_1 和 M_2 的影子价格还是 $\frac{1}{4}$ 和 $\frac{3}{2}$, M_1 周供应量的增量 Δb_1 所带来的最优利润增值为 $\frac{1}{4}\Delta b_1$. 但当 $b_1=500$, 最优基(在 b_1 超过 400 时已经)发生了变化, 原材料 M_1 和 M_2 的影子价格分别变成 $\frac{2}{3}$ 和 $\frac{2}{3}$, 就不能再简单地使用影子价格乘以资源的增量来计算其对最优利润的贡献了.

此外,针对影子价格的经济意义,还能将例 3-11 进一步复杂化.

【例 3-12】 假设 F 公司在采购完本周的 320 kg 的 M_1 后,原材料市场上 M_1 发生了缺货,如需再购进 M_1 则需在原价的基础上另外承担 0.2 元/kg 的溢价,问:在保持产品 A、B 仍为最优组合的前提下, F 公司是否应购入 M_1 扩大生产?如应购入 M_1,应购入多少?

解:理解影子价格的经济意义有助于解决这个问题. 在原最优表 3-14 中, M_1 的影子价格为 $\frac{1}{4}$ 元,这表明以原价购进 1 kg M_1 用于扩大生产将为最优利润带来 $\frac{1}{4}$ 元的边际贡献. 在本例中,虽然 M_1 的价格上涨了 0.2 元/kg, 但是剔除此额外成本后,购入 M_1 仍然能产生正的边际贡献 $[0.25-0.2=0.05(元/kg)]$,正确的决策是应继续采购 M_1. 再由例 3-11 的分析可知,只要 M_1 的供应量在 200~400 kg 之间时,原最优基仍为最优基,产品 A、B 仍为最优生产组合, 亦即 F 公司最多应再采购 $400-320=80(kg)$ M_1 用于扩大生产,能带来的额外收益为 $0.05\times80=4(元)$.

相反,如果购买 M_1 的涨价幅度超过了 0.25 元,例如为 0.4 元/kg,那么购入 1kg 的 M_1 会使最优利润减少 $0.4-0.25=0.15$(元),此时 F 公司不仅不应买入 M_1,更合理的决策应为卖出 $320-200=120$ kg 的 M_1,可减少损失 $0.15\times120=18$(元).

三、约束条件的变化

1. 引入新的决策变量

【例 3-13】 在例 3-7 中,经过技术创新,F 公司已经具备了生产一种市场需求旺盛的新产品 D 的能力.生产 1 件产品 D 消耗 3kg 的 M_1 和 2kg 的 M_2,单位利润为 3 元.问:此时的最优解是什么?当产品 D 的单位利润为 4 元时,最优解又是什么?

解:引入新产品 D,相当于在原线性规划模型的标准形式中引入一个新的决策变量 x_6,当产品 D 的单位利润为 3 元时,有以下线性规划模型:

$$\max Z = 5x_1 + 4x_2 + 2x_3 + 3x_6$$

$$\text{s.t.} \begin{cases} 8x_1 + 4x_2 + 5x_3 + x_4 + 3x_6 = 320 \\ 2x_1 + 2x_2 + x_3 + x_5 + 2x_6 = 100 \\ x_1, x_2, x_3, x_4, x_5, x_6 \geqslant 0 \end{cases}$$

对于这类问题,不需要重新求解整个模型.可以将 x_6 考虑为当前最优解中的非基变量,只要其检验数满足最优条件,即 $\overline{c_6} \leqslant 0$($\overline{c_6}$ 的实际意义为生产一件产品 D 对总利润的贡献),则原最优表中的最优产品组合仍为最优.因为

$$\overline{c_6} = c_6 - \boldsymbol{C}_B \boldsymbol{B}^{-1} \boldsymbol{p}_6 = 3 - (5,4) \begin{pmatrix} \frac{1}{4} & -\frac{1}{2} \\ -\frac{1}{4} & 1 \end{pmatrix} \begin{pmatrix} 3 \\ 2 \end{pmatrix}$$

$$= 3 - \left(\frac{1}{4}, \frac{3}{2}\right) \begin{pmatrix} 3 \\ 2 \end{pmatrix} = -\frac{3}{4} < 0$$

说明生产产品 D 不能使最优利润增加,原组合仍为最优组合.

产品 D 的单位利润为 4 元时,$\overline{c_6} = \frac{1}{4} > 0$,说明生产 D 可增加最优利润,这时的处理方法是在原最优表 3-14 中增加一列,得到表 3-18.

表 3-18 单纯形表

c_j		5	4	2	0	0	4	b
$\boldsymbol{C}_B$	$\boldsymbol{X}_B$	x_1	x_2	x_3	x_4	x_5	x_6	
5	x_1	1	0	$\frac{3}{4}$	$\frac{1}{4}$	$-\frac{1}{2}$	$-\frac{1}{4}$	30
4	x_2	0	1	$-\frac{1}{4}$	$-\frac{1}{4}$	1	$\frac{5}{4}$	20
	$\overline{c_j}$	0	0	$-\frac{3}{4}$	$-\frac{1}{4}$	$-\frac{3}{2}$	$\frac{1}{4}$	$Z=230$

需要注意的是,表 3-18 中 x_6 所在列的系数列向量应为基变量向量取 $(x_1,x_2)^{\mathrm{T}}$ 时的结果,即:

$$\bar{\boldsymbol{p}}_6 = \boldsymbol{B}^{-1}\boldsymbol{p}_6 = \begin{pmatrix} \dfrac{1}{4} & -\dfrac{1}{2} \\ -\dfrac{1}{4} & 1 \end{pmatrix}\begin{pmatrix} 3 \\ 2 \end{pmatrix} = \begin{bmatrix} -\dfrac{1}{4} \\ \dfrac{5}{4} \end{bmatrix}$$

继续求解表 3-18 可得到新的最优解.

2. 约束矩阵中系数列向量的变化

在生产计划问题中,改变生产单位某产品的资源消耗系数,等价于改变对应决策变量 x_j 在约束矩阵系数中的列向量 $\boldsymbol{p}_j$. 这里需注意区分 x_j 是最优表 3-14 中的基变量还是非基变量.

如果 x_j 为非基变量,例如产品 C 的原材料消耗系数 $\boldsymbol{p}_3$ 发生变化时,判断和求解的方法与前一种情况相同,即检查 x_j 的检验数 $\bar{c}_j$ 是否满足最优条件.

而如果 x_j 是基变量(例如产品 A 或产品 B 的资源消耗系数 $\boldsymbol{p}_1$ 或 $\boldsymbol{p}_2$ 发生变化),那么 $\boldsymbol{p}_j$ 的变化将引起基矩阵的 $\boldsymbol{B}$ 变化. 由表 3-12 知,$\boldsymbol{B}$ 的变化将影响单纯形法迭代过程中几乎所有的计算项目,该生产计划问题只能重新迭代.

3. 引入新的约束条件

【例 3-14】 在例 3-7 中,由于劳动力市场出现劳动力短缺,F 公司每周能够使用的劳动力工时被限制为 720h,而生产单位产品 A、B、C 分别需要 12h、10h、6h. 问:此时的最优解是什么?

解:此即在例 3-7 的原始模型中增加一个新的约束条件:
$$12x_1 + 10x_2 + 6x_3 \leqslant 720$$

对于这一类问题,不应急于写出新的线性规划模型,首先应检验原最优解是否满足新引入的约束条件,如果满足,则原最优解不受新约束的影响仍为最优.

在本例中,将原最优解 $x_1 = 30, x_2 = 20, x_3 = 0$ 代入新引入的约束条件,有
$$12x_1 + 10x_2 + 6x_3 = 560 < 720$$

因此原最优解维持不变.

再来看原最优解无法满足新约束条件的情况.

【例 3-15】 如果例 3-14 中每周能够使用的劳动力工时为 480h,最优解是什么?

解:显然,因为 $12x_1 + 10x_2 + 6x_3 = 560 > 480$,当前最优解不满足新的约束条件. 这时,可以将新约束加入原始模型,作为一个新的问题重新求解,但这不是灵敏度分析推崇的方式. 较为便捷的做法是将新约束条件加入原最优表,经过简单的改写,就可以应用对偶单纯形法求出新的最优解.

在新约束条件中加入松弛变量 x_6 使之成为等式约束 $12x_1 + 10x_2 + 6x_3 + x_6 = 480$,添加到原最优表 3-14 成为约束矩阵的第三行,如表 3-19 所示.

表 3-19 初始单纯形表

C_B	X_B	c_j	5	4	2	0	0	0	b
			x_1	x_2	x_3	x_4	x_5	x_6	
?	?		1	0	$\frac{3}{4}$	$\frac{1}{4}$	$-\frac{1}{2}$	0	30
?	?		0	1	$-\frac{1}{4}$	$-\frac{1}{4}$	1	0	20
?	?		12	10	6	0	0	1	480
		$\overline{c_j}$	?	?	?	?	?	?	$Z=?$

由于新加入的第三行打破了原有的格局,表 3-19 无法直接确定基变量组合,不能继续使用单纯形表法求解.但又因为这一类问题有其特殊性,可以对第三行进行适当处理(用第三行减去第一行的 12 倍,再减去第二行的 10 倍),由 x_1、x_2 和 x_6 构成基变量组合,得到表 3-20.

表 3-20 新的单纯形表(一)

C_B	X_B	c_j	5	4	2	0	0	0	b
			x_1	x_2	x_3	x_4	x_5	x_6	
5	x_1		1	0	$\frac{3}{4}$	$\frac{1}{4}$	$-\frac{1}{2}$	0	30
4	x_2		0	1	$-\frac{1}{4}$	$-\frac{1}{4}$	1	0	20
0	x_6		0	0	$-\frac{1}{2}$	$-\frac{1}{2}$	$[-4]$	1	$-80 \rightarrow$
		$\overline{c_j}$	0	0	$-\frac{3}{4}$	$-\frac{1}{4}$	$-\frac{3}{2}\uparrow$	0	$Z=230$

用对偶单纯形法求解,得表 3-21.

表 3-21 新的单纯形表(二)

C_B	X_B	c_j	5	4	2	0	0	0	b
			x_1	x_2	x_3	x_4	x_5	x_6	
5	x_1		1	0	$\frac{13}{16}$	$\frac{5}{16}$	0	$-\frac{1}{8}$	40
4	x_2		0	1	$-\frac{3}{8}$	$-\frac{3}{8}$	0	$\frac{1}{4}$	0
0	x_5		0	0	$\frac{1}{8}$	$\frac{1}{8}$	1	$-\frac{1}{4}$	20
		$\overline{c_j}$	0	0	$-\frac{9}{16}$	$-\frac{1}{16}$	0	$-\frac{3}{8}$	$Z=200$

新的最优生产组合为只生产 40 件 A,最大利润为 200 元,少于引入新约束前的 230 元.

无论何时,向一个线性规划问题引入新的约束条件,最优的目标函数值总是劣于或等于原来的最优值,换句话说,引入新的约束条件不可能改善线性规划问题的最优值.

四、参数线性规划

上述的灵敏度分析所涉及的问题大多是一个系数的变化如何影响最优解和最优目标函数值.在许多实际问题中,通常会出现若干个系数同时变化.例如生产计划问题中,可能有不同产品的价格同时变化,或若干资源的供应量同时变化.当线性规划模型中的若干个系数是某个参数的线性函数时,这时的灵敏度分析就被称为参数线性规划.

与灵敏度分析类似,参数线性规划的任务是:研究线性规划问题的最优解、目标函数值以及其他特征随参数 μ 取值不同时的不变性和变化规律.对于生产计划问题,这里主要探讨两种情况.

(1)目标函数系数中包含参数 μ 的情况,其参数线性规划模型为:

$$\max Z = (\boldsymbol{C} + \mu \boldsymbol{C}')\boldsymbol{X}$$
$$\text{s. t.} \begin{cases} \boldsymbol{AX} \leqslant \boldsymbol{b} \\ \boldsymbol{X} \geqslant \boldsymbol{0} \end{cases}$$

式中,$\boldsymbol{C} + \mu \boldsymbol{C}'$ 为利润向量,$\boldsymbol{C}$ 为固定利润向量,$\boldsymbol{C}'$ 为利润随参数 μ 变动的速率向量.

(2)右端常数向量 $\boldsymbol{b}$ 中包含参数 μ 的情况,其参数线性规划模型为:

$$\max Z = \boldsymbol{CX}$$
$$\text{s. t.} \begin{cases} \boldsymbol{AX} \leqslant \boldsymbol{b} + \mu \boldsymbol{b}' \\ \boldsymbol{X} \geqslant \boldsymbol{0} \end{cases}$$

式中,$\boldsymbol{b} + \mu \boldsymbol{b}'$ 为资源供应量向量,$\boldsymbol{b}$ 为固定供应量向量,$\boldsymbol{b}'$ 为资源供应量随参数 μ 变动的速率向量.

参数线性规划通常在单纯形表上完成,其求解步骤为:

第一步 求解出 $\mu = 0$ 时的最优单纯形表,然后将 $\mu \boldsymbol{C}'$ 或 $\mu \boldsymbol{b}'$ 反映进去,并求出保持当前最优解(最优基)时允许 μ 值变化的范围.

第二步 当 μ 值的已知范围已经覆盖了 $(-\infty, +\infty)$ 或给定的求解区域时,求解结束.

第三步 向 μ 值的已知范围外增大或减少 μ 值,找到一个相邻的区间.在此区间内有新的最优基,且此最优基维持不变,用基本单纯形法或对偶单纯形法求出此时新的最优解,返回第二步.

1. 目标函数系数向量 $\boldsymbol{C}$ 中包含参数 μ

【例 3-16】 假设例 3-7 中产品 A、B、C 的单位利润 c_1、c_2、c_3 分别为参数 μ 的函数:$c_1 = 5 - \mu, c_2 = 4 - 2\mu, c_3 = 2 + \mu$,则线性规划模型为:

$$\max Z = (5-\mu)x_1 + (4-2\mu)x_2 + (2+\mu)x_3$$
$$\text{s. t.} \begin{cases} 8x_1 + 4x_2 + 5x_3 \leqslant 320 \\ 2x_1 + 2x_2 + x_3 \leqslant 100 \\ x_1, x_2, x_3 \geqslant 0 \end{cases}$$

求 μ 在区间 $(-\infty,+\infty)$ 内变化时,最优解及最优目标函数值的变化.

解：首先,令 $\mu=0$,求出问题的最优单纯形表,然后将 μ 反映到最优单纯形表中.由于本例目标函数中决策变量的常数部分与例 3-7 相同,可直接改写例 3-7 的最优表 3-14 的目标函数部分,计算非基变量的检验数,得到表 3-22.

表 3-22 单纯形法初始表

c_j		$5-\mu$	$4-2\mu$	$2+\mu$	0	0	
C_B	X_B	x_1	x_2	x_3	x_4	x_5	b
$5-\mu$	x_1	1	0	$\frac{3}{4}$	$\frac{1}{4}$	$-\frac{1}{2}$	30
$4-2\mu$	x_2	0	1	$-\frac{1}{4}$	$-\frac{1}{4}$	1	20
$\bar{c}_j$		0	0	$\frac{-3+5\mu}{4}$	$\frac{-1-\mu}{4}$	$\frac{-3+3\mu}{2}$	$Z=230-70\mu$

要使表 3-22 为最优表,所有非基变量的检验数必须非正,即要求 $\mu \in \left[-1,\frac{3}{5}\right]$,此时的最优解为 $x_1^*=30, x_2^*=20$,最优值为 $Z^*=230-70\mu$.

向 μ 值的已知范围 $\left[-1,\frac{3}{5}\right]$ 外减小 μ 值.观察表 3-22,当 $\mu<-1$ 时,$\bar{c}_4>0$,取 x_4 为入基变量,由表 3-22 迭代得到表 3-23.

表 3-23 单纯形法第一次迭代表

c_j		$5-\mu$	$4-2\mu$	$2+\mu$	0	0	
C_B	X_B	x_1	x_2	x_3	x_4	x_5	b
0	x_4	4	0	3	1	-2	120
$4-2\mu$	x_2	1	1	$\frac{1}{2}$	0	$\frac{1}{2}$	50
$\bar{c}_j$		$1+\mu$	0	2μ	0	$-2+\mu$	$Z=200-100\mu$

由表 3-23 可知,当 $\mu \in (-\infty,-1)$ 时,所有非基变量取值为负,表 3-23 恒为最优,此时的最优解为 $x_1^*=0, x_2^*=50, x_3^*=0$,最优值为 $Z^*=200-100\mu$.

此时 μ 值的已知范围为 $\left(-\infty,\frac{3}{5}\right)$,向此范围外增大 μ 值.由表 3-22 可知,当 $\mu>\frac{3}{5}$ 时,$\bar{c}_3>0$,取 x_3 为入基变量,由表 3-22 迭代得到表 3-24.

表 3-24　单纯形法第二次迭代表

c_j		$5-\mu$	$4-2\mu$	$2+\mu$	0	0	b
C_B	X_B	x_1	x_2	x_3	x_4	x_5	
$2+\mu$	x_3	$\frac{4}{3}$	0	1	$\frac{1}{3}$	$-\frac{2}{3}$	40
$4-2\mu$	x_2	$\frac{1}{3}$	1	0	$-\frac{1}{6}$	$\frac{5}{6}$	30
$\overline{c_j}$		$1-\frac{5}{3}\mu$	0	0	$-\frac{2}{3}\mu$	$-2+\frac{7}{3}\mu$	$Z=200-20\mu$

当 $\mu \in \left(\frac{3}{5}, \frac{6}{7}\right]$ 时，表 3-24 为最优表（所有非基变量检验数非正），最优解为 $x_2^* = 30$，$x_3^* = 40$，最优值为 $Z^* = 200 - 20\mu$；当 $\mu > \frac{6}{7}$ 时，有 $\overline{c}_5 > 0$，表 3-24 不再最优，取 x_5 为入基变量，由表 3-24 继续迭代得到表 3-25.

表 3-25　单纯形法最终迭代表

c_j		$5-\mu$	$4-2\mu$	$2+\mu$	0	0	b
C_B	X_B	x_1	x_2	x_3	x_4	x_5	
$2+\mu$	x_3	$\frac{8}{5}$	$\frac{4}{5}$	1	$\frac{1}{5}$	0	64
0	x_5	$\frac{2}{5}$	$\frac{6}{5}$	0	$-\frac{1}{5}$	1	36
$\overline{c_j}$		$\frac{9-13\mu}{5}$	$\frac{12-14\mu}{5}$	0	$\frac{-2-\mu}{5}$	0	$Z=128+64\mu$

观察表 3-25，当 $\mu \in \left(\frac{6}{7}, +\infty\right)$ 时，所有非基变量取值为负，表 3-25 恒为最优表. 此时最优解为 $x_3^* = 64$，最优值为 $Z^* = 128 + 64\mu$.

至此，就求出了最优解和最优目标函数值随 μ 在区间 $(-\infty, +\infty)$ 内变化的全部结果，最优目标函数值 Z^* 与 μ 的函数关系为：

$$Z^* = \begin{cases} 200-100\mu, \mu \in (-\infty, -1) \\ 230-70\mu, \mu \in \left[-1, \frac{3}{5}\right] \\ 200-20\mu, \mu \in \left(\frac{3}{5}, \frac{6}{7}\right] \\ 128+64\mu, \mu \in \left(\frac{6}{7}, +\infty\right) \end{cases}$$

图 3-2 为 Z^* 与 μ 的函数关系图.

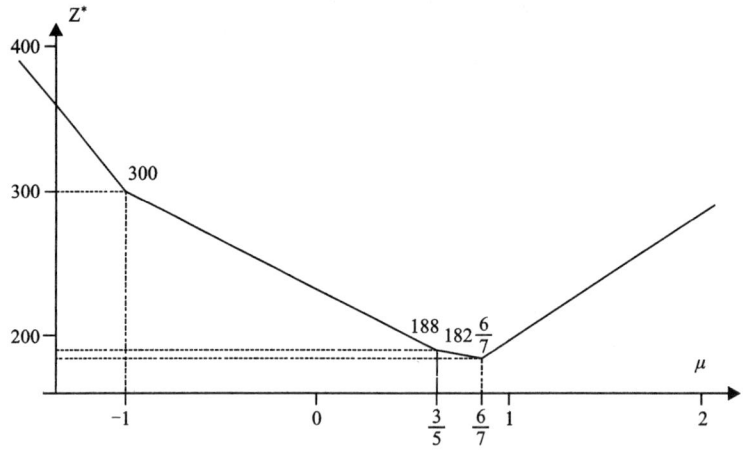

图 3-2　Z^* 与 μ 的函数关系图

2. 右端常数向量 b 中包含参数 μ

【**例 3-17**】　假设例 3-7 中原材料 M_1 和 M_2 的供应量 b_1 和 b_2 分别为参数 μ 的函数：$b_1 = 320 - 2\mu, b_2 = 100 + \mu$，则线性规划模型为：

$$\max Z = 5x_1 + 4x_2 + 2x_3$$
$$\text{s. t.} \begin{cases} 8x_1 + 4x_2 + 5x_3 \leqslant 320 - 2\mu \\ 2x_1 + 2x_2 + x_3 \leqslant 100 + \mu \\ x_1, x_2, x_3 \geqslant 0 \end{cases}$$

求 μ 在区间 $(-\infty, +\infty)$ 变化时，最优解及最优目标函数值的变化.

解：令 $\mu = 0$，求得最优单纯形表 3-14. 要将 μ 反映进最优表，可以直接计算 $\bar{b} = B^{-1}b$，也可以计算增量 $\Delta \bar{b} = B^{-1} \Delta b$.

$$\Delta \bar{b} = \begin{bmatrix} \dfrac{1}{4} & -\dfrac{1}{2} \\ -\dfrac{1}{4} & 1 \end{bmatrix} \begin{pmatrix} -2\mu \\ \mu \end{pmatrix} = \begin{pmatrix} -\mu \\ \dfrac{3}{2}\mu \end{pmatrix}$$

再将 $\Delta \bar{b}$ 加到表 3-10 的常数列中，得到表 3-26.

表 3-26　初始单纯形表

	c_j		5	4	2	0	0	b
C_B	X_B		x_1	x_2	x_3	x_4	x_5	
5	x_1		1	0	$\dfrac{3}{4}$	$\dfrac{1}{4}$	$-\dfrac{1}{2}$	$30 - \mu$
4	x_2		0	1	$-\dfrac{1}{4}$	$-\dfrac{1}{4}$	1	$20 + \dfrac{3}{2}\mu$
	$\bar{c}_j$		0	0	$-\dfrac{3}{4}$	$-\dfrac{1}{4}$	$-\dfrac{3}{2}$	$Z = 230 + \mu$

当 $\mu \in \left[-\dfrac{40}{3}, 30\right]$ 时,表 3-26 为最优表,最优解为 $x_1^* = 30 - \mu$, $x_2^* = 20 + \dfrac{3}{2}\mu$, $x_3^* = 0$,最优值为 $Z^* = 230 + \mu$.

当 $\mu < -\dfrac{40}{3}$ 时,$\bar{b}_2 = 20 + \dfrac{3}{2}\mu < 0$,表 3-26 中的基本解不可行.用对偶单纯形法求出新的最优解,取 x_2 为出基变量,x_4 为入基变量,迭代得表 3-27.

表 3-27 新的单纯形表(一)

c_j		5	4	2	0	0	
C_B	X_B	x_1	x_2	x_3	x_4	x_5	b
5	x_1	1	1	$\dfrac{1}{2}$	0	$\dfrac{1}{2}$	$50 + \dfrac{1}{2}\mu$
0	x_4	0	-4	1	1	-4	$-80 - 6\mu$
	$\bar{c}_j$	0	-1	$-\dfrac{1}{2}$	0	$-\dfrac{5}{2}$	$Z = 250 + \dfrac{5}{2}\mu$

当 $\mu \in \left[-100, -\dfrac{40}{3}\right)$ 时,表 3-27 为最优表,最优解为 $x_1^* = 50 + \dfrac{1}{2}\mu$, $x_2^* = 0$, $x_3^* = 0$,最优值为 $Z^* = 250 + \dfrac{5}{2}\mu$.

继续减小 μ,当 $\mu < -100$ 时,$\bar{b}_1 = 50 + \dfrac{1}{2}\mu < 0$,表 3-26 的基本解不可行,应取 x_1 为出基变量,但此时应用对偶单纯形法的最小比值准则失效(非基变量在约束矩阵第一行中的系数全部为正),说明当 $\mu < -100$ 时,问题无可行解.

实际上,从问题的原始模型也可以直接判定,当 $\mu < -100$ 以及 $\mu > 160$ 时,问题不仅无可行解,而且无实际意义.

此时 μ 值的已知范围为 $(-\infty, 30]$,μ 值还可增大至 30 以上.回到表 3-26,观察可知,当 $\mu > 30$ 时,该基本解不可行.应用对偶单纯形法,取 x_1 为出基变量,取 x_5 为入基变量,迭代得到表 3-28.

表 3-28 新的单纯形表(二)

c_j		5	4	2	0	0	
C_B	X_B	x_1	x_2	x_3	x_4	x_5	b
0	x_5	-2	0	$-\dfrac{3}{2}$	$-\dfrac{1}{2}$	1	$-60 + 2\mu$
4	x_2	2	1	$\dfrac{5}{4}$	$\dfrac{1}{4}$	0	$80 - \dfrac{1}{2}\mu$
	$\bar{c}_j$	0	0	$-\dfrac{3}{4}$	$-\dfrac{1}{4}$	$-\dfrac{3}{2}$	$Z = 320 - 2\mu$

同理,当 $\mu \in (30,160]$,表 3-28 为最优表,最优解为 $x_1^* = 0, x_2^* = 80 - \frac{1}{2}\mu, x_3^* = 0$,最优值为 $Z^* = 320 - 2\mu$. 当 $\mu > 160$ 时,同样面临最小比值准则失效,问题无可行解且无实际意义.

综上,最优目标函数值 Z^* 与 μ 的函数关系为:

$$Z^* = \begin{cases} 无可行解, & \mu \in (-\infty, -100) \\ 250 + \frac{5}{2}\mu, & \mu \in \left[-100, -\frac{40}{3}\right) \\ 230 + \mu, & \mu \in \left[-\frac{40}{3}, 30\right] \\ 320 - 2\mu, & \mu \in (30, 160] \\ 无可行解, & \mu \in (160, +\infty) \end{cases}$$

其函数关系图如图 3-3 所示.

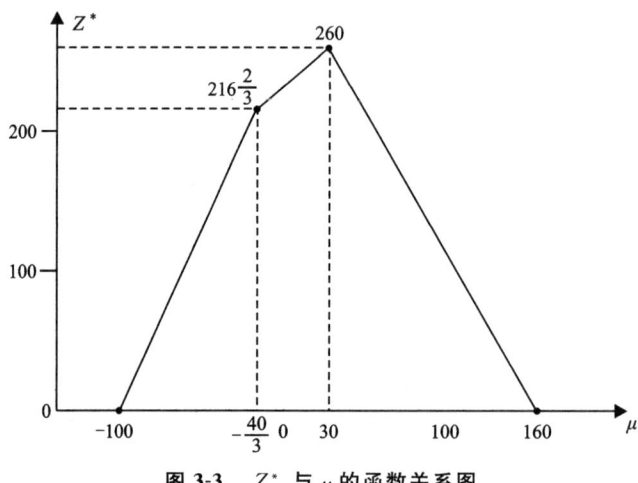

图 3-3 Z^* 与 μ 的函数关系图

习 题

1. 某工厂计划在下一生产周期生产 3 种产品 A_1、A_2、A_3,这些产品能要在甲、乙、丙、丁 4 种设备上加工,根据设备性能和以往的生产情况知道单位产品的加工工时、各种设备的最大加工工时限制,以及每种产品的单位利润,如表 3-29 所示.问如何安排生产计划,才能使工厂得到最大利润?

表 3-29 题 1 生产情况表

设备	产品			总工时限制(h)
	A_1	A_2	A_3	
甲(h)	2	1	3	70
乙(h)	4	2	2	80
丙(h)	3	0	1	15
丁(h)	2	2	0	50
单位利润(元)	8000	10000	2000	

2.已知一个线性规划原问题如下,请写出对应的对偶模型.

$$\max Z = x_1 + 2x_2 + 3x_3 + 4x_4$$

$$\text{s. t.} \begin{cases} x_1 + 2x_2 + 2x_3 + 3x_4 \leqslant 20 \\ 2x_1 + x_2 + 3x_3 + 2x_4 \leqslant 20 \\ x_1, x_2, x_3, x_4 \geqslant 0 \end{cases}$$

第四章 整数规划

线性规划的变量可以取全部实数,求得的最优解变量可能是小数,但现实中很多问题的决策方案只能是整数实数.例如,当人数或设备数作为决策变量时,决策的取值就必须是整数.要求整数变量的数学规划就是整数规划,有了整数要求后,问题的解决就变得困难,单纯形算法不再适用,因此需要设计一种新的算法.本章主要介绍整数规划的模型、算法和计算软件,并通过案例分析介绍整数规划在管理决策中的应用.

第一节 整数规划问题与模型

一、整数规划问题

首先通过实例看一下整数规划的问题和模型.

【例 4-1】 生产计划.

中国重汽的某个工厂用 3 种设备生产 5 种汽车配件,每种汽车配件在 3 个设备上的加工工时不同,现已知 3 种设备的总工时、生产每种产品需要占用的各种设备的加工工时以及 3 种产品的利润,如表 4-1 所示.

表 4-1 工时需求表

	配件 1	配件 2	配件 3	配件 4	配件 5	总工时(h)
设备 A(h/件)	5	1	3	2	4	1800
设备 B(h/件)	0	3	4	1	5	2500
设备 C(h/件)	3	2	1	3	2	2200
利 润(元/件)	24	18	21	17	33	

试给出该工厂的最优生产计划,使总利润最大化.

1. 问题分析

该问题是个简单的生产计划问题,变量设为生产 5 种配件的数量,约束是每种设备需要的总工时不超过可用的加工工时,目标函数是总利润最大,设生产 5 种配件的数量分别为 x_1、x_2、x_3、x_4、x_5,则总利润为 $24x_1 + 18x_2 + 21x_3 + 17x_4 + 22x_5$,3 种设备加工工时约束分别为：

$$5x_1 + x_2 + 3x_3 + 2x_4 + 4x_5 \leqslant 1800$$
$$3x_2 + 4x_3 + x_4 + 5x_5 \leqslant 2500$$
$$3x_1 + 2x_2 + x_3 + 3x_4 + 2x_5 \leqslant 2200$$

由于汽车配件个数不能为小数，因而要求变量为整数．

2. 数学规划模型

综上分析，该问题的数学规划模型为：

$$\max Z = 24x_1 + 18x_2 + 21x_3 + 17x_4 + 22x_5$$

$$\text{s.t.} \begin{cases} 5x_1 + x_2 + 3x_3 + 2x_4 + 4x_5 \leqslant 1800 \\ 3x_2 + 4x_3 + x_4 + 5x_5 \leqslant 2500 \\ 3x_1 + 2x_2 + x_3 + 3x_4 + 2x_5 \leqslant 2200 \\ x_1, x_2, x_3, x_4, x_5 \geqslant 0, \text{且为整数} \end{cases} \quad (4-1)$$

该数学规划的约束左端和目标函数都是线性函数，与线性规划的唯一区别就在于变量要求为整数．

【例 4-2】 厂址选择问题．

在 5 个地点中选 3 处建生产同一产品的工厂，在这 5 个地点建厂所需投资、占用农田、建成以后的生产能力等数据如表 4-2 所示．

现在有总投资 800 万元，占用农田指标 60 亩（1 亩＝666.67m²），应如何选择厂址，使建成后总生产能力最大．

表 4-2 场地数据表

地　点	1	2	3	4	5
所需投资（万元）	320	280	240	210	180
占用农田（亩）	20	18	15	11	8
生产能力（万 t）	70	55	42	28	11

该问题是要确定 3 个工厂的位置，也可以说是确定每个备选地是否建工厂，很自然想到用逻辑变量 1 和 0 表示是否建．设变量 x_1、x_2、x_3、x_4、x_5 表示是否在对应备选地建工厂，如果建工厂变量就取 1，否则取 0．实际选择的地点个数就是 $x_1 + x_2 + x_3 + x_4 + x_5$．

对于第一个备选地而言，如果建工厂则可以产生 70 万 t 的生产能力；否则生产能力为零．所以其生产能力可以表示为 $70x_1$，总生产能力为 $70x_1 + 55x_2 + 42x_3 + 28x_4 + 11x_5$，类似可得所需资金总额为 $320x_1 + 280x_2 + 240x_3 + 210x_4 + 180x_5$，所需农田总数为 $20x_1 + 18x_2 + 15x_3 + 11x_4 + 8x_5$，因而数学规划模型为：

$$\max z = 70x_1 + 55x_2 + 42x_3 + 28x_4 + 11x_5$$

$$\text{s.t.} \begin{cases} 320x_1 + 280x_2 + 240x_3 + 210x_4 + 180x_5 \leqslant 800 \\ 20x_1 + 18x_2 + 15x_3 + 11x_4 + 8x_5 \leqslant 60 \\ x_1 + x_2 + x_3 + x_4 + x_5 = 3 \\ x_1, x_2, x_3, x_4, x_5 = 0, 1 \end{cases} \quad (4\text{-}2)$$

二、整数规划模型

上面两个例子的数学规划中变量都要求为整数,要求变量取整数值的数学规划称为整数规划.约束和目标函数都是线性的整数规划,就称为整数线性规划,本章如不特别说明,整数规划就是指整数线性规划.

所有变量都取整数的规划称为纯整数规划,其模型可写为:

$$\min z = \boldsymbol{c}^{\mathrm{T}} \boldsymbol{x}$$

$$\text{s.t.} \begin{cases} \boldsymbol{A}\boldsymbol{x} = \boldsymbol{b} \\ \boldsymbol{x} \geqslant 0, \boldsymbol{x} \text{ 为整数} \end{cases}$$

部分变量取整数的规划称为混合整数规划,其模型可写为:

$$\min z = \boldsymbol{c}^{\mathrm{T}} \boldsymbol{x}$$

$$\text{s.t.} \begin{cases} \boldsymbol{A}\boldsymbol{x} \geqslant \boldsymbol{b} \\ x_i \geqslant 0, \\ x_i \text{ 为整数} \quad (i = 1, 2, \cdots, p) \end{cases}$$

所有变量都取 0、1 两个值的规划称为 0—1 规划,部分变量取 0、1 两个值的规划称为 0—1 混合规划.其模型可写为:

$$\min z = \boldsymbol{c}^{\mathrm{T}} \boldsymbol{x}$$

$$\text{s.t.} \begin{cases} \boldsymbol{A}\boldsymbol{x} \geqslant \boldsymbol{b} \\ x_i = 0, 1 \quad (i = 1, 2, \cdots, p) \\ x_i \geqslant 0 \quad (i = p+1, \cdots, n) \end{cases}$$

如果把整数规划变量的整数要求去掉,就可以得到一个线性规划,该线性规划以放松要求得到,称其为整数规划的放松线性规划.整数规划与其对应的放松线性规划的关系用以下例子说明.

设整数规划为:

$$\max z = x_1 + 4x_2$$

$$\text{s.t.} \begin{cases} x_1 + 3x_2 \leqslant 14 \\ -x_1 + 2x_2 \leqslant 5 \\ x_1, x_2 \geqslant 0, \text{为整数} \end{cases}$$

其对应的放松线性规划问题为:

$$\max z = x_1 + 4x_2$$
$$\text{s.t.} \begin{cases} x_1 + 3x_2 \leqslant 14 \\ -x_1 + 2x_2 \leqslant 5 \\ x_1, x_2 \geqslant 0 \end{cases}$$

线性规划的可行域如图 4-1 中阴影部分所示.

由图解法可知,线性规划的最优解位于图中的 A 点,即 $(x_1, x_2) = (\frac{13}{5}, \frac{19}{5}) = (2.6, 3.8)$,线性规划最优解的目标函数值为 $z = \frac{89}{5} = 17.8$.

而相应地整数规划的可行解是图中线性规划可行域中整数网格的交点. 整数规划的最优解位于图的 B 点,即 $(x_1, x_2) = (5, 3)$,整数规划最优解的目标函数值为 $z = 17$.

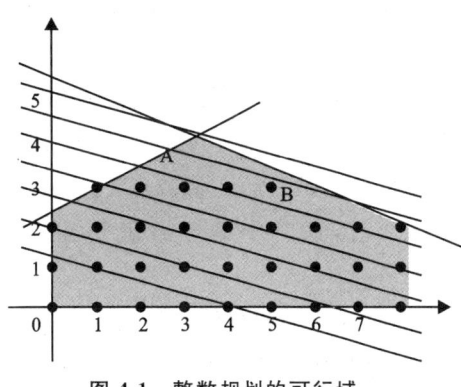

图 4-1 整数规划的可行域

由以上例子可以看到,简单地将线性规划的非整数的最优解,用四舍五入或舍去尾数的办法得到整数解,一般情况下并不是整数规划的最优解. 整数规划的求解方法要比线性规划复杂得多.

提示:由图 4-1 可知,整款规划的可行解集合不再是连续区域,一般情况下整数点的个数会非常多.

整数规划的最优解不一定达到放松线性规划可行域的顶点. 解的范围应该是整个整数解集合. 与单纯形法相比,在顶点上寻找最优解的范围扩大了很多,因此求解的难度也增加了很多.

由于整数规划的可行域真包含于放松线性规划的可行域,因而一般情况下放松线性规划的最优值要优于整数规划的最优值.

一般来说,放松线性规划的最优解不是整数规划的最优解,但在特殊的情况下,如果放松线性规划的最优解是符合整数要求,则所得到的最优解一定是整数规划的最优解.

第二节 分支定界算法

前面介绍了整数规划模型,本节主要考虑整数规划的求解算法和软件求解方法. 由于整数规划的一般解很多,枚举法不能用来求解整数规划,而且整数规划的最优解不一定是基本可行解,因此单纯形法同样不适用,需要根据整数规划的特点设计一种新的算法.

求解整数规划常用的方法包括分支定界法和割平面法,割平面算法需要使用对偶单纯形法,因而这里只介绍分支定界法.

一、算法的基本思想

分支定界算法是针对枚举法的缺点而提出的一种改进算法.枚举法考虑了所有可行的解.假设通过枚举得到了一些整数解,则可以找到最佳的整数解.如果使用一个可行解子集,可以确定该子集的所有解都不如目前最好的整数解.也就是说,子集不会得到更好的解.此时不需要对子集进行枚举,可以有效减少枚举次数.例如图 4-2 中集合 A 是已得到的最好整数点,子集合 B 的每个解都不如集合 A 好,这时子集合 B 就不需要再枚举,直接舍去即可.

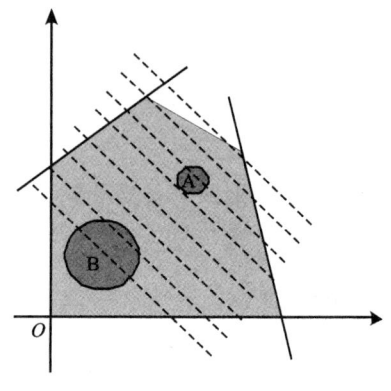

图 4-2　分支与定界图示

为了实现上述想法,可以在每一步中将可行子集合分成两部分,对于每个子集,找到可行解的目标函数值的下界(如果是最大值问题求上界).如果下界大于已知最佳解的目标函数值,则子集的每个解的目标函数值将大于已知最佳解的目标函数值,这样子集就不会有目标函数的值,比最优整数解更好的解是可用的,所以可以对它们进行四舍五入;否则,继续分支.

如果在求分支下界的过程中准确地得到了分支的最优整数解,并且该分支不需要继续分支,则将该分支的最优解与当前的最优整数解进行比较.如果目标函数值优于当前最佳整数解,则替换当前最佳整数解.

分支定界过程如图 4-3 所示.

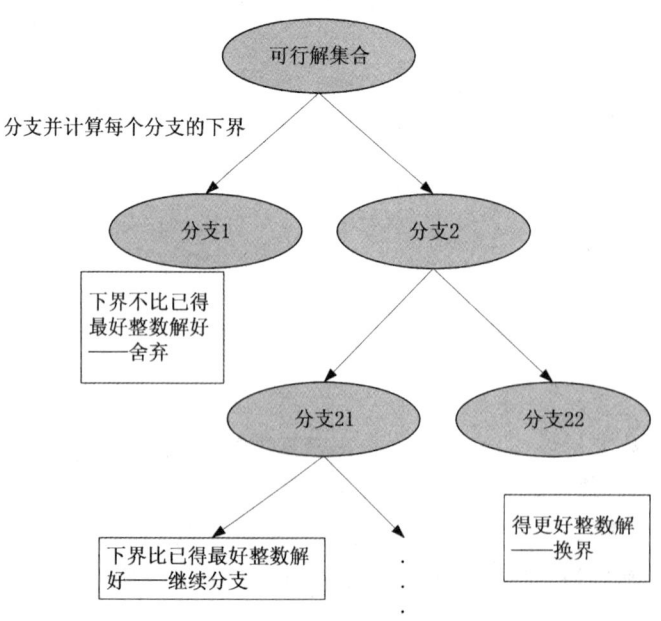

图 4-3　分支定界过程

二、关键技术

实现上述算法需要解决求分支的下界,进行分支和获得当前最好整数解等几个关键技术问题.

1. 分支求下界

根据前面分析可知,放松线性规划的最优值要优于整数规划的最优值,因而对于每个分支,先用单纯形算法或图解法求解放松线性规划,并以放松线性规划的最优值作为下界. 比如对于下列整数规划,即:

$$\min z = \boldsymbol{c}^{\mathrm{T}}\boldsymbol{x}$$
$$\text{s. t.} \begin{cases} \boldsymbol{Ax} = \boldsymbol{b} \\ \boldsymbol{x} \geqslant 0, \boldsymbol{x} \text{ 为整数} \end{cases}$$

通过求其放松线性规划,即:

$$\min z = \boldsymbol{c}^{\mathrm{T}}\boldsymbol{x}$$
$$\text{s. t.} \begin{cases} \boldsymbol{Ax} = \boldsymbol{b} \\ \boldsymbol{x} \geqslant 0 \end{cases}$$

可得整数规划最优值的下界.

2. 分支方法

最初时先求原整数规划的放松线性规划,得到最优解 x^*. 如果其最优解 x^* 是整数解,则是整数规划的最优解,不用再分支. 如果最优解 x^* 不是整数解,则至少有一个分量不是整数,任取其中一个不满足整数要求的分量,比如 x_k^* 不是整数,则取该数的下整数(小于该数的最大整数)$[x_k^*]$ 和上整数(大于该数的最小整数)$[x_k^*]$,在二者之间没有任何满足整数要求的解.

令:

$$x_k^* \leqslant [x_k^*] \text{ 或 } x_k^* \geqslant [x_k^*]$$

就可以把可行域分成两部分,如图 4-4 所示.

把上述限制分别加到整数规划中,就可得两个新的子规划,即:

$$\min z = \boldsymbol{c}^{\mathrm{T}}\boldsymbol{x}$$
$$\text{s. t.} \begin{cases} \boldsymbol{Ax} = \boldsymbol{b} \\ x_k^* \leqslant [x_k^*] \\ \boldsymbol{x} \geqslant 0, \boldsymbol{x} \text{ 为整数} \end{cases}$$
和
$$\min z = \boldsymbol{c}^{\mathrm{T}}\boldsymbol{x}$$
$$\text{s. t.} \begin{cases} \boldsymbol{Ax} = \boldsymbol{b} \\ x_k^* \geqslant [x_k^*] \\ \boldsymbol{x} \geqslant 0, \boldsymbol{x} \text{ 为整数} \end{cases}$$

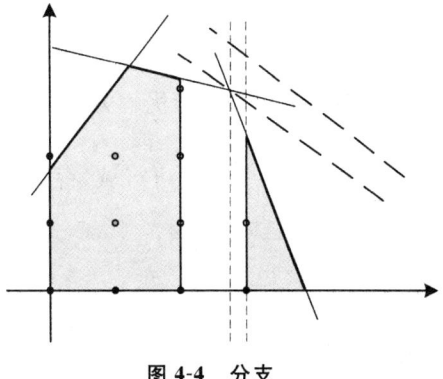

图 4-4 分支

两个子规划是线性约束的整数规划,继续求解其放松线性规划,如果放松线性规划的最优解是整数解,则得到该分支的最优整数解;否则根据上述方法继续分支.

3. 当前最好整数解

在算法开始时没有得到整数解,因而令当前最好整数解的目标函数值为 $+\infty$,作为当前的界,记为 P. 当计算某个分支时得到一个最优整数解,则用其最优值与 P 进行比较,如果其最优值小于 P,则把该整数解作为当前最好整数解,其最优值作为新的界,赋值给 P.

三、算法步骤

步骤 1 令初始界 $P = +\infty$,初始分支集合只包含整数规划,即 $\Omega = \{S = \{x \mid AX = b, x \geqslant 0, 为整数\}\}$,分支集合元素个数 $k = 1$.

步骤 2 如果 $k = 0$,则停止计算,输出当前最好整数解;否则从分支集合中取出一个分支,令 $k = k - 1$,求解对应的放松线性规划. 如果该线性规划没有可行解转步骤2;如果该线性规划的最优解满足整数要求转步骤3;如果该线性规划的最优解不满足整数要求转步骤4.

步骤 3 如果该线性规划的最优值小于界 P,则令最优整数解为当前得到的最好整数解,令界 p 等于该线性规划的最优值,转步骤2.

步骤 4 如果该线性规划的最优值小于界 P,取不满足整数要求的分量分支,把两个新产生分支放入分支集合中,令 $k = k + 2$,转步骤2;否则转步骤2.

【例 4-3】 用分支定界法求解以下整数规划,即:
$$\min z = -2x_1 - 3x_2$$
$$\text{s. t.} \begin{cases} 5x_1 + 7x_2 \leqslant 35 \\ 4x_1 + 9x_2 \leqslant 36 \\ x_1, x_2 \geqslant 0, 为整数 \end{cases}$$

解:令 $P = +\infty$,先求放松线性规划:
$$\min z = -2x_1 - 3x_2$$
$$\text{s. t.} \begin{cases} 5x_1 + 7x_2 \leqslant 35 \\ 4x_1 + 9x_2 \leqslant 36 \\ x_1, x_2 \geqslant 0 \end{cases}$$

用图解法,如图 4-5 所示.

用图解法求得其最优解为 $\left(3\frac{12}{17}, 2\frac{6}{17}\right)$,最优值为 $-14\frac{8}{17}$.

取 $x_2 = 2\frac{6}{17}$ 分割可行域,得到以下两个子问题,即:

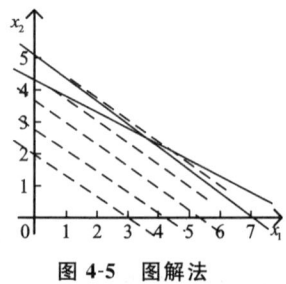

图 4-5 图解法

$$\min z = -2x_1 - 3x_2 \qquad \min z = -2x_1 - 3x_2$$
$$\text{s. t.} \begin{cases} 5x_1 + 7x_2 \leqslant 35 \\ 4x_1 + 9x_2 \leqslant 36 \\ x_2 \leqslant 2 \\ x_1, x_2 \geqslant 0, 为整数 \end{cases} \text{和} \quad \text{s. t.} \begin{cases} 5x_1 + 7x_2 \leqslant 35 \\ 4x_1 + 9x_2 \leqslant 36 \\ x_2 \geqslant 3 \\ x_1, x_2 \geqslant 0, 为整数 \end{cases}$$

对应分支1和分支2,如图 4-6 所示.

取分支 1,解对应的放松线性规划的最优解为 $\left(4\frac{1}{5}, 2\right)$,最优值为 $-14\frac{2}{5}$. 取 $x_1 = 4\frac{1}{5}$ 对可行域进行分割,得到两个子规划,即:

$$\min z = -2x_1 - 3x_2 \qquad \min z = -2x_1 - 3x_2$$
$$\text{s. t.} \begin{cases} 5x_1 + 7x_2 \leqslant 35 \\ 4x_1 + 9x_2 \leqslant 36 \\ x_2 \leqslant 2 \\ x_1 \leqslant 4 \\ x_1, x_2 \geqslant 0, \text{为整数} \end{cases} \quad \text{和} \quad \text{s. t.} \begin{cases} 5x_1 + 7x_2 \leqslant 35 \\ 4x_1 + 9x_2 \leqslant 36 \\ x_2 \leqslant 2 \\ x_1 \geqslant 5 \\ x_1, x_2 \geqslant 0, \text{为整数} \end{cases}$$

得到两个新的分支 3 和分支 4,如图 4-7 所示.

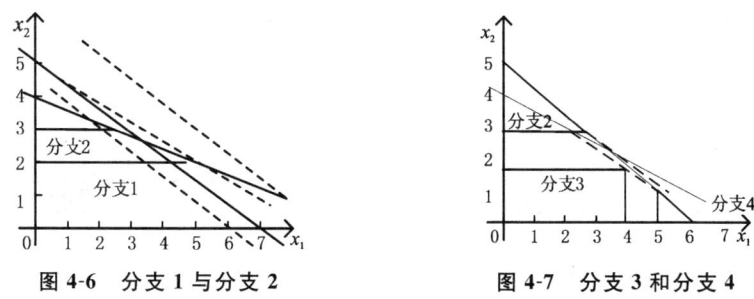

图 4-6 分支 1 与分支 2　　　　图 4-7 分支 3 和分支 4

取分支 3,解对应的放松线性规划,得其最优解为 $(4, 2)$,最优值为 -14. 该分支最优解为整数解,不需要再分支,由于最优值小于 $P = +\infty$,所以该整数解为当前最好整数解,令 $P = -14$.

取分支 2,解对应的放松线性规划,得其最优解为 $\left(2\frac{1}{4}, 3\right)$,最优值为 $-13\frac{1}{2}$. 由于最优值大于 $P = -14$,无需再分支.

取分支 4,解对应的放松线性规划,得其最优解为 $\left(5, 1\frac{3}{7}\right)$,最优值为 $-14\frac{2}{7}$. 由于最优值小于 $P = -14$,取 $x_2 = 1\frac{3}{7}$ 对可行域进行分割得到子规划,即:

$$\min z = -2x_1 - 3x_2 \qquad \min z = -2x_1 - 3x_2$$
$$\text{s. t.} \begin{cases} 5x_1 + 7x_2 \leqslant 35 \\ 4x_1 + 9x_2 \leqslant 36 \\ x_2 \leqslant 2 \\ x_1 \geqslant 5 \\ x_2 \leqslant 1 \\ x_1, x_2 \geqslant 0, \text{为整数} \end{cases} \quad \text{和} \quad \text{s. t.} \begin{cases} 5x_1 + 7x_2 \leqslant 35 \\ 4x_1 + 9x_2 \leqslant 36 \\ x_2 \leqslant 2 \\ x_1 \geqslant 5 \\ x_2 \geqslant 2 \\ x_1, x_2 \geqslant 0, \text{为整数} \end{cases}$$

得分支 5 和分支 6,如图 4-8 所示.

分支 6 的可行域是空集,停止分支.分支 5 的最优解为 $x_1 = 5\frac{3}{5}$,$x_2 = 1$,$z = -14\frac{1}{5}$,取 $x_1 = 5\frac{3}{5}$ 对可行域进行分割,得到子问题,即:

$$\min z = -2x_1 - 3x_2$$
$$\text{s.t.} \begin{cases} 5x_1 + 7x_2 \leqslant 35 \\ 4x_1 + 9x_2 \leqslant 36 \\ x_2 \leqslant 1 \\ x_1 = 5 \\ x_1, x_2 \geqslant 0, 为整数 \end{cases} \quad 和 \quad \min z = -2x_1 - 3x_2$$
$$\text{s.t.} \begin{cases} 5x_1 + 7x_2 \leqslant 35 \\ 4x_1 + 9x_2 \leqslant 36 \\ x_2 \leqslant 1 \\ x_1 \geqslant 6 \\ x_1, x_2 \geqslant 0, 为整数 \end{cases}$$

得分支 7 和分支 8,分支 7 为一个线段,分支 8 是个三角形,如图 4-9 所示.

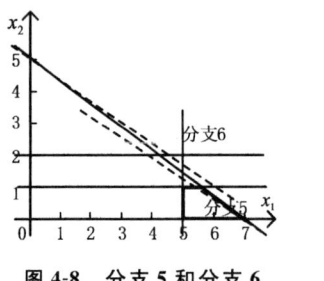

图 4-8　分支 5 和分支 6

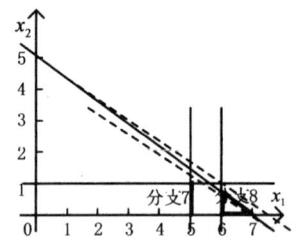

图 4-9　分支 7 和分支 8

取分支 7,解对应的放松线性规划,得其最优解为 $x_1 = 5$,$x_2 = 1$,最优值为 $z = -13$,该最优解为整数解,停止分支,由于最大值大于 $P = -14$,保持原有界.

取分支 8,解对应的放松线性规划,得其最优解为 $x_1 = 6$,$x_2 = \frac{5}{7}$,最优值为 $z = -14\frac{3}{7}$,取 $x_2 = \frac{5}{7}$ 对可行域进行分割,得到两个新的子规划,即:

$$\min z = -2x_1 - 3x_2$$
$$\text{s.t.} \begin{cases} 5x_1 + 7x_2 \leqslant 35 \\ 4x_1 + 9x_2 \leqslant 36 \\ x_2 \leqslant 0 \\ x_1 \geqslant 6 \\ x_1, x_2 \geqslant 0, 为整数 \end{cases} \quad 和 \quad \min z = -2x_1 - 3x_2$$
$$\text{s.t.} \begin{cases} 5x_1 + 7x_2 \leqslant 35 \\ 4x_1 + 9x_2 \leqslant 36 \\ x_2 = 1 \\ x_1 \geqslant 6 \\ x_1, x_2 \geqslant 0, 为整数 \end{cases}$$

得分支 9 和分支 10,分支 10 为空集,分支 9 为一线段,如图 4-10 所示.

取分支 9,解对应的放松线性规划,得其最优解为 $x_1 = 7$,$x_2 = 0$,最优值为 $z = -14$,保持原有界.分支 10 的可行域是空集,停止分支.

至此,已将所有可能分解的子问题分解到底,最后得到两个目标函数值相等的最优整数解,即 $(x_1, x_2) = (4, 0)$ 和 $(x_1, x_2) = (7, 0)$,它们的目标函数值都是 -14.

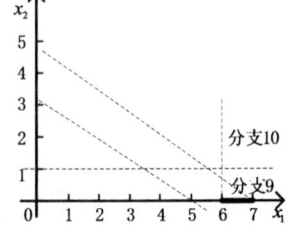

图 4-10　分支 9 和分支 10

四、软件求解方法

在 LINGO 软件中求解整数规划与求解线性规划的方法基本类似,只需在线性规划的基础上增加定义整数变量的函数即可. 在 LINGO 软件定义中,一般整数变量用内部函数@GIN(variable_name);定义 0—1 整数变量用内部函数@BIN(variable_name),括号内为需要定义的变量名称.

例如,求解下列整数规划,即:

$$\min z = -2x_1 - 3x_2$$
$$\text{s.t.} \begin{cases} 2x_1 + 3x_2 \leqslant 1500 \\ 2x_1 + 4x_2 \leqslant 800 \\ 3x_1 + 2x_2 + 5x_3 \leqslant 2000 \\ x_1, x_2, x_3 \geqslant 0 \\ x_1, x_2 \text{ 为整数} \end{cases} \tag{4-3}$$

LINGO 软件的输入如图 4-11 所示. 单击"求解"按钮可得最优解,计算结果如图 4-12 所示.

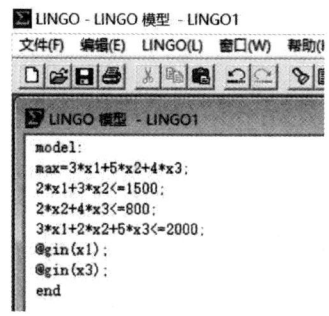

图 4-11 模型输入

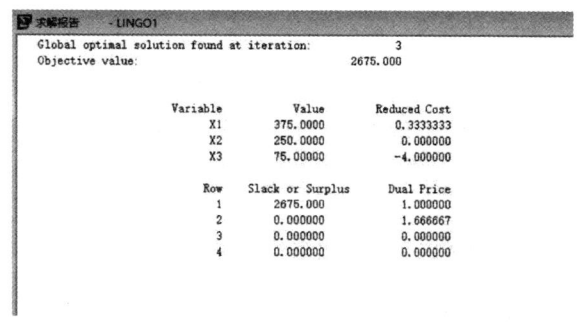

图 4-12 计算结果

模型计算结果的输出内容与求解线性规划相同.

提示:(1)内部函数必须以@开始,定义整数变量的函数应放在 end 之前.
(2)一次只能定义一个整数变量,如需要定义多个整数变量,则需要多次调用函数.

第三节 应用案例分析

一、背包问题

某人出国留学打点行李,现有 3 个旅行包,容积大小分别为 1000mL、1500mL 和 1000mL,根据需要列出需带物品清单,其中一些物品是必带物品,共有 3 件,其体积大小分别为 400mL、300mL、640mL. 尚有 7 件可带可不带物品,如果不带将在目的地购买,通过网络查询可以得知其在目的地的价格. 这些物品的容量及价格分别见表 4-3,试给出一个合理的安排方案把物品放在 3 个旅行包里.

表 4-3 物品体积与价格表

物品	4	5	6	7	8	9	10
体积(mL)	200	350	500	430	320	120	650
价格(美元)	15	45	100	70	50	75	200

1. 问题分析

对每个物品要确定是否带,同时要确定放在哪个包裹里,如果增加一个虚拟的包裹把不带的物品放在里面,则问题就转化为确定每个物品放在哪个包裹里. 如果直接设变量为每个物品放在包裹的编号,则每个包裹所含物品的总容量就很难写成变量的函数. 为此设变量为第 i 个物品是否放在第 j 个包裹中,有:

$$x_{ij} = 1, 0 \quad i = 1, 2, \cdots, 10; j = 1, 2, 3$$

每个包裹实际放的物品容量不能超过容量限制,即:

$$\sum_{i=1}^{10} c_i x_{ij} \leqslant r_j \quad j = 1, 2, 3$$

前 3 个物品必须放在某个包裹中,即:

$$\sum_{j=1}^{3} x_{ij} = 1 \quad i = 1, 2, 3$$

后面 7 个物品最多放在一个包裹里,即:

$$\sum_{j=1}^{3} x_{ij} \leqslant 1 \quad i = 4, 5, \cdots, 10$$

目标是未带物品购买费用最小,等价于后 7 种物品中携带物品的价值最大,存放包裹数为 0,则表示未带,所以有未带物品购买费用为 $\sum_{i=4}^{10} p_i \left(1 - \sum_{j=1}^{3} x_{ij}\right)$,携带的物品价值为 $\sum_{i=4}^{10} p_i \left(\sum_{j=1}^{3} x_{ij}\right)$.

2. 模型与求解

该问题的数学规划模型为:

$$\max \sum_{i=4}^{10} p_i \left(\sum_{j=1}^{3} x_{ij}\right)$$

$$\text{s.t.} \begin{cases} \sum_{j=1}^{3} x_{ij} \leqslant 1 & i = 4, 5, \cdots, 10 \\ \sum_{i=1}^{10} c_i x_{ij} \leqslant r_j & j = 1, 2, 3 \\ \sum_{j=1}^{3} x_{ij} = 1 & i = 1, 2, 3 \\ x_{ij} = 1, 0 & i = 1, 2, \cdots, 10; j = 1, 2, 3 \end{cases} \quad (4\text{-}4)$$

Excel 规划求解也可以解整数规划,本题用 Excel 规划求解模型输入更简单,先把基础数据和公式输入,如图 4-13 所示.

	B	C	D	E	F	G	H	I	J	K	L	M	N
1													
2													
3	物品	1	2	3	4	5	6	7	8	9	10		
4	体积	400	300	640	200	350	500	430	320	120	650		
5	价格				15	45	100	70	50	75	200		容积
6	第一个包	0	0	0	0	0	0	0	0	0	0	=SUMPRODUCT(C4:L4,C6:L6)	1000
7	第二个包	0	0	1	0	0	0	0	0	0	0	=SUMPRODUCT(C4:L4,C7:L7)	1500
8	第三个包	0	1	0	0	0	0	0	0	0	0	=SUMPRODUCT(C4:L4,C8:L8)	1000
9	是否带	=SUM(C6:C8)	=SUM(D6:D8)	=SUM(E6:E8)	=SUM(F6:F8)	=SUM(G6:G8)	=SUM(H6:H8)	=SUM(I6:I8)	=SUM(J6:J8)	=SUM(K6:K8)	=SUM(L6:L8)	=SUMPRODUCT(C5:L5,C9:L9)	

图 4-13 数据输入

然后在模型求解中装载模型,如图 4-14 所示.

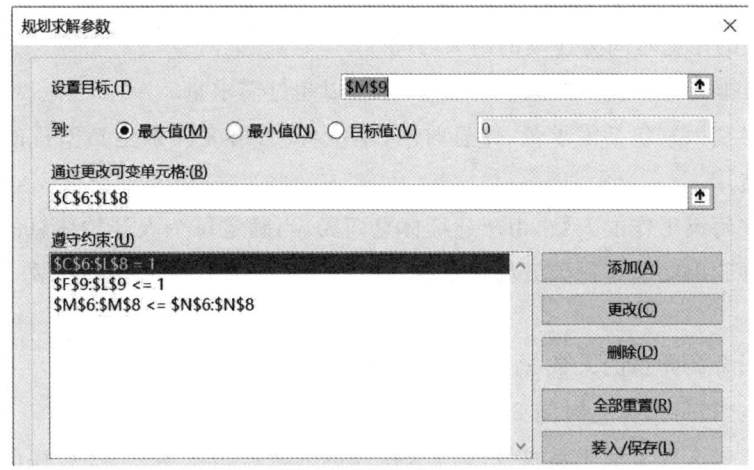

图 4-14 模型载入

整数变量是通过约束输入中选择 int(整数变量)和 bin(0—1 整数变量)来实现.计算结果如图 4-15 所示.

	B	C	D	E	F	G	H	I	J	K	L	M	N
1													
2													
3	物品	1	2	3	4	5	6	7	8	9	10		
4	体积	400	300	640	200	350	500	430	320	120	650		
5	价格				15	45	100	70	50	75	200		容积
6	第一个包	0	0	0	0	0	1	0	1	1	0	940	1000
7	第二个包	1	0	1	0	0	0	1	0	0	0	1470	1500
8	第三个包	0	1	0	0	0	0	0	0	0	1	950	1000
9	是否带	1	1	1	0	0	1	1	1	1	1	495	

图 4-15 求解结果

计算结果为:第一个包裹装物品 6、物品 8、物品 9;第二个包裹装物品 1、物品 3、物品 7;第三个包裹装物品 2 和物品 10;剩余物品为物品 4 和物品 5.未带物品的价值为 60 美元.

二、人力资源分配问题

某个中型百货商场对售货人员(周工资 200 元)的需求进行统计,如表 4-4 所示.

表 4-4 人员需求表

星期	一	二	三	四	五	六	日
人数	12	15	12	14	16	18	19

为了保证销售人员充分休息,销售人员每周工作 5d,休息 2d.问应如何安排销售人员的工作时间,使得所配售货人员的总费用最小?

1. 问题分析

为了便于处理问题,作以下假设.

- 每天工作 8h,不考虑夜班的情况.
- 每个人的休息时间为连续的两天时间.
- 每天安排的人员数不得低于需求量,但可以超过需求量.

因素:不可变因素包括需求量、休息时间、单位费用;可变因素包括安排的人数、每人工作的时间、总费用.

方案:确定每天工作的人数,由于连续休息两天,当确定每个人开始休息的时间,就等于知道工作的时间,因而确定每天开始休息的人数就知道每天开始工作的人数,从而求出每天工作的人数.

变量:每天开始休息的人数 $x_i(i=1,2,\cdots,7)$.

约束条件:(1)每人休息时间 2d,自然满足.

(2)每天工作人数不低于需求量,第 i 天工作的人数就是从第 $i-2$ 天往前数 5d 内开始工作的人数,所以有约束:

$$x_2 + x_3 + x_4 + x_5 + x_6 \geqslant 12$$
$$x_3 + x_4 + x_5 + x_6 + x_7 \geqslant 15$$
$$x_4 + x_5 + x_6 + x_7 + x_1 \geqslant 12$$
$$x_5 + x_6 + x_7 + x_1 + x_2 \geqslant 14$$
$$x_6 + x_7 + x_1 + x_2 + x_3 \geqslant 16$$
$$x_7 + x_1 + x_2 + x_3 + x_4 \geqslant 18$$
$$x_1 + x_2 + x_3 + x_4 + x_5 \geqslant 19$$

(3)变量非负约束,即 $x_i \geqslant 0 (i=1,2,\cdots,7)$.

目标:总费用最小,总费用与使用的总人数成正比.由于每个人必然在且仅在某一天开始休息,所以总人数等于 $\sum_{i=1}^{7} x_i$.

2. 模型与求解

该问题的数学规划为:

$$\min z = 200 \sum_{i=1}^{7} x_i$$

$$\text{s.t.} \begin{cases} x_2 + x_3 + x_4 + x_5 + x_6 \geqslant 12 \\ x_3 + x_4 + x_5 + x_6 + x_7 \geqslant 15 \\ x_4 + x_5 + x_6 + x_7 + x_1 \geqslant 12 \\ x_5 + x_6 + x_7 + x_1 + x_2 \geqslant 14 \\ x_6 + x_7 + x_1 + x_2 + x_3 \geqslant 16 \\ x_7 + x_1 + x_2 + x_3 + x_4 \geqslant 18 \\ x_1 + x_2 + x_3 + x_4 + x_5 \geqslant 19 \\ x_i \geqslant 0 \ (i = 1, 2, \cdots, 7) \end{cases} \tag{4-5}$$

利用 LINGO 软件求解,模型输入如图 4-16 所示.

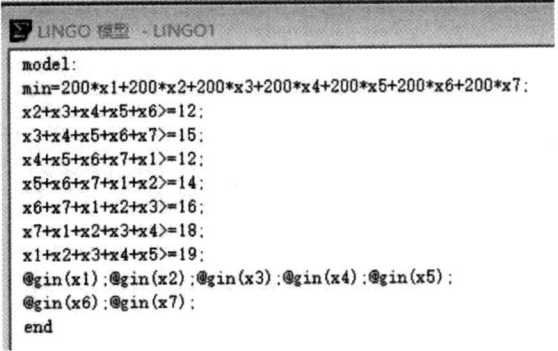

图 4-16　模型输入

求解结果如图 4-17 所示.

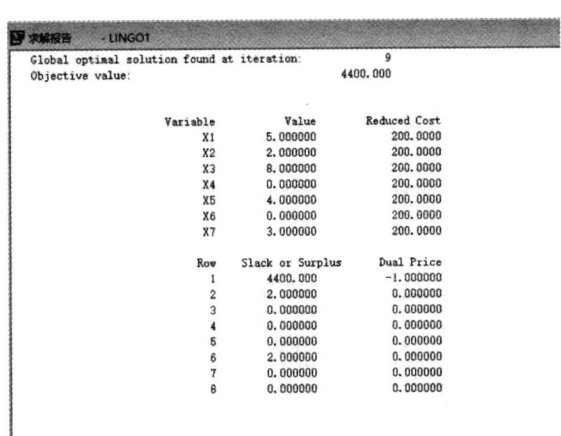

图 4-17　计算结果

提示:(1)如果取消连续休息两天的假设,则工作模式有 21 种,可以类似建立模型求解.

(2)建立数学规划模型的另一种方法是列出可能的工作模式,然后确定每种模式的数目.该方法适用于许多问题,如线切割问题、平面装箱问题等.

习 题

1. 某工厂利用原材料 A、B 生产甲、乙两种产品,其单位资源消耗、单位产品利润及资源限量如表 4-5 所示.

表 4-5 单位资源消耗 （单位:kg/件）

原材料	产品甲(件)	产品乙(件)	资源限量(kg)
原材料 A(kg)	2	1	10
原材料 B(kg)	3	6	40
单位产品利润(元/件)	10	15	

问:甲、乙各生产多少件可使总利润最大?

2. 某市在其 5 个规划片区规划消防站设点,要求任意一个片区发生火警时,本片区或来自其他片区的消防车可以在 15min 内赶到. 虽然在各片区各设一个消防站可以解决此问题,但为提高资源利用率,市政府提出消防站数量应尽可能少. 根据测定,消防车在不同片区间的行驶时间如表 4-6 所示.

表 4-6 消防车在不同片区行驶时间 （单位:min）

出发地	目的地				
	片区 1	片区 2	片区 3	片区 4	片区 5
片区 1	0	12	18	26	25
片区 2	12	0	19	34	15
片区 3	18	19	0	10	25
片区 4	26	34	10	0	14
片区 5	25	15	25	14	0

问:该市应该在哪些点设消防站,可使设点数量最少? 建立本问题的数学模型.

3. 用分支定界法求解以下问题模型:
$$\max z = 1785x_1 + 817x_2 + 720x_3 + 216x_4 + 210x_5$$
$$\text{s.t.} \begin{cases} 85x_1 + 43x_2 + 36x_3 + 12x_4 + 10x_5 \leqslant 150 \\ x_i = 0 \text{ 或 } 1, i = 1, \cdots, 5 \end{cases}$$

第五章 动态规划

动态规划是运筹学的一个重要分支,它是 1951 年由以美国人贝尔曼为首的一个学派发展起来的.动态规划在经济、管理、军事、工程技术等方面有着广泛的应用.

动态规划在解决多阶段决策问题上有明显的效果,但也有一定的局限性.首先,它没有统一的处理方法,必须根据问题的各种性质并结合一定的技巧来处理;其次,当变量的维数增加时,总的计算量及存贮量急剧增大.因此,受计算机存储空间和计算速度的限制,目前的计算机还不能用动态规划方法来解决大规模的问题,称之为"维数障碍".

第一节 多阶段决策问题

一、多阶段决策问题实例

在实际中多阶段决策问题有很多,下面举例说明多阶段决策问题.

【例 5-1】 (最短路线问题)在线路网络图 5-1 中,从 A 至 E 有一批交通设备需要调运.图上所标数字为各节点之间的运输距离,为使总运费最少,必须找出一条由 A 至 E 总里程最短的路线.

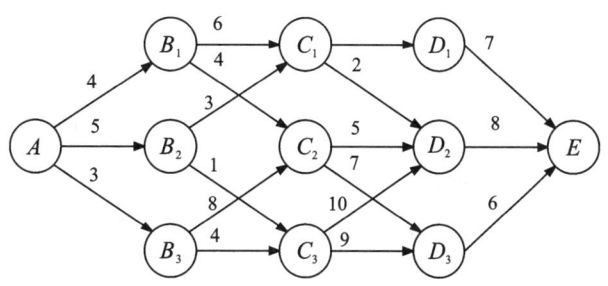

图 5-1 各个地方之间的距离

为了找到由 A 至 E 的最短线路,可以将该问题分成 $A—B—C—D—E$ 4 个阶段,在每个阶段都需要做出决策,即在 A 点,需决策下一步到 B_1,还是 B_2 或 B_3;同样,若到达第二阶段某个状态,比如 B_1,需决定走向 C_1,还是 C_2;依次类推.可以看到:各个阶段的决策不同,由 A 至 E 的线路就不同,当从某个阶段的某个状态出发做出一个决策,则这个决策不仅影响下一个阶段的距离,而且直接影响后面各阶段的行进线路.所以,这类问题要求在各个阶段选择一个恰当的决策,使这些决策序列所决定的一条路线对应的总里程最短.

【例 5-2】 (带回收的资源分配问题)某生产厂新购某种交通配件加工机床 125 台.据估计,这种设备 5 年后将被其他设备所代替.此机床如在高负荷状态下工作,年损坏率为 $\frac{1}{2}$,年利润为 10 万元;如在低负荷状态下工作,年损坏率为 $\frac{1}{5}$,年利润为 6 万元.问应如何安排这些机床的生产负荷,才能在 5 年内获得最大利润?

分析:本问题具有时间上的次序性,在五年计划的每一年都要做出关于这些机床生产负荷的决策,并且一旦做出决策,不仅影响到本年的利润,而且影响到下一年年初完好机床数,进而影响以后各年的利润.所以在每年年初做决策时,必须将当年的利润和以后各年利润结合起来,统筹考虑.

【例 5-3】 (生产和存储控制问题)某工厂生产某种季节性商品,需要制订下一年度的生产计划,假定这种商品的生产周期需要两个月,全年共有 6 个生产周期,需要做出各个周期中的生产计划,设已知各周期对该商品的需求量如表 5-1 所示.

表 5-1 周期与需求量

周期	1	2	3	4	5	6
需求量	5	5	10	30	50	8

假设这个工厂根据需要可以日夜两班生产或只是日班生产,当开足日班时,每一个生产周期能生产商品 1500 台,每生产一个单位商品的成本为 10 万元.当开足夜班时,每一生产周期能生产的商品也是 1500 台,但是由于增加了辅助性生产设备和生产辅助费用,每生产一单位商品的成本为 12 万元.由于生产能力的限制,可以在需求淡季多生产一些商品储存起来以备需求旺季使用,但存储商品是需要存储费用的,假设每单位商品存储一周期需要 2000 元,已知开始时存储为零,年终也不存储商品备下年使用,问应该如何作生产和存储计划,才能使总的生产和存储费用最小?

问题分析:该问题需要确定每个周期生产产品的数量,如果把每个周期看成一个阶段,则共有 6 个阶段,每个阶段的决策变量就是产品的生产数量,而生产数量要根据周期开始时的库存量和该周期的需求量确定,生产数量的不同又会影响周期结束时的库存量,它们之间的关系为:

周期末的库存量=周期初的库存量−生产量需求

周期初的库存量=上期末的库存量

通过上述公式,各周期之间建立了密切的联系.

设第 i 个周期的生产量为 x_i,周期末(满足需要以后)的存储量为 u_i,由于单位为台,所以变量为整数,同时要求满足:

$$\begin{cases} u_1 = x_1 - 5 \\ u_2 = u_1 + x_2 - 5 \\ u_3 = u_2 + x_3 - 10 \\ u_4 = u_3 + x_4 - 30 \\ u_5 = u_4 + x_5 - 50 \\ u_6 = u_5 + x_6 - 8 \\ u_6 = 0 \end{cases} \tag{5-1}$$

且要求存储量 u_i 不能为负数,生产量 x_i 不能超过最大产能 30.

费用包括生产费用和存储费用,其中生产费用是产量的函数. 如果产量 x_1 不超过 1500 台,费用为 $100 x_i$;如果超过 1500 台,超过部分按每单位 12 万元计算费用,即:

$$f(x_i) = \begin{cases} 100 x_i, x_i \leqslant 1500 \\ 1500 + 12(x_i - 1500), x_i > 1500 \end{cases} \tag{5-2}$$

存储费用等于存储数量与单位费用的乘积,每周期存储数量等于上周期末的存量,由于第一周期初没有存货,所以从第二周期开始有存储费用,存储费用为 $\sum_{i=1}^{5} 2u_i$,则总费用为

$$\sum_{i=1}^{6} f(x_i) + \sum_{i=1}^{5} 2u_i \tag{5-3}$$

这样就可以得到该问题的数学规划模型为:

$$\min z = \sum_{i=1}^{6} f(x_i) + \sum_{i=1}^{5} 2u_i$$

$$\text{s.t.} \begin{cases} u_1 = x_1 - 5 \\ u_2 = u_1 + x_2 - 5 \\ u_3 = u_2 + x_3 - 10 \\ u_4 = u_3 + x_4 - 30 \\ u_5 = u_4 + x_5 - 50 \\ u_6 = u_5 + x_6 - 8 \\ u_6 = 0 \\ u_i \geqslant 0, 30 \geqslant x_i \geqslant 0 \ (i = 1, 2, \cdots, 6) \\ u_i, x_i \text{ 为整数 } (i = 1, 2, \cdots, 6) \end{cases} \tag{5-4}$$

由于生产费用函数 $f(x_i)$ 是一个分段线性函数,因而该规划不是线性规划,如果变量比较多时求解会比较困难.

如果把每个周期看成一个阶段,周期开始时的库存量就是决定该阶段决策的主要因素,而每个阶段的决策则是每个阶段的生产数量. 在需求已知的情况下,期末库存由该阶段的初始库存量和生产量决定,也就是下一阶段的初始库存量,每个阶段都是相互关联的. 每个阶段的成本包括生产成本和库存成本,生产与库存问题就是确定每个阶段的生产量,使总成本最小化. 因此,该问题具有多阶段决策的特点,可以用动态规划方法求解.

与上面的几个例子类似的多阶段决策问题还有可靠性、背包、设备新旧问题等.

二、多阶段决策问题

使用动态规划方法解决多阶段决策问题,先要将实际问题写成动态规划模型,此时要用到的概念有:阶段、状态、决策和策略、状态转移方程、指标函数.

1. 阶段

动态规划问题通常具有时间或空间的顺序,要解决这类问题,首先要将问题按一定的顺序划分为几个相互关联的阶段,以便按一定的顺序求解. 如例 5-1 可以按空间次序分为 $A—B—C—D—E$ 4 个阶段,而例 5-2 按照时间次序可分成 5 个阶段.

2. 状态

在多阶段决策过程中,每个阶段都需要做出决策,而决策是根据系统所处情况决定的. 状态是描述系统情况所必需的信息. 如例 5-1 中每阶段的出发点位置就是状态,例 5-2 中每年年初拥有的完好机床数是做出机床负荷安排的根据,所以 k 年年初完好机床数是状态.

一般地,状态可以用一个变量来描述,称为状态变量,记第 k 阶段的状态变量为 x_k ($k=1,2,\cdots,n$).

3. 决策和策略

多阶段决策过程的发展是用各阶段的状态演变来描述的,阶段性决策是决策者从该阶段的某一状态对下一阶段状态的选择. 描述决策的变量为决策变量,当第 k 阶段的状态确定之后,可能的决定将受到该状态的影响. 这就是说,决策变量 u_k 还是状态变量 x_k 的函数,因此,又可将第 k 阶段 x_k 状态下的决策变量记为 $u_k(x_k)$. 在实际问题中,决策变量的取值往往限制在某一范围之内,此范围称为允许决策变量集合,记作 $D_k(u_k)$. 如例 5-2 中取高负荷运行的机床数 u_k 为决策变量,则 $0 \leqslant u_k \leqslant x_k$ (x_k 是 k 阶段初完好机床数) 为允许决策变量集合.

在一个多阶段决策中,如果各个阶段的决策变量 $u_k(x_k)$ ($k=1,2,\cdots,n$) 都已确定,则整个过程也就完全确定. 称决策序列 $\{u_1(x_1), u_2(x_2), \cdots, u_n(x_n)\}$ 为该过程的一个策略,从阶段 k 到阶段 n 的决策序列称为子策略,表示成 $\{u_k(x_k), u_{k+1}(x_{k+1}), \cdots, u_n(x_n)\}$. 如例 5-1 中,选取一路线 $A—B_1—C_2—D_2—E$,就是一个策略.

在多阶段决策的实际问题中,由于每个阶段都有多种可能的状态和不同的决策,因此有许多策略可供选择,能够达到预期目标的策略称为最优策略. 例 5-1 中存在 12 条不同路线,其中 $A—B_2—C_1—D_2—E$ 是最短线路.

4. 状态转移方程

在多阶段决策过程后,如果给定了 k 阶段的状态变量 x_k 和决策变量 $u_k(x_k)$,则第 $k+1$ 阶段的状态变量 x_{k+1} 也会随之而确定,也就是说 x_{k+1} 是 x_k 和 u_k 的函数. 这种关系可记为:

$$x_{k+1} = T(x_k, u_k) \tag{5-5}$$

称之为状态转移方程.

5. 指标函数

用来衡量过程优劣的数量指标,称为指标函数.在阶段 k 的 x_k 状态下执行决策 u_k,不仅带来系统状态的转移,而且必然对目标函数产生影响,阶段效应就是执行阶段决策时给目标函数的影响.

多阶段决策过程关于目标函数的总效应是各阶段的阶段效应累积形成的.常见的全过程目标函数有以下两种形式.

(1)全过程的目标函数等于各阶段目标函数的和,即:
$$R = r_1(x_1,u_1) + r_2(x_2,u_2) + \cdots + r_n(x_n,u_n) \tag{5-6}$$
(2)全过程的目标函数等于各阶段目标函数的积,即:
$$R = r_1(x_1,u_1) \cdot r_2(x_2,u_2) \cdot \cdots \cdot r_n(x_n,u_n) \tag{5-7}$$

指标函数的最优值,称为最优函数值.一般地,$f_1(x_1)$ 表示从第 1 阶段 x_1 状态出发至第 n 阶段(最后阶段)的最优指标函数,$f_k(x_k)(k=2,3,\cdots,n)$ 表示从第 k 阶段 x_k 状态出发至第 n 阶段的最优指标函数.

第二节 最优化原理

一、最优化原理

多阶段决策过程的特点是每个阶段都要做出一个决策.具有 n 个阶段的决策过程的策略是由 n 个相继进行的阶段决策构成的决策序列.由于上一阶段的终止状态是后一阶段的初始状态,因此,确定阶段的最优决策不能只从现阶段的效果出发,而且必须综合考虑,统筹规划.换言之,阶段 k 的最优决策不仅是该阶段的最优决策,而且是该阶段及后续各阶段的总体最优决策,即整个后部子过程的最优决策.

对此,贝尔曼在深入研究的基础上,针对有无后效性的多阶段决策过程的特点,提出了著名的解决多阶段决策问题的最优性原理:"整个过程的最优策略具有这样的性质,即无论过去的状态和决策如何,对前面的决策所形成的状态而言,余下的诸决策必须构成最优策略."

注:(1)最优化原理的含义就是,最优策略的任何一部分子策略也是必须是最优的.

(2)如例 5-1,$A—B_2—C_1—D_2—E$ 是由 A 到 E 的最短路线,我们在该路线上任取一点 C_1,按照最优化原理 $C_1—D_2—E$ 应该是 C_1 到 E 的最短路线.

(3)下面我们用反证法来证明上述结论的正确性.设上述结论不正确.假定存在一条 C_1 到 E 的更短路线,则由 A 到 E 的最短路线就不应该是上述给定的路线,这与已知矛盾,说明假定是不成立的,从而说明了最优化原理的正确性.

二、最短路问题

对于图 5-1 所示的最短路问题而言,可以分成 $A—B—C—D—E$ 4 个阶段,由后向前逐

步求出各点到 E 的最短路线,直至求出由 A 至 E 的最短路线.

$k=4$ 时,出发点有 D_1、D_2、D_3 3 个,记 $f_4(D_i)(i=1,2,3)$ 为 D_i 到 E 的最短距离,显然

$$f_4(D_1) = 7 \quad u_4(D_1) = E$$
$$f_4(D_2) = 8 \quad u_4(D_2) = E$$
$$f_4(D_3) = 6 \quad u_4(D_3) = E$$

这里 $u_4(D_i)$ 表示从 D_i 状态出发采取的决策.

$k=3$ 时,出发点有 C_1、C_2、C_3 3 个,仍然用 $f_3(C_i)(i=1,2,3)$ 表示 C_i 到 E 的最短距离,则

$$f_3(C_1) = \min\begin{cases}d(C_1D_1)+f_4(D_1)\\d(C_1D_2)+f_4(D_2)\end{cases} = \min\begin{cases}4+7\\2+8\end{cases} = 10$$

$u_3(C_1) = D_2$

$$f_3(C_2) = \min\begin{cases}d(C_2D_2)+f_4(D_2)\\d(C_2D_3)+f_4(D_3)\end{cases} = \min\begin{cases}5+8\\7+6\end{cases} = 13$$

$u_3(C_2) = D_2$ 或 D_3

$$f_3(C_3) = \min\begin{cases}d(C_3D_2)+f_4(D_2)\\d(C_3D_3)+f_4(D_3)\end{cases} = \min\begin{cases}10+8\\9+6\end{cases} = 15$$

$u_3(C_3) = D_3$

同理 $k=2$ 时,有

$$f_2(B_1) = \min\begin{cases}d(B_1C_1)+f_3(C_1)\\d(B_1C_2)+f_3(C_2)\end{cases} = \min\begin{cases}6+10\\4+13\end{cases} = 16$$

$u_2(B_1) = C_1$

$$f_2(B_2) = \min\begin{cases}d(B_2C_1)+f_3(C_1)\\d(B_2C_3)+f_3(C_3)\end{cases} = \min\begin{cases}3+10\\1+15\end{cases} = 13$$

$u_2(B_2) = C_1$

$$f_2(B_3) = \min\begin{cases}d(B_3C_2)+f_3(C_2)\\d(B_3C_3)+f_3(C_3)\end{cases} = \min\begin{cases}8+13\\4+15\end{cases} = 19$$

$u_2(B_3) = C_3$

当 $k=1$ 时,出发点只有 A,则

$$f_1(A) = \min\begin{cases}d(AB_1)+f_2(B_1)\\d(AB_2)+f_2(B_2)\\d(AB_2)+f_2(B_3)\end{cases} = \min\begin{cases}4+16\\5+13\\3+19\end{cases} = 18$$

$u_1(A) = B_2$

由 $f_1(A)$ 值可知,从起点 A 到终点 E 的最短距离为 18.

为了找出最短线路,再按计算的顺序反推回去,可求出最优决策序列,即由 $u_1(A)=B_2$,$u_2(B_1)=C_1$,$u_3(C_1)=D_2$,$u_4(D_2)=E$ 组成最优策略,也就是最短线路为 A—B_2—C_1—D_2—E.

三、动态规划递推关系式

从上一小节的例子不难看出,对于最短线路问题,有如下的递推关系(函数方程):

$$\begin{cases} f_k(x_k) = \min\{d(x_k, u_k(x_k)) + f_{k+1}(T(x_k, u_k))\} \\ f_{n+1}(x_{n+1}) = 0, k = n, n-1, \cdots, 1 \end{cases} \quad (5\text{-}8)$$

一般情况下,多阶段决策问题存在下面的递推关系:

$$\begin{cases} f_k(x_k) = \underset{u_k \in D_k(x_k)}{\text{opt}}\{r_k(x_k, u_k(x_k)) * f_{k+1}(T(x_k, u_k))\} \\ f_{n+1}(x_{n+1}) = C, k = n, n-1, \cdots, 1 \end{cases} \quad (5\text{-}9)$$

注:(1) 这里 $r_k(x_k, u_k(x_k))$ 是第 k 阶段采用 $u_k(x_k)$ 决策产生的阶段效应; $f_{n+1}(x_{n+1}) = C$ 是边界条件;* 大多数情况下是"+"号,也可能是"×"号.上述递推关系被称为动态规划的基本方程,这个方程是最优化原理的具体表达形式.

(2) 在基本方程中 $r_k(x_k, u_k)$,$x_{k+1} = T(x_k, u_k)$ 都是已知函数,最优子策略函数 $f_k(x_k)$ 与 $f_{k+1}(x_{k+1})$ 之间是递推关系,要求出 $f_k(x_k)$ 及 u_k 需要先求出 $f_{k+1}(x_{k+1})$,这就决定了应用动态规划基本方程求最优策略总是逆着阶段的顺序进行的.

(3) 由于 $k+1$ 阶段的状态 x_{k+1} 是由前面阶段的状态和决策所形成的,在计算 $f_{k+1}(x_{k+1})$ 时还不能确定 x_{k+1} 的值,这就要求必须就 $k+1$ 阶段的各个可能的状态 x_{k+1} 计算 $f_{k+1}(x_{k+1})$,因此动态规划不但能求出整个问题的最优策略和最优目标值,而且还能求出决策过程中所有可能状态的最优策略及最优目标值.

对于每一个多阶段决策问题都可以写出该递推关系式,通过求解该递推关系式就可以求出最优策略.解决多阶段决策问题的一般步骤如下:①明确多阶段决策问题的阶段数;②确定多阶段决策问题的状态变量和决策变量;③确定多阶段决策问题的状态转移函数;④确定多阶段决策问题的获得函数;⑤写出递推关系式;⑥求解递推关系式.

而比较困难的地方就是求解该递推关系式,现在还没有统一的求解算法,人们针对不同的问题设计不同的算法.求解该递推关系式的主要难点在于每个阶段可能状态的最优策略都要求出来,除了第一个阶段状态唯一外,其他阶段都有很多初始状态,要把它们全部列出是比较麻烦的事情.如果是连续状态变量,只能用函数表示,而这种函数表示一般是很困难的.离散状态变量的问题比较简单,可以列举出来.

第三节 多阶段决策问题案例

一、旅游售货员问题

旅游售货员问题或称货郎担问题,是运筹学的一个经典问题,在物流配送和旅游路线确定中有广泛的应用.

现在把问题一般化.设有 n 个城市,以 $1, 2, \cdots, n$ 表示.d_{ij} 表示从 i 城到 j 城的距离.一个推销员从城市1出发到其他每个城市去一次且仅仅是一次,然后回到城市1.问他如何选择行走的路线,使总的路程最短.这个问题属于组合最优化问题,当 n 不太大时,利用动态规划方法求解是很方便的.

由于规定推销员是从城市1开始的,设推销员走到 i 城,记:

$N_i = \{2, 3, \cdots, i-1\}$,表示由1城到 i 城的中间城市集合.

S 表示到达 i 城之前中途所经过的城市的集合,则有 $S \subseteq N_i$.

因此,可选取 (i, S) 作为描述过程的状态变量,决策为由一个城市走到另一个城市,并定义最优值函数 $f_k(i, S)$ 为从1城开始经由 k 个中间城市的 S 集到 i 城的最短路线的距离,则可写出动态规划的递推关系为:

$$f_k(i, S) = \min_{j \in S}[f_{k-1}(j, S/\{j\}) + d_{ji})] \quad (k = 1, 2, \cdots, n-1 \; ; \; i = 2, 3, \cdots, n \; ; \; S \subseteq N_i)$$

(5-10)

边界条件为 $f_0(i, \Phi) = d_{1i}$.

$f_k(i, S)$ 为最优决策函数,它表示从1城开始经 k 个中间城市的 S 集到 i 城的最短路线上紧挨着 i 城前面的那个城市.

【例 5-4】 求解4个城市旅行推销员问题,其距离矩阵如表 5-2 所示.当推销员从1城出发,经过每个城市一次且仅一次,最后回到1城,问按怎样的路线走,使总的行程距离最短.

表 5-2 各个城市之间的距离

j	i			
	1	2	3	4
1	0	8	5	6
2	6	0	8	5
3	7	9	0	5
4	9	7	8	0

解:由边界条件可知:

$f_0(2, \Phi) = d_{12} = 8$,$f_0(3, \Phi) = d_{13} = 5$,$f_0(4, \Phi) = d_{14} = 6$

$k = 1$ 时,即从1城开始,中间经过一个城市到达 i 城的最短距离是:

$$f_1(2, \{3\}) = f_0(3, \Phi) + d_{32} = 5 + 9 = 14$$

$$f_1(2, \{4\}) = f_0(4, \Phi) + d_{42} = 6 + 7 = 13$$

$$f_1(3, \{2\}) = 8 + 8 = 16$$

$$f_1(3, \{4\}) = 6 + 8 = 14$$

$$f_1(4, \{2\}) = 8 + 5 = 13$$

$$f_1(4, \{3\}) = 5 + 5 = 10$$

当 $k=2$ 时,即从 1 城开始,中间经过两个城市(它们的顺序随便)到达 i 城的最短距离是:

$$f_2(2,\{3,4\}) = \min[f_1(3,\{4\})+d_{32}, f_1(4,\{3\})+d_{42}]$$
$$= \min[14+9, 10+7] = 17$$

所以 $\qquad p_2(2,\{3,4\}) = 4$

$$f_2(3,\{2,4\}) = \min[13+8, 13+8] = 21$$

所以 $\qquad p_2(3,\{2,4\}) = 2 \text{ 或 } 4$

$$f_2(4,\{2,3\}) = \min[14+5, 16+5] = 19$$

所以 $\qquad p_2(4,\{2,3\}) = 2$

当 $k=3$ 时,即从 1 城开始,中间经过三个城市(顺序随便)回到 1 城的最短距离是:

$$f_3(1,\{2,3,4\}) = \min[f_2(2,\{3,4\})+d_{21}, f_2(3,\{2,4\})+d_{31}, f_2(4,\{2,3\})+d_{41}]$$
$$= \min[17+6, 21+7, 19+9] = 23$$

所以 $\qquad p_3(1,\{2,3,4\}) = 2$

由此可知,推销员的最短旅游路线为 $1 \to 3 \to 4 \to 2 \to 1$,最短总距离为 23.

实际中很多问题都可以归结为货郎担这类问题. 如物资运输路线中,汽车应走怎样的路线使路程最短;工厂里在钢板上要挖些小圆孔,自动焊机的割嘴应走怎样的路线使路程最短;城市里在一些地方铺设管道时,管子应走怎样的路线使管子耗费最少等.

二、背包问题

有一个人带一个背包上山,其可携带物品质量的限度为 a kg. 设有 n 种物品可供他选择装入背包中,这 n 种物品的编号为 $1,2,\cdots,n$. 已知第 i 种物品每件的质量为 ω_i kg,在上山过程中的作用(价值)是携带数量 x_i 的函数 $c_i(x_i)$. 问此人应如何选择携带物品(各几件),使所起作用(总价值)最大. 这就是著名的背包问题,类似的问题有工厂里的下料问题、运输中的货物装载问题、人造卫星内的物品装载问题,等等.

设 x_i 为第 i 种物品的装入件数,则问题的数学模型为:

$$\max f = \sum_{i=1}^{n} c_i(x_i)$$

$$\begin{cases} \sum_{i=1}^{n} \omega_i x_i \leqslant a \\ x_i \geqslant 0 \text{ 且为整数 } (i=1,2,\cdots,n) \end{cases} \tag{5-11}$$

它是一个整数规划问题,如果 x_i 只取 0 或 1,又称为 0—1 背包问题. 下面用动态规划的方法来求解.

设按可装入物品的 n 种类划分为 n 个阶段. 状态变量 ω 表示用于装第 1 种物品至第 k 种物品的总质量. 决策变量 x_k 表示装入第 k 种物品的件数. 则状态转移方程为:

$$\tilde{\omega} = \omega - x_k \omega_k \tag{5-12}$$

允许决策集合为：

$$D_k(\omega) = \left\{ x_k \mid 0 \leqslant x_k \leqslant \left[\frac{\omega}{\omega_k}\right] \right\} \tag{5-13}$$

最优值函数 $f_k(\omega)$ 是当总质量不超过 ω kg，背包中可以装入第 1 种到第 k 种物品的最大使用价值. 即：

$$f_k(\omega) = \max_{\substack{\sum_{i=1}^{k} \omega_i x_i \leqslant \omega \\ x_i \geqslant 0, \text{且为整数}(i=1,2,\cdots,k)}} \sum_{i=1}^{k} c_i(x_i) \tag{5-14}$$

因而可写出动态规划的顺序递推关系为：

$$\begin{aligned} f_1(\omega) &= \max_{x_1 = 0,1,\cdots,[\omega/\omega_1]} c_1(x_1) \\ f_k(\omega) &= \max_{x_k = 0,1,\cdots,[\omega/\omega_k]} \{c_k(x_k) + f_{k-1}(\omega - \omega_k x_k)\} \quad 2 \leqslant k \leqslant n \end{aligned} \tag{5-15}$$

然后，逐步计算出 $f_1(\omega), f_2(\omega), \cdots, f_n(\omega)$ 及相应的决策函数 $x_1(\omega), x_2(\omega), \cdots, x_n(\omega)$，最后得出的 $f_n(a)$ 就是所求的最大价值，其相应的最优策略由反推运算即可得出.

【例 5-5】 求下列函数的最大值.

$$\max f = 4x_1 + 5x_2 + 6x_3$$

$$\begin{cases} 3x_1 + 4x_2 + 5x_3 \leqslant 10 \\ x_i \geqslant 0 \text{ 且为整数}, i = 1,2,3 \end{cases}$$

解：用动态规划方法来解，此问题变为求 $f_3(10)$，而：

$$\begin{aligned} f_3(10) &= \max_{\substack{3x_1+4x_2+5x_3 \leqslant 10 \\ x_i \geqslant 0, \text{整数}, i=1,2,3}} \{4x_1 + 5x_2 + 6x_3\} \\ &= \max_{\substack{3x_1+4x_2 \leqslant 10-5x_3 \\ x_i \geqslant 0, \text{整数}, i=1,2,3}} \{4x_1 + 5x_2 + (6x_3)\} \\ &= \max_{\substack{10-5x_3 \geqslant 0 \\ x_3 \geqslant 0, \text{整数}}} \left\{ 6x_3 + \max_{\substack{3x_1+4x_2 \leqslant 10-5x_3 \\ x_1 \geqslant 0, x_2 \geqslant 0, \text{整数}}} [4x_1 + 5x_2] \right\} \\ &= \max_{x_3 = 0,1,2} \{6x_3 + f_2(10 - 5x_3)\} \\ &= \max\{0 + f_2(10), 6 + f_2(5), 12 + f_2(0)\} \end{aligned}$$

由此看到，要计算 $f_3(10)$，必须先计算出 $f_2(10), f_2(5), f_2(0)$. 而：

$$f_2(10) = \max_{\substack{3x_1+4x_2 \leqslant 10 \\ x_1 \geqslant 0, x_2 \geqslant 0, \text{整数}}} \{4x_1 + 5x_2\}$$

$$= \max_{\substack{3x_1 \leqslant 10-4x_2 \\ x_1 \geqslant 0, x_2 \geqslant 0, \text{整数}}} \{4x_1 + (5x_2)\}$$

$$= \max_{\substack{10-4x_2 \geqslant 0 \\ x_2 \geqslant 0, \text{整数}}} \left\{ 5x_2 + \max_{\substack{3x_1 + 4x_2 \leqslant 10 \\ x_1 \geqslant 0, \text{整数}}} (4x_1) \right\}$$

$$= \max_{x_2=0,1,2} \{5x_2 + f_1(5-4x_2)\}$$

$$= \max\{f_1(10), 5+f_1(6), 10+f_1(2)\}$$

$$f_2(5) = \max_{\substack{3x_1+4x_2 \leqslant 5 \\ x_1 \geqslant 0, x_2 \geqslant 0, \text{整数}}} \{4x_1 + 5x_2\} = \max_{x_2=0,1} \{5x_2 + f_1(5-4x_2)\}$$

$$= \max\{f_1(5), 5+f_1(1)\}$$

$$f_2(0) = \max_{\substack{3x_1+4x_2 \leqslant 0 \\ x_1 \geqslant 0, x_2 \geqslant 0, \text{整数}}} \{4x_1 + 5x_2\} = \max_{x_2=0} \{5x_2 + f_1(0-4x_2)\} = f_1(0)$$

为了要计算出 $f_2(10)$、$f_2(5)$、$f_2(0)$，必须先计算出 $f_1(10)$、$f_1(6)$、$f_1(5)$、$f_1(2)$、$f_1(1)$、$f_1(0)$，一般地有：

$$f_1(\omega) = \max_{\substack{3x_1 \leqslant \omega \\ x_1 \geqslant 0, \text{整数}}} (4x_1) = 4 \times (\text{不超过 } \omega/3 \text{ 的最大整数}) = 4 \times [\omega/3]$$

相应的最优决策为 $x_1 = [\omega/3]$，于是得到：

$$f_1(10) = 4 \times 3 = 12 \ (x_1 = 3)$$
$$f_1(6) = 4 \times 2 = 8 \ (x_1 = 2)$$
$$f_1(5) = 4 \times 1 = 4 \ (x_1 = 1)$$
$$f_1(2) = 4 \times 0 = 0 \ (x_1 = 0)$$
$$f_1(1) = 4 \times 0 = 0 \ (x_1 = 0)$$
$$f_1(0) = 4 \times 0 = 0 \ (x_1 = 0)$$

从而：

$$f_2(10) = \max\{f_1(10), 5+f_1(6), 10+f_1(2)\}$$
$$= \max\{12, 5+8, 10+0\} = 13 \qquad (x_1=2, x_2=1)$$
$$f_2(5) = \max\{f_1(5), 5+f_1(1)\}$$
$$= \max\{4, 5+0\} = 5 \qquad (x_1=0, x_2=1)$$
$$f_2(0) = f_1(0) = 0 \qquad (x_1=0, x_2=0)$$

故最后得到：

$$f_3(10) = \max\{f_2(10), 6+f_2(5), 12+f_2(0)\}$$
$$= \max\{13, 6+5, 12+0\}$$
$$= 13 \qquad (x_1=2, x_2=1, x_3=0)$$

所以，最后装入方案为 $x_1^* = 2, x_2^* = 1, x_3^* = 0$，最大使用价值为 13.

注意：(1) 若使用计算机进行计算，对 $f_1(\omega)$ 和 $f_2(\omega)$ ($\omega = 0, 1, \cdots, 10$) 的值都应算出

并存储起来以备用.

(2)在实际问题中,当 a 不大时,为了计算的简便,可将单位重量 ω_i 排成递减序列,然后逐个分析 x_i 能取值的可能性,并适当加以比较调整,再删掉某些可能性,这样能节省计算量.

(3)当 n 很大时,就会产生存储量过大的困难.如果 $c_i(x_i)$ 都是线性函数 $c_i x_i$ 的情形,可按单位质量的价值 $\rho_i = c_i/\omega_i (i=1,2,\cdots,n)$ 由小到大进行排列.设有 $\rho_1 \leqslant \rho_2 \leqslant \cdots \leqslant \rho_{n-1} \leqslant \rho_n$,则对于给定的可供装入质量 ω,如果 $\omega < \omega_n$,背包内当然无法容纳第 n 种物品,即最优解中 $x_n^* = 0$;如果 $\omega = k\omega_n$(k 为正整数),背包内必然仅含有第 n 种物品,即最优解为 $x_n^* = k, x_i^* = 0 (i \neq n)$;如果 $\omega > \omega_n$,且不是 ω_n 的整数倍,这时背包容纳了第 n 件物品,甚至可能不是最优解,但可以找到一个粗略的估算公式,当 $\omega \geqslant \dfrac{\rho_n}{\rho_n - \rho_{n-1}} \omega_n$ 成立时,最优解 x_n^* 一定大于或等于 1,即一定要装入第 n 种物品.

上面例子我们只考虑了背包重量的限制,它称为"一维背包问题". 如果还增加背包体积的限制为 b,并假设第 i 种物品每件的体积为 $V_i \mathrm{m}^3$,问应如何装使得总价值最大. 这就是"二维背包问题",它的数学模型为:

$$\max f = \sum_{i=1}^{n} c_i(x_i)$$

$$\begin{cases} \sum_{i=1}^{n} \omega_i x_i \leqslant a \\ \sum_{i=1}^{n} V_i x_i \leqslant b \\ x_i \geqslant 0 \text{ 且为整数}, i = 1, 2, \cdots, n \end{cases} \tag{5-16}$$

用动态规划方法来解,其思想方法与一维背包问题完全类似,只是这时的状态变量是两个(质量和体积的限制),决策变量仍是一个(物品的件数). 设最优值函数 $f_k(w, v)$ 表示当总重量不超过 $\omega \mathrm{kg}$,总体积不超过 $V \mathrm{m}^3$ 时,背包中装入第 1 种到第 k 种物品的最大使用价值. 故:

$$f_k(w, V) = \max_{\substack{\sum_{i=1}^{k} \omega_i x_i \leqslant \omega \\ \sum_{i=1}^{k} V_i x_i \leqslant b \\ x_i \geqslant 0, \text{且为整数}(i=1,2,\cdots,k)}} \sum_{i=1}^{k} c_i(x_i) \tag{5-17}$$

因而可写出顺序递推关系式为:

$$f_k(\omega, V) = \max_{0 \leqslant x_k \leqslant \min\left(\left[\frac{\omega}{\omega_k}\right], \left[\frac{V}{V_k}\right]\right)} \{c_k(x_k) + f_{k-1}(\omega - \omega_k x_k, V - V_k x_k)\} \quad 1 \leqslant k \leqslant n$$

$$f_0(\omega, V) = 0$$

(5-18)

最后算出 $f_n(a, b)$ 即为所求的最大价值.

习　题

1. 某公司拟将 5 万元资金投放下属的 A、B、C 3 个企业，各企业在获得资金后的收益如表 5-3 所示，试确定总收益最大的投资分配方案.

表 5-3　各企业在获得资金后的收益

投放资金（百万元）		0	1	2	3	4	5
收益（百万元）	A	0	2	2	3	3	3
	B	0	0	1	2	4	7
	C	0	1	2	3	4	5

2. 某车间需按月生产一定数量的某种部件给总装车间，由于生产条件的变化，该车间在各月份中生产这种部件的费用不同，各月份的生产量于当月的月底前全部要存入仓库以备后用. 已知总装车间在各月初的需求量以及在加工年间生产该部件所需费用，如表 5-4 所示.

表 5-4　总装车间在各月初的需求量以及在加工年间生产该部件所需费用

月份 k（月）	0	1	2	3	4
需求量 d_k（kg）	0	8	5	3	2
单位成本 C_k（元）	11	18	13	17	20

设仓库容量限制 $H = 9$，开始库存量为 2，要求 4 月末库存为 2，试制定一个各月的生产计划，使得既满足需求量和库容量限制，又使得生产该部件的总成本最低.

3. 某工厂设计一种电子设备，由元件 D_1、D_2、D_3 串联组成. 已知这 3 种元件的单价和可靠性如表 5-5 所示，要求设计中所使用元件的费用不超过 105 元. 试问应如何设计可使设备的可靠性最大.

表 5-5　三种元件的单价和可靠性

元件	单价 c_k（元）	可靠性
D_1	30	0.9
D_2	15	0.8
D_3	20	0.5

第六章　多目标规划

在管理决策中,许多问题的决策者都希望通过相同的决策行为来实现多个目标.例如,在企业生产计划的决策中,不仅要追求利润最大化,还要追求市场占有率最大化和成本最小化,这种问题就是多目标规划问题.线性规划和动态规划等都不能解决这种多目标决策问题,因为这两种方法都只考虑了一个目标问题,因此需要引入新的方法,解决多目标决策问题的数学规划方法主要是多目标规划和目的规划.

与多目标决策相似,多目标规划也存在多属性决策问题.层次分析法(Analytic Hierarchy Process,AHP)是多属性决策中常用的权重计算方法.因此,本章介绍了多目标规划和目的规划,并介绍了层次分析法.

第一节　多目标规划

解决有多个目标的决策问题,首先需要建立数学规划模型,然后考虑模型的求解问题.下面以配送中心选址问题为例,考虑模型的建立和求解问题.

一、多目标规划实例

某个大型企业将物流业务委托给某个物流公司,物流公司将根据企业的情况确定配送中心的数量和位置.已知该企业有3个生产工厂生产同一种产品,主要满足8个客户的需求.物流公司经过前期调研初步确定4个潜在的配送中心的位置,并且已知工厂的供给量、客户的需求量和各点的距离,有关数据如表6-1~表6-4所示.

表6-1　工厂供应量

	工厂1	工厂2	工厂3	合计
年供应量(t)	86 760	76 020	73 368	236 148
月均供应量(t)	7230	6335	6114	19 679

表6-2　配送中心备选位置到客户的距离

	客户1	客户2	客户3	客户4	客户5	客户6	客户7	客户8
位置1(km)	56	25	23	25	31	22	8	5

续表 6-2

	客户 1	客户 2	客户 3	客户 4	客户 5	客户 6	客户 7	客户 8
位置 2(km)	61	31	28	30	35	37	27	25
位置 3(km)	62	40	38	40	46	47	37	14
位置 4(km)	3	93	91	93	99	100	90	88

表 6-3 工厂到配送中心备选位置的距离

	位置 1	位置 2	位置 3	位置 4
工厂 1(km)	260	308	318	316
工厂 2(km)	240	233	243	178
工厂 3(km)	36	32	338	269

表 6-4 客户需求量

客户	客户 1	客户 2	客户 3	客户 4	客户 5	客户 6	客户 7	客户 8
需求量(t)	1500	1120	1513	2196	3463	1587	2224	3008

选择配送中心的位置首先要考虑费用和顾客的满意度.已知各位置建设配送中心的运营费用,包括每月的固定费用和单位产品的可变费用,见表 6-5.

表 6-5 配送中心备选位置的费用

位置	位置 1	位置 2	位置 3	位置 4
固定费用(元)	374 000	374 000	374 000	137 200
可变费用(元)	350	400	280	300

运输费用率为 591 元/(t·km),顾客的满意度与运输时间或者运输距离成反比,距离越长满意度越低.决策者需要在潜在的位置选择一个或多个作为配送中心,目的是使得总费用最小和客户的满意度最大.

1. 问题分析

1)变量

该问题需要确定的因素包括是否在某个位置建立配送中心,各工厂向配送中心每月提供的货物数量,每个客户由哪个配送中心负责送货.因而变量可设为:

$a_{ij}(i=1,2,3;j=1,2,3,4)$,第 i 个工厂向第 j 个配送中心位置提供的产品数目.

$b_j=0,1(j=1,2,3,4)$,第 j 个潜在位置是否建立配送中心.

$c_{jk}=0,1(j=1,2,3,4;k=1,2,\cdots,8)$,第 j 个潜在位置是否负责第 k 个客户.

2) 约束条件

显然,一个可行的方案必须满足以下条件.

(1) 为了管理的便利,每个客户由一个中心负责,即:

$$\sum_{j=1}^{4} c_{jk} = 1 \quad k = 1, 2, \cdots, 8 \tag{6-1}$$

(2) 如果不建配送中心,则负责的客户数为零,即:

$$\sum_{k=1}^{8} c_{jk} \leqslant 8 b_j \quad j = 1, 2, 3, 4 \tag{6-2}$$

(3) 配送中心每月进货与出货相等,设第 k 个客户的需求量为 d_k,则有:

$$\sum_{k=1}^{8} d_k c_{jk} - \sum_{i=1}^{3} a_{ij} = 0 \quad j = 1, 2, 3, 4 \tag{6-3}$$

(4) 工厂的运出量不超过产量,设第 i 个工厂的产量为 q_i,则有:

$$\sum_{i=1}^{3} a_{ij} \leqslant q_i \quad i = 1, 2, 3 \tag{6-4}$$

3) 目标函数

该问题的目标有两个,总费用最小和顾客满意度最大.

(1) 总费用最小. 总费用包括配送中心的运营费用和货物的运输费用,其中配送中心的运营费用包括固定费用和可变费用,货物的运输费用包括从工厂运往配送中心的费用和从配送中心运往客户的费用. 设第 j 个配送中心的固定费用和单位可变费用分别为 z_j、h_j,第 i 个工厂到第 j 个配送中心位置的距离为 x_{ij},第 j 个配送中心位置到第 k 个客户的距离为 y_{jk},则总费用为:

$$\sum_{j=1}^{4} \left(z_j b_j + h_j \sum_{i=1}^{3} a_{ij} \right) + 5.91 \sum_{i=1}^{3} \sum_{j=1}^{4} x_{ij} a_{ij} + 5.91 \sum_{k=1}^{8} \sum_{j=1}^{4} y_{jk} d_k c_{jk} \tag{6-5}$$

(2) 顾客满意度最大. 假设各客户地位平等,以最不满意的客户的满意度为衡量客户满意度的标准. 顾客的满意度与送货的时间成反比,而时间又与距离成正比,因而满意度与距离成反比. 这里的距离只需考虑从配送中心到客户的距离,因为工厂运往配送中心的距离会提前发送,假设客户订单下达即可发货. 显然,运货距离越小顾客满意度越大,因而可以用客户到货距离最长者达到最小替代满意度最大的目标,即:

$$\min \max_{k} \sum_{j=1}^{4} y_{jk} c_{jk} \tag{6-6}$$

如果令:

$$\sum_{j=1}^{4} y_{jk} c_{jk} \leqslant \nu \quad k = 1, 2, \cdots, 8 \tag{6-7}$$

则有:

$$\min \max_{k} \sum_{j=1}^{4} y_{jk} c_{jk} = \min \nu \tag{6-8}$$

2. 数学模型

综上分析,该问题以总费用和最大距离最小为目标,对应的数学规划模型为:

$$\min \sum_{j=1}^{4}\left(z_{j}b_{j}+h_{j}\sum_{i=1}^{3}a_{ij}\right)+5.91\sum_{i=1}^{3}\sum_{j=1}^{4}x_{ij}a_{ij}+5.91\sum_{k=1}^{8}\sum_{j=1}^{4}y_{jk}d_{k}c_{jk} \tag{6-9}$$

$$\min \nu$$

$$\text{s.t.} \begin{cases} \sum_{j=1}^{4}c_{jk}=1 \quad k=1,2,\cdots,8 \\ \sum_{k=1}^{8}c_{jk}\leqslant 8b_{j} \quad j=1,2,3,4 \\ \sum_{k=1}^{8}d_{k}c_{jk}-\sum_{i=1}^{3}a_{ij}=0 \quad j=1,2,3,4 \\ \sum_{i=1}^{3}a_{ij}\leqslant q_{i} \quad i=1,2,3 \\ \sum_{j=1}^{4}y_{jk}c_{jk}\leqslant \nu \quad k=1,2,\cdots,8 \\ a_{ji},\nu\geqslant 0, b_{j},c_{jk}=0,1 \; i=1,2,3; j=1,2,3,4; k=1,2,\cdots 8 \end{cases} \tag{6-10}$$

该规划模型的变量和约束条件与前面讲过的线性整数规划一样,不同之处是有两个目标函数,为了和前面的数学规划相区别,有两个或两个以上的就称为多目标规划.对应前面讲过的只有一个目标的规划,称为单目标规划或简称数学规划,通常所说的数学规划如不特别指明就是指单目标规划.

二、一般模型

多目标决策问题很多,各问题的模型不尽相同,一般可用以下数学模型描述,即：

$$\begin{aligned} &\min(\max) f_{1}(x) \\ &\qquad \vdots \\ &\min(\max) f_{p}(x) \\ &\text{s.t.} \; x \in S \end{aligned} \tag{6-11}$$

式中,$x \in R^{n}$ 为变量；S 为可行解集合；$f_{1}(x)$、$f_{2}(x)$、$\cdots$、$f_{p}(x)$ 为目标函数,目标可以是求最大也可以是求最小.由于规划有多个目标,统称为多目标规划.

如果用向量函数的形式表示,多目标规划可写成：

$$\begin{aligned} &\min(\max) \boldsymbol{F}(x) \\ &\text{s.t.} \; \boldsymbol{\Phi}(x) \leqslant \boldsymbol{G} \end{aligned} \tag{6-12}$$

式中,$\boldsymbol{F}(x)$ 为 p 维函数向量；p 为目标函数的个数；$\boldsymbol{\Phi}(x)$ 为 m 维函数向量；$\boldsymbol{G}$ 为 m 维常数向量；m 为约束方程的个数.

如果目标和约束左端的函数都是线性的,则是线性多目标规划,模型可以写为：

$$\begin{aligned} &\min(\max) \boldsymbol{C}\boldsymbol{x} \\ &\text{s.t.} \begin{cases} \boldsymbol{A}\boldsymbol{x} \leqslant \boldsymbol{b} \\ \boldsymbol{x} \geqslant 0 \end{cases} \end{aligned} \tag{6-13}$$

式中,$\boldsymbol{C}$ 为 $p \times n$ 阶矩阵；$\boldsymbol{A}$ 为 $m \times n$ 阶矩阵；$\boldsymbol{b}$ 为 m 维的向量；$\boldsymbol{x}$ 为 n 维决策变量向量.

提示:(1)多目标规划的目标可以是求最小,也可以是求最大,同一个问题不同目标可以不一样.

(2)各目标都是在同一个约束下求最优,它不同于在同一约束下分别求各目标最优,那样求得最优解不一定一样,而对于多目标决策问题必须是在同一个方案下实现各目标最优.

(3)相对于多目标规划,前面讲过的数学规划也称为单目标规划.

三、有效解

如果存在一个使所有目标函数都达到最优的可行解,那么可行解就是最优解.但这种可行的解决方案往往不存在,而且目标一般不一致甚至相互矛盾,如图 6-1 所示.

在图 6-1 中可行解区域是个多边形,两个目标函数的等值线分别在顶点 A 和顶点 B 达到最优.一个目标最优解的同时另一个目标函数值会比较差.当一个目标变好时,另一个目标会变坏,很难使所有的目标都达到最好,这样就不能像单目标规划那样定义最优解的概念.

对于多目标规划,虽然不能定义最优解,但可以排除一些明显不合理或者不可能被选择的可行解.比如,对于两个可行解 $x,y \in S$,如果可行解 y 的每一个目标函数值都不比可行解 x 的目标函数值差,并且至少有一个目标函数值严格优于可行解 x,则显然可行解 x 不会被选择,因为选择可行解 y 要比选择可行解 x 要好.如果以求最小为例,则可行解 x 被选择的前提是不存在可行解 y 使得:

$$F(y) \leqslant F(x)$$

这里"$\leqslant$"是向量间的小于等于号,表示每个分量都小于等于并且至少有一个分量是严格小于.

把满足上述条件的可行解 x 称为有效解或者非劣解.如图 6-2 中两个最优解间线段 AB 上的可行解都是有效解.

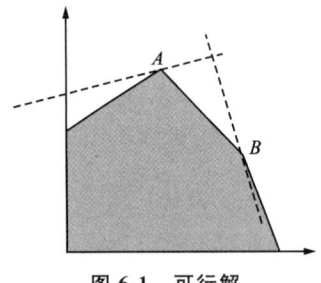
图 6-1 可行解

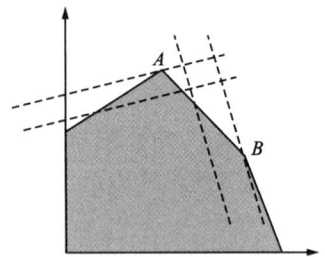
图 6-2 有效解

对于有效解来讲,如果要使其中一些目标值变好,则必然会有另一些目标值变坏.这个要求比较高,有时很少有或没有满足要求的解决方案.这时需要降低要求,要求不存在每个目标都比该解好的解.如果以求最小为例,也是不存在可行解 y 使得:

$$F(y) < F(x)$$

这里"$<$"是向量间的小于号,表示每个分量都严格小于.

把满足上述条件的可行解 x 称为弱有效解.显然,有效解必然是弱有效解,而弱有效解不一定是有效解.在图 6-2 中,弱有效解和有效解集合是一致的,而当第一个目标函数变化时两者可能就会不一致.

在图 6-3 中,两条相线标识的线段 AC 和 AB 都是弱有效解,而只有两个目标最优解之间的连线 AB 上的点才是有效解.

提示:(1)有效解的概念不同于最优解,最优解一定相等,而有效解同一个目标函数值不一定相等.

(2)有效解一般是不唯一的,还需要在有效解里寻找最终实施的方案,而这种寻找依不同的决策问题和决策者而不同.

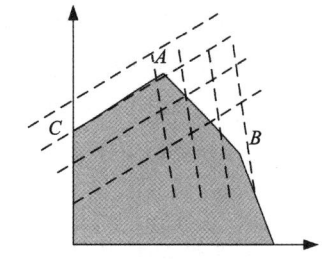

图 6-3 弱有效解

四、求解有效解的方法

对于多目标规划,需要在有效解中选择一个合适的解,求解的方法有很多种,如理想点法、平方和加权法、虚拟目标法、线性加权和法、最小最大法、乘除法和优先级法等.这里介绍其中几种常用的方法.

1. 理想点法

理想点法的基本思想是以每个单目标最优值为该目标的理想值,使每个目标函数值与理想值的差的平方和最小,该方法的基本步骤如下.

第一步 求出每个目标函数的理想值,以单个目标函数为目标的单目标规划,求该规划的最优解,即:

$$f_j^* = \min_{x \in S} f_j(x) \tag{6-14}$$

第二步 计算每个目标与理想值的差的平方和,作为评价函数,即:

$$h(F) = \sqrt{\sum_{j=1}^{p}(f_j - f_j^*)^2} \tag{6-15}$$

第三步 求评价函数的最优值,即:

$$\min_{x \in S} h(F) = \min_{x \in S} \sqrt{\sum_{j=1}^{p}(f_j - f_j^*)^2} \tag{6-16}$$

该方法需要求解 $p+1$ 个单目标规划,因而该方法使用的条件是每个单目标规划比较容易求解,如果不好求解就不适用.

2. 平方和加权法

平方和加权法的基本思想与理想点法类似,所不同的是用每个目标函数的下界替代其最优值,使目标函数与某一下界的差的平方和最小,具体步骤如下.

第一步 确定每个目标的下界,即:

$$f_j^* \leqslant \min_{x \in S} f_j(x) \quad (j = 1, 2, \cdots, p) \tag{6-17}$$

第二步 写出评价函数,即:

$$h(F) = \sum_{j=1}^{p}(f_j - f_j^*)^2 \tag{6-18}$$

第三步 求评价函数最优,即:

$$\min_{x \in S} h(F) = \min_{x \in S} \sum_{j=1}^{p} (f_j - f_j^*)^2 \quad (6\text{-}19)$$

在理想值不易求解的情况下,该方法是一种替代方法.它不需要寻找每个目标的单目标规划,计算量相对较小.但由于下界的估计需要一定的技巧,使用难度较大.

无论是理想点方法还是平方和加权法都存在一个问题.就是当各目标函数值不是同一个数量级时,这种差距也会不在同一个数量级,因而简单平方和相加会使各目标差距的重要性不一样.一种处理方法是除以理想值或下界后再求平方和.

3. 线性加权和法

线性加权和法的基本思想是根据目标的重要性确定一个权重,以目标函数的加权平均值为评价函数,使其达到最优,该方法的基本步骤如下.

第一步 确定每个目标的权系数,即:

$$\sum_{j=1}^{p} \lambda_j = 1 \quad 1 \geqslant \lambda_j \geqslant 0; \ j = 1, 2, \cdots, p \quad (6\text{-}20)$$

第二步 写出评价函数,即:

$$h(F) = \sum_{j=1}^{p} \lambda_j f_j \quad (6\text{-}21)$$

第三步 求评价函数最优,即:

$$\min_{x \in S} h(F) = \min_{x \in S} \sum_{j=1}^{p} \lambda_j f_j \quad (6\text{-}22)$$

该方法应用的关键是要确定每个目标的权重,体现了不同目标在决策者心目中的重要性.重要性高的权重大,重要性低的权重小.权重的确定通常由决策者给出,因此具有主观性.不同的决策者可能给出不同的权重,这将导致不同的计算结果.

4. 优先级法

优先级法的基本思想是根据目标重要性分成不同优先级,首先计算优先级较高的目标函数的最优值.在保证优先级较高的目标不低于最优值的前提下,计算优先级较低的目标函数,具体步骤如下.

第一步 确定优先级.

第二步 求第一级单目标最优,即:

$$f_j^* = \min_{x \in S} f_j(x)$$

第三步 以第一级单目标等于最优值为约束求第二级目标最优,即:

$$f_j^* = \min_{\substack{x \in S \\ f_1(x) = f_1^*}} f_j(x) \quad (6\text{-}23)$$

第四步 以第二级单目标等于最优值为约束求第三级目标最优.

该方法适用于目标有明显轻重之分的问题,每个目标的重要性都有很大差距.先确定最重要的目标,然后再考虑其他目标.在同一等级的目标可能会有多个,这些目标的重要性没有明显的差距,可以用加权或理想点方法求解.

说明:(1)可以证明上述每一种方法得到的解都是有效解.

(2) 每一种方法都有自己的适用范围,选择方法时一定要注意是否具备方法需要的条件,如优先级法必须是各目标的重要性存在明显差距时才能用.

(3) 求有效解最后都转化为求一个或多个单目标规划.

第二节　目的规划

第一节讨论多目标决策问题,要求每个目标都是最优的.现实中有一些多目标决策,并不要求每个目标都达到最优,只要实现某一个目标值就可以了.如宏观经济调控的目标往往是 GDP 增长速度不低于某个值,物价指数上涨不超过某个值和新增就业不低于某个值等,这类目标不同于最优目标,为了更好地理解两类问题的差异,首先看下面的例子.

【例 6-1】 某工厂生产甲、乙两种产品,需要消耗一种原材料和使用一种设备.已知生产单位产品对原料和工时的消耗量、原料和工时的供给量、产品的利润见表 6-6.

表 6-6　原料、产品表

	产品甲	产品乙	资源拥有量
原材料(kg)	2	1	11
设备工时(h)	1	2	10
利润(元)	8	10	

对于最优目标的决策问题,该问题就会求获利最大的生产方案.根据线性规划问题所学知识,可以列出其线性规划数学模型为:

$$\max z = 8y_1 + 10y_2$$
$$\text{s.t.} \begin{cases} 2y_1 + y_2 \leqslant 11 \\ y_1 + 2y_2 \leqslant 10 \\ y_1, y_2 \geqslant 0 \end{cases}$$

用图解法可解得最优解为 $y_1^* = 4, y_2^* = 3$,最优值为 62.

实际上工厂在决策时,需要考虑市场等一系列条件.决策者不再要求利润最大,而是生产计划能满足以下要求.

(1) 设备工时的需求量不超过供给量.

(2) 原材料的需求量不超过供给量.

(3) 根据市场信息,产品甲的销量有下降的趋势,故考虑产品甲的产量不大于产品乙.

(4) 应尽可能达到并超过计划利润指标 62 元.

在上述要求中,有些是硬性的要求.必须满足,如由设备工时的需求量不超过供给量和原材料的需求量不超过供给量.

而有些要求具有一定的灵活性,可以不满足要求,但希望与要求的差距尽量小.如产品甲的产量小于等于产品乙的产量和利润大于等于 56 元这两个要求.这些约束实际上是决策者对目标设置的目标值,希望某些目标能够超过或者低于某个限制.

要求决策满足上述所有的要求往往是困难的.比如在满足前3个约束下利润最大是60元,低于第四个目标值.为了处理这个问题简要区分两种不同的约束.

一、硬约束和软约束

绝对约束是指必须严格满足的等式约束和不等式约束.这是决策者无法控制的因素.例如上述(1)和(2)两个要求.不能满足这些约束的解称为不可行解,因此这些约束是硬约束.硬约束和线性规划的约束定义是一样的,是必须满足的约束.

软约束是相对于硬约束而言的,软约束是决策者决策目标的极限值或要求,如上述要求(3)和(4),这些约束不满足也是可以的,因此称这些约束为软约束.软约束是目的规划的特殊约束.

二、偏差变量

由于所有的软约束都不能在满足硬约束的前提下得到满足,任何满足硬约束的方案都不可避免地会使一些软约束发生偏离.该问题要求软约束目标值的偏离度尽可能小.为了表示与软约束目标值的偏离程度,引入了偏差变量,表示实际值与目标值之间的差异.

对于等式软约束,超出目标值或者低于目标值都是偏差,引入正、负偏差变量 d^+、d^-.其中 d^+ 表示决策值超过目标值的部分;d^- 表示决策值低于目标值的部分,两者均为非负变量.考虑等式软约束 $g(x)=0$,引入正、负偏差变量后变为:

$$g(x)-d^++d^-=0 \tag{6-24}$$

决策值不可能既超过目标值,同时又未达到目标值,也就是二者最多一个大于零,不可能同时为正,即 $d^+\times d^-=0$.

当目标约束是不等式时,则只需要一个偏差变量.如果目标约束是小于等于号,超出为不满足,因而只有正偏差变量 d^+.如果目标约束是大于等于号,低于该值为不满足,因而只有负偏差变量 d^-.目标约束变为:

$$g(x)-d^+\leqslant 0 \text{ 或 } g(x)+d^-\geqslant 0 \tag{6-25}$$

为了使目标约束尽量满足,就要求偏差变量尽量小,对于等式目标约束,则是要求正偏差和负偏差之和达到最小.当其和达到最小时,必然最多只有一个偏差量为正.不需再要求 $d^+\times d^-=0$.

三、优先因子

一个规划问题通常有多个目标,但决策者在达到这些目标时,有轻重缓急之分,凡要求第一位的目标赋予优先因子 P_1,要求第二位的目标赋予优先因子 P_2,以此类推,令 $P_1\gg P_2\gg P_3\gg\cdots\gg P_k$,优先因子不代表具体数,只代表目标的优先次序.同一优先级内部不同目标重要性也有区别,可以用赋权的方式加以区别.

目标规划的目的是要求所有目标约束的偏差值尽可能小. 由于目标的优先级不同, 函数由每个软约束的正负偏差变量和相应的优先级因子组成. 将同一优先级目标的偏差值加权求和, 不同级别的按优先级别依次求偏差最小.

假设共分 k 个级别, 即 $P_1 \gg P_2 \gg P_3 \gg \cdots \gg P_k$, 每个级别中的目标编号集合为 $\Omega_k (k=1,2,\cdots,k)$. 目标函数可写为 $\sum_{k=1}^{k} p_k \left[\sum_{l \in \Omega_k} \omega_l (d_l^+ + d_l^-)\right]$.

如果硬约束和软约束的函数都是线性等式, 则对应的目的规划为:

$$\min \sum_{k=1}^{k} p_k \left[\sum_{l \in \Omega_k} \omega_l (d_l^+ + d_l^-)\right]$$

$$\text{s. t.} \begin{cases} \sum_{i=1}^{m} x_{ij} a_j + d_i^- - d_i^+ = y_i & i = 1, 2, \cdots, q \\ \sum_{i=1}^{m} x_{ij} a_j = y_i & i = q+1, \cdots, m \\ a_j, d_i^+, d_i^- \geqslant 0 & j = 1, 2, \cdots, n; i = 1, 2, \cdots, q \end{cases} \quad (6\text{-}26)$$

其中, 前 q 个约束是目标约束, 后面的是绝对约束, 如果目标约束是不等式约束, 则只需写其中一个偏差变量.

四、目的规划的求解

目的规划的模型是一个线性规划或者带有优先级的多目标线性规划, 有优先级的多目标线性规划本质上是求解多个线性规划. 因而目的规划模型建立以后, 可以利用线性规划的算法求解或用软件求解.

【例 6-2】 在例 6-1 中, 决策者在原料供应和工时限制的基础上考虑: 首先是产品乙的产量不低于产品甲的产量; 其次是利润额不小于 61 元, 求决策方案.

解: 按决策者所要求的, 原材料和工时限制是硬约束, 必须满足, 因而有:

$$2y_1 + y_2 \leqslant 11$$
$$y_1 + 2y_2 \leqslant 10$$

而产品产量关系和利润值要求是软约束, 即下属两个约束可以不满足:

$$y_1 - y_2 \leqslant 0$$
$$8y_1 + 10y_2 \geqslant 61$$

引入偏离因子, 两个约束变为:

$$y_1 - y_2 - d_1^+ \leqslant 0$$
$$8y_1 + 10y_2 + d_2^- \geqslant 61$$

根据题目表述, 第一个软约束优先于第二个软约束, 分别赋予这两个目标 P_1、P_2 优先因子, 则偏离函数为:

$$P_1 d_1^+ + P_2 d_2^-$$

综上可得目的规划模型为：

$$\min \quad P_1 d_1^+ + P_2 d_2^-$$

$$\text{s. t.} \begin{cases} 2y_1 + y_2 \leqslant 11 \\ y_1 + 2y_2 \leqslant 10 \\ y_1 - y_2 - d_1^+ \leqslant 0 \\ 8y_1 + 10y_2 + d_2^- \geqslant 61 \\ y_1, y_2, d_1^+, d_2^- \geqslant 0 \end{cases}$$

求解该问题先考虑第一级目标最小的规划，即求解：

$$\min \quad d_1^+$$

$$\text{s. t.} \begin{cases} 2y_1 + y_2 \leqslant 11 \\ y_1 + 2y_2 \leqslant 10 \\ y_1 - y_2 - d_1^+ \leqslant 0 \\ 8y_1 + 10y_2 + d_2^- \geqslant 61 \\ y_1, y_2, d_1^+, d_2^- \geqslant 0 \end{cases}$$

利用 LINGO 求得最优值为零，然后再考虑第二优先级最小，即：

$$\min \quad d_2^-$$

$$\text{s. t.} \begin{cases} 2y_1 + y_2 \leqslant 11 \\ y_1 + 2y_2 \leqslant 10 \\ y_1 - y_2 - d_1^+ \leqslant 0 \\ 8y_1 + 10y_2 + d_2^- \geqslant 61 \\ y_1, y_2, d_1^+, d_2^- \geqslant 0 \end{cases}$$

利用 LINGO 求得最优值为1，对应的最优解就是该目的规划的解．

提示：(1)目的规划没有最优目标，只有有限目标．

(2)建立目的规划首先要区分硬约束和软约束，只有软约束才能设置偏差变量．对于不等式约束也可以只设一个偏差变量，因为在目标函数中只出现了一个．

第三节　层次分析方法

多目标规划和目的规划在前两部分有许多可行的方案，这时的选择需要借助数学规划处理．而现实中还有一些决策问题的可行方案的个数比较少，往往通过两两比较就可以排出顺序，找出最优的方案．这类问题在比较和排序时考虑的标准往往也是多个，称为多属性或多准则决策．

处理多属性决策问题的一般方法是先建立评价指标体系，然后给出指标体系的权重，再给出各方案在不同指标下的得分，最后通过加权求和计算出各方案的总分，并根据总分进行排序和选择．

层次分析法是 20 世纪 70 年代由美国运筹学家萨蒂(Saaty)提出的,是一种定性与定量分析相结合计算权重的方法. 该方法吸收利用行为科学的特点,将决策者的经验判断给予量化,是一种定性与定量相结合的决策与评价方法. 对目标(因素)结构复杂而且缺乏必要数据的情况,采用此方法较为实用,因而成为多属性决策和评价的最有效的数学方法之一.

一、层次分析方法的基本思想

下面首先看一个例子.

朝阳柴油机厂(以下简称朝柴厂)的供应商遍布全国各地,其供货时间和数量相对比较随机,也就是说,朝柴厂在发出订货通知时会提供货物,这就使得朝柴厂因为需要接收全国各地的零部件,所以要建一个更大的存储空间,而接收到的零部件不会马上消耗掉,这将导致由于存储零件而造成浪费. 而且由于当地供应批量小,无法形成规模效应,这使得朝柴厂也需要大量的运输投入. 在这种情况下,选择一个配送中心作为自己供货的临时储存区尤为重要.

由于朝柴厂的供应商大多在长三角地区,所以配送中心主要选择在长三角地区. 一般来说,配送中心负责原材料的收集和成品的销售,但在这个位置只考虑原材料的收集. 根据供应商分布情况,选择实力最强的无锡、常州、昆山 3 个城市.

配送中心的建设是一项规模庞大、投资巨大、影响企业发展的工程. 配送中心所在城市要充分考虑各城市的综合情况,充分利用各城市的优势和优惠政策,以最低的运营成本,最大限度地提高企业效益. 城市选择要考虑的因素包括交通便利性、土地价格、人力资源、物流发展和税收水平. 有必要根据上述指标对 3 个城市进行评价,从中选出一个最佳的地方.

上述选址问题与以往的优化问题有很大的不同. 它只有 3 种选择,因此不需要建立数学规划模型. 然而,由于评价指标众多,且缺乏一个在所有指标上都优于其他方案的方案,给方案的选择带来了很大的困难. 综合考虑各指标,对解决方案进行综合评价.

该决策涉及 3 个因素,分别是目标、选择准则和可选方案,分别称为目标层(选择最佳配送中心位置)、准则层(交通便利性、土地价格、人力资源、物流业水平、税收水平 5 个准则)和方案层(无锡、常州和昆山 3 个选择地点). 可以用图 6-4 表示它们之间的关系.

如果能够得到各准则对目标的权重,以及各方案对每一个准则的得分,则可以通过加权求和的方法计算出每个方案相对于所有指标的总得分,从中选择总得分最高的方案即可.

为了便于理解层次分析方法,首先看一个类似的问题,假设有 n 个物体,如果知道它们的重量向量 $w = (w_1, w_2, \cdots, w_n)^T$,就可以计算出两两比较矩阵,即:

$$B = \begin{bmatrix} \dfrac{w_1}{w_1} & \dfrac{w_1}{w_2} & \cdots & \dfrac{w_1}{w_n} \\ \dfrac{w_2}{w_1} & \dfrac{w_2}{w_2} & \cdots & \dfrac{w_2}{w_n} \\ \vdots & \vdots & & \vdots \\ \dfrac{w_n}{w_1} & \dfrac{w_n}{w_2} & \cdots & \dfrac{w_n}{w_n} \end{bmatrix} \qquad (6\text{-}27)$$

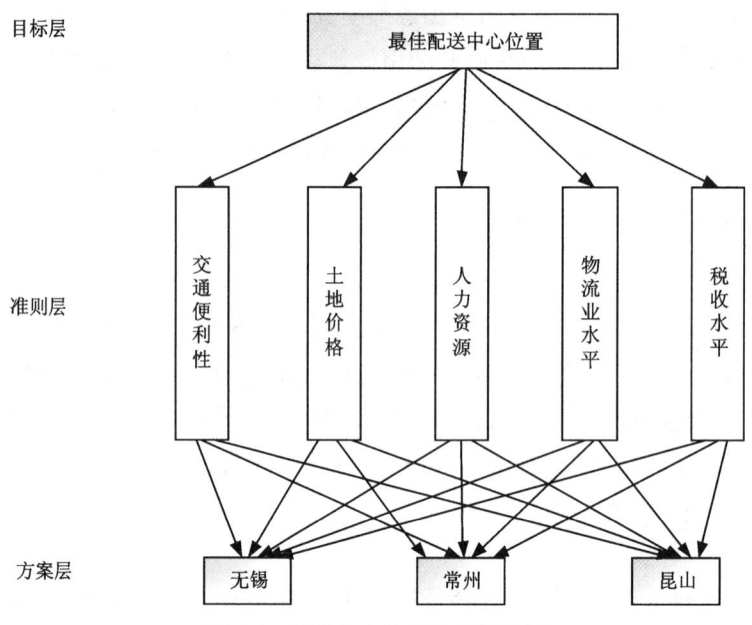

图 6-4 配送中心选择的指标体系

显然,有以下关系,即:

$$Bw = nw \tag{6-28}$$

从数学上可以证明,n 是矩阵 B 的最大正特征根. 也就是说,重量向量是两两比较矩阵对应最大正特征根的特征向量. 假设不知道重量向量,而有一个没有砝码的天平,分别把物品放在天平的两个托盘上可以测出两个物体的相对重量,也就可以得到两两比较矩阵. 特征根的特征向量不唯一,由式(6-28)可知,根据两两比较矩阵可以计算出归一化的重量向量.

利用天平测量难免会有误差,在有误差的情况下矩阵 B 的最大正特征根大于 n,式(6-28)就会变成

$$Bw = \lambda_{\max} w \tag{6-29}$$

式中,$\lambda_{\max}$ 为矩阵 B 的最大正特征根.

根据式(6-29)可以计算出归一化的重量向量的近似值.

层次分析方法就是根据这种思想计算权重的,把指标看成物品,把权重看成是重量,首先得到两两比较矩阵,然后利用式(6-29)计算权重.

二、判别矩阵

指标不是物品,无法放在天平上测量,只能根据经验去做主观判断,所以又称为判别矩阵. 当比较两个可能有不同性质的因素 C_i 和 C_j 对于上层因素 O 的影响时,采用怎样的相对刻度比较好?

萨蒂提出用 1～9 标度最好,即 x_{ij} 取值为 1～9 或其互反数 $1 \sim \dfrac{1}{9}$,判别矩值如表 6-7 所示.

表 6-7 判别矩阵取值

标度 x_{ij}	定义
1	因素 x_{ij} 与因素 x_{ij} 相同重要
3	因素 x_{ij} 比因素 x_{ij} 稍重要
5	因素 x_{ij} 比因素 x_{ij} 较重要
7	因素 x_{ij} 比因素 x_{ij} 非常重要
9	因素 x_{ij} 比因素 x_{ij} 绝对重要
2,4,6,8	因素 x_{ij} 与因素 x_{ij} 的重要性介于上述两个相邻等级之间
$1,\frac{1}{3},\frac{1}{5},\frac{1}{7},\frac{1}{9}$	因素 x_{ij} 与因素 x_{ij} 比较得到判断值为 x_{ij} 的互反数,$x_{ji}=\frac{1}{x_{ij}}$、$x_{ii}=1$

提示:(1)以上比较的标度,萨蒂曾用过多种标度比较,得到的结论认为,1~9 标度不仅在较简单的标度中最好,而且比较的结果并不劣于较为复杂的标度.

(2)这种判断应该是由具有决策权的人或者专业人士做出的,才具有说服力和可信度.

例如,在选址决策问题中,$x_{12}=\frac{1}{2}$,表示土地价格相对于交通便利而言稍微重要;$x_{13}=4$,表示交通便利相对于人力资源而言比较重要;$x_{23}=7$,表示土地价格相对于人力资源而言非常重要.

采用上述方法,每次取两个因素 C_i 和 C_j 比较其对目标因素 O 的影响,并用 x_{ij} 表示,所有的指标两两比较后就可以得到判别矩阵,即:

$$\boldsymbol{X}=(x_{ij})_{n\times n}, x_{ij}>0, x_{ij}=\frac{1}{x_{ji}} \tag{6-30}$$

例如,对于上述例子可以得到以下判别矩阵,即:

$$\boldsymbol{X}=\begin{bmatrix} 1 & \frac{1}{2} & 4 & 3 & 3 \\ 2 & 1 & 7 & 5 & 5 \\ \frac{1}{4} & \frac{1}{7} & 1 & \frac{1}{2} & \frac{1}{3} \\ \frac{1}{3} & \frac{1}{5} & 2 & 1 & 1 \\ \frac{1}{3} & \frac{1}{5} & 3 & 1 & 1 \end{bmatrix}$$

给出判别矩阵后,就可以利用式(6-28)或者式(6-29)去求权重,由于判别矩阵是人为主观给出的,难免会有不合理的地方,因而只能利用式(6-29).判别矩阵是否合理,直接决定着结果是否可用,因此在计算前还需要对判别矩阵是否合理做出判断,也就是要对判别矩阵进行一致性分析.

三、判别矩阵的一致性

显然,对于任意 3 个物品 i、j、k,两两比较矩阵 $\boldsymbol{Y}$ 满足以下关系.

即：
$$y_{ij} = \frac{w_i}{w_j} = \frac{w_i}{w_k} \times \frac{w_k}{w_j} = y_{ik} \times y_{kj} \qquad (6\text{-}31)$$

对于判别矩阵 X ，也应该具有上述性质，如果对任意的 $1 \leqslant i,j,k \leqslant n$ 都满足：
$$x_{ij} = x_{ik} \times x_{kj} \qquad (6\text{-}32)$$

则称为判别矩阵 X 是完全一致性矩阵，简称一致矩阵.

可以证明，完全一致矩阵的最大正特征根就是 n ，对于完全一致的矩阵，就可以利用以下公式计算权重，即：
$$Xw = nw \qquad (6\text{-}33)$$

当人们对复杂事件的各因素两两比较时，所得到的主观判断矩阵 X ，一般不可直接保证正互反矩阵 X 就是一致正互反矩阵，因而存在误差（及误差估计问题）. 例如，对于上述判别矩阵，有：
$$x_{21} = 2, x_{13} = 4$$

所以：
$$x_{21} \times x_{13} = 2 \times 4 = 8$$

而 $x_{23} = 7$ ，这说明上述判别矩阵不是一致性矩阵.

这种不一致必然导致最大正特征值 $\lambda_{\max}$ 与 n 的差距，不一致的地方越多，不一致的程度就越大，$\lambda_{\max}$ 与 n 的差距也就会越大，此时就导致问题 $Xw = \lambda_{\max} w$ 与问题 $Xw = nw$ 之间的差别.

因此，为了避免误差太大，就要衡量判别矩阵 X 的一致性. 由于判别矩阵一致性综合体现在 $\lambda_{\max}$ 与 n 的差距，因而人们就用 $\lambda_{\max} - n$ 去衡量一致性. 考虑到同样的差距对不同规模的矩阵的意义是不一样的，如果一个 $n = 10$ 的矩阵和 $n = 100$ 的矩阵的差距都等于 3，10 个数的综合差距为 3 和 100 个数的综合差距为 3 的意义大不一样，显然 $n = 100$ 的矩阵的不一致性更小，也就是说，$\lambda_{\max} - n$ 与 n 的大小有关. 因而实际计算中把一致性的指标定义为：
$$\text{CI} = \frac{\lambda_{\max} - n}{n - 1} \qquad (6\text{-}34)$$

显然，有以下性质.

（1）当 CI $= 0$ 时，差别矩阵 X 为完全一致.

（2）CI 值越大，判别矩阵 X 的完全一致性越差.

（3）一般来讲，当 CI 小于某个阈值时，就认为判别矩阵 X 的一致性可以接受；否则应重新进行两两比较，构造判断矩阵.

实际操作时发现：CI 还是与 n 的大小有关系. 于是进一步引入修正值 RI 来校正一致性检验指标，并定义新的一致性检验指标为：
$$\text{CR} = \frac{\text{CI}}{\text{RI}} \qquad (6\text{-}35)$$

修正系数 RI 的取值是根据大量计算结果得出的经验值，具体见表 6-8.

表 6-8　修正值表

X 的维数	3	4	5	6	7	8	9
RI	0.58	0.90	1.12	1.24	1.32	1.41	1.45

当 CR ＜ 0.1 时,认为判别矩阵 X 的不一致程度在允许范围内,可用其特征向量作为权向量;否则,对判别矩阵 X 重新进行成对比较,重构新的判别矩阵 X.

四、特征根和特征向量的近似求法

计算一致性检验系数需要求出最大正特征根,计算判断矩阵最大特征根和对应阵向量并不需要追求较高的精确度,因为判断矩阵本身误差范围较大.而且,优先级的数值也是定性概念的表达,权重系数在一定范围内的变化不会影响每个方案的排序,因此从适用性的角度出发,我们也希望采用相对简单的近似算法.常用的特征根的近似求法有和法、根法、幂法,具体如下.

1. 和法

和法是先求对应特征向量的近似值,然后再求特征根,求特征向量的方法如下.

(1) 将判别矩阵 X 的每一个列向量归一化得:

$$d_{ij} = \frac{x_{ij}}{s_j}$$

其中, $s_j = \sum_{j=1}^{n} x_{ij}$.

(2) 对列归一化后的矩阵按行求和,得一列向量,即:

$$u_j = \sum_{j=1}^{n} d_{ij} \quad i = 1, 2, \cdots, n$$

(3) 将所得列向量归一化,即:

$$w_i = \frac{u_i}{v} \quad i = 1, 2, \cdots, n$$

其中, $v = \sum_{i=1}^{n} u_i$,所得向量 $w = (w_1, w_2, \cdots, w_n)^T$ 就是特征向量,也就是权向量.

根据公式:

$$Xw = \lambda_{\max} w$$

令 $r = Xw$,则有:

$$r = \lambda_{\max} w$$

如果没有误差,对每一个分量都有:

$$r_i = \lambda_{\max} w_i$$

即:

$$\lambda_{\max} = \frac{r_i}{w_i}$$

由于特征向量是一个近似值,所以各分量比值不相等,取其平均值作为特征向量的近似值.

即:

$$\lambda_{\max} = \frac{\sum_{i=1}^{n} \frac{r_i}{w_i}}{n} = \sum_{i=1}^{n} \frac{(Xw)_i}{nw_i} \tag{6-36}$$

2. 根法

根法也是先求特征向量的近似值,再求特征根的近似值,其求特征根的近似值的方法与和法一样,差别就在于求特征向量近似值的方法不同.

(1)将判别矩阵 X 的每一个列向量归一化得:

$$d_{ij} = \frac{x_{ij}}{s_j}$$

其中,$s_j = \sum_{j=1}^{n} x_{ij}$.

(2)对列归一化后的矩阵按行求乘积,然后开 n 次方,得一列向量,即:

$$u_i = \sqrt[n]{\prod_{j=1}^{n} d_{ij}} \quad i = 1, 2, \cdots, n$$

(3)将所得列向量归一化,即有:

$$w_i = \frac{u_i}{v} \quad i = 1, 2, \cdots, n$$

其中,$v = \sum_{i=1}^{n} u_i$. 所得向量 $w = (w_1, w_2, \cdots, w_n)^T$ 就是特征向量,也就是权向量.

计算最大特征根的计算式为:

$$\lambda_{\max} = \sum_{i=1}^{n} \frac{(Xw)_i}{nw_i} \tag{6-37}$$

3. 幂法

幂法求特征向量的方法是通过迭代的过程实现的.具体步骤如下.

第一步 任取 n 维初始向量 w^0,并使预先给定的 $k = 0$.

令:

$$v^0 = \max_{i=1,2,\cdots,n} w_i^0, \quad y^0 = \frac{w^0}{v^0}$$

第二步 按照下列公式计算下一个向量,即:

$$w^{k+1} = Xy^k$$

令:

$$v^{k+1} = \max_{i=1,2,\cdots,n} w_i^{k+1}, \quad y^{k+1} = \frac{w^{k+1}}{v^{k+1}}$$

第三步 如果 $|v^{k+1} - v^k| \leqslant \varepsilon$(其中 ε 为足够小的正数),转第四步;否则令 $k = k+1$,返

回第二步.

第四步 计算特征向量和最大特征根. 即：

$$w_i = \frac{y_i}{\sum_{j=1}^n y_j} \quad i = 1,2,\cdots,n;\ \lambda_{\max} = \sum_{i=1}^n \frac{(Xw)_i}{nw_i} \tag{6-38}$$

提示：(1)3 种方法计算的结果一般不相同,但差距不会太大.

(2)3 种方法中最简单的是和法,也是实践中用得最多的,根法需要开 n 次方,幂法需要多次迭代.

(3)幂法的计算结果精度会比较好,其初始向量可以用和法的结果.

五、层次分析法的基本步骤

综上分析,层次分析方法的步骤如下.

第一步 建立层次结构模型. 根据相关因素的属性,将其从上到下分解为若干层次. 同一层因素从属于上层因素或对上层因素有影响,同时支配下层因素或受下层因素影响. 顶层是目标层(一般只有一个因素),底层是方案层、目标层或决策层. 中间可以有一个或多个层,通常是准则层或指标层.

第二步 构造判别矩阵. 以层次结构模型的第 2 层开始对从属于(或影响到)上一层每个因素的同一层诸因素,用成对比较法和 1~9 比较标度构造成对比较矩阵,直到最下层.

第三步 计算特征向量和特征根的近似值. 对每一个判别矩阵计算最大特征根 $u_i(i=1,2,\cdots,k)$ 及对应的特征向量的近似值(和法,根法,幂法等) $u_i(i=1,2,\cdots,k)$.

第四步 一致性检验. 对每一个判别矩阵利用一致性指标做一致性检验,若通过检验则转第五步；否则需要重新构造判别矩阵,转第三步.

第五步 层次总排序. 如果有多层准则,需要从上到下分别计算各层相对于总目标的权系数,假设上一层对总目标的权重分别为 $u_i(i=1,2,\cdots,k)$,下一层对上一层第 i 个准则的权系数为 $v_j(j=1,2,\cdots,l)$,则下一层第 j 个准则对总目标的权重就是 u_iv_j.

计算综合一致性检验系数,在计算下层准则对上层每个准则的权重时都构造了一个判别矩阵,该层中对应判别矩阵的一致性检验系数是根据该层的权重加权求和得到的上层的综合一致性检验系数,如果综合一致性检验系数小于 0.1,则说明这一层总体上通过一致性检验.

通过总体一致性检验后,计算每个方案在最底层准则的得分,然后按照最底层准则对总目标的权重加权求和,计算出每个方案的总得分并排序.

第四节 应用案例分析第三方物流供应商选择

第三方物流供应商的选择对于企业物流外包具有至关重要的作用,影响第三方物流供应商的选择因素有多个,因而可以考虑运用层次分析方法解决.

某企业需要进行物流业务外包,初步筛选后有 3 个物流供应商,即 X、Y、Z 可供选择. 为了易于度量和比较,采用层次分析法建立物流供应商评价指标体系和评判模型,取得了较好的效果.

一、确定评价指标

第三方物流是物流企业提供物流服务的一种商业模式,它提供的不是真正的产品,而是服务. 由于其所处行业的特殊性和复杂性,指标体系应体现物流企业契约关系、专业业务、针对性服务、科学管理、信息共享等特点,以体现竞争力和顾客满意度为目标. 因此,本节根据第三方物流运营的特点,结合运营中存在的问题,提出了由服务质量、服务能力、规模实力和服务价格组成的物流服务商评价指标体系. 具体结构如图 6-5 所示.

服务质量是指物流服务满足市场需求的能力,主要指标是准时率、准确率和残损率. 反映企业竞争力的服务能力的源泉是创造比竞争对手更多的顾客价值,这主要通过整合性、个性和灵活性 3 个方面来体现. 企业规模实力的大小是人们对企业经营能力和竞争力的判断,衡量企业实力最直接的指标是经验、规模和信誉. 从服务价格水平上可以看出第三方物流企业的物流成本控制水平,反映了企业的物流技术能力,主要指标有固定价格、市场浮动价格和批量价格等.

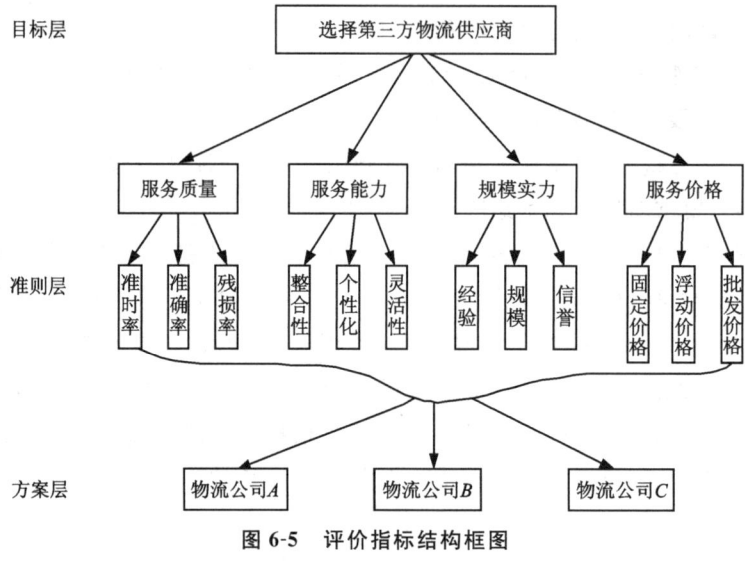

图 6-5 评价指标结构框图

二、构造判别矩阵并进行一致性检验

利用 1~9 标度法进行成对比较,同时参考专家意见,确定各因素之间的相对重要性,并赋予相应的分值,构造出各层次中的所有判别矩阵,并计算权向量和进行一致性检验.

1. 建立 $X-Y$ 判别矩阵

根据服务质量、能力、规模和价格对目标层重要程度,得 $X-Y$ 判别矩阵(表 6-9).

表6-9   X－Y判别矩阵

X	Y_1	Y_2	Y_3	Y_4
Y_1	1	2	3	2
Y_2	$\frac{1}{2}$	1	2	$\frac{1}{2}$
Y_3	$\frac{1}{3}$	$\frac{1}{2}$	1	$\frac{1}{2}$
Y_4	$\frac{1}{2}$	2	2	1

利用 Excel 按照和法计算特征向量和特征根,并进行一致性检验,结果如图 6-6 所示.

	判别矩阵						列标准化			
14										
15	X	Y_1	Y_2	Y_3	Y_4	内积	商	Y_1	Y_2	Y_3	Y_4	行平均
16	Y_1	1.00	2.00	3.00	2.00	1.63	4.3016	0.48	0.375	0.2308	0.4255	0.3778
17	Y_2	0.50	1.00	2.00	0.50	0.71	4.1227	0.24	0.1875	0.1538	0.1064	0.1719
18	Y_3	0.33	0.50	1.00	0.50	0.46	4.2348	0.16	0.0938	0.0769	0.1064	0.1093
19	Y_4	0.50	2.00	2.00	1.00	1.04	4.2442	0.24	0.375	0.1538	0.2128	0.2454
20	列和	2.33	5.50	8.00	4.00		4.226	0.0753		0.89	0.0846	

图6-6 计算结果

该判别矩阵一致性检验系数为 0.084 6,通过一致性检验,计算的权重为(0.377 8,0.171 9,0.109 3,0.245 4).

2.建立 **Y－Z** 判别矩阵

依据同样的规则确定 **Y－Z** 判别矩阵,并计算其特征向量(表6-10～表6-13).

表6-10 Y_1－Z判别矩阵

Y_1	Z_1	Z_2	Z_3	w
Z_1	1	2	3	0.550
Z_2	$\frac{1}{2}$	1	$\frac{2}{3}$	0.210
Z_3	$\frac{1}{3}$	$\frac{3}{2}$	1	0.240
检验	$\overline{G}=3.073\,5, \mathrm{CR}=0.063<0.1$			

表6-11 Y_2－Z判别矩阵

Y_2	Z_4	Z_5	Z_6	w
Z_4	1	$\frac{1}{2}$	$\frac{1}{3}$	0.167
Z_5	2	1	$\frac{2}{3}$	0.333
Z_6	3	$\frac{3}{2}$	1	0.500
检验	$\overline{G}=3, \mathrm{CR}=0<0.1$			

表 6-12 Y_3-Z 判别矩阵

Y_3	Z_7	Z_8	Z_9	w
Z_7	1	$\frac{2}{3}$	2	0.333
Z_8	$\frac{3}{2}$	1	3	0.500
Z_9	$\frac{1}{2}$	$\frac{1}{3}$	1	0.167
检验	\multicolumn{4}{c}{$\overline{G}=3, CR=0<0.1$}

表 6-13 Y_4-Z 判别矩阵

Y_4	Z_{10}	Z_{11}	Z_{12}	w
Z_{10}	1	3	2	0.545
Z_{11}	$\frac{1}{3}$	1	$\frac{2}{3}$	0.182
Z_{12}	$\frac{1}{2}$	$\frac{3}{2}$	1	0.273
检验	\multicolumn{4}{c}{$\overline{G}=3, CR=0<0.1$}

可以看出，所有单排序的 CR < 0.1，认为每个判别矩阵一致性都是可以接受的.

三、层次总排序

上面的结果是一组元素对其上一层元素的权重向量. 为了得到每个元素的最终排名权重，特别是最底层中各方案对于目标的排序权重，需要进行总排序. 总排序是指同一层次上所有因素对目标层（顶层）的相对重要性的排名权重. 总排序权重要自上而下地将单准则下的权重进行合成. Z 层及权重，Y 层及权重，计算最终 Z 层因素相对目标层权重. 计算结果见表 6-14.

表 6-14 $X-Z$ 判别矩阵总排序

Z 层及权重	Y 层及权重				Z 层因素总权重排序 Z_w
	服务质量	服务能力	规模实力	服务价格	
	0.424	0.227	0.122	0.227	
准时率 Z_1	0.550				0.207 804
准确率 Z_2	0.210				0.079 343
残损率 Z_3	0.240				0.090 678
整合性 Z_4		0.167			0.028 713
个性化 Z_5		0.333			0.057 253
灵活性 Z_6		0.500			0.085 966
经 验 Z_7			0.333		0.036 385

续表 6-14

Z 层及权重	Y 层及权重				Z 层因素总权重排序 Z_w
	服务质量	服务能力	规模实力	服务价格	
	0.424	0.227	0.122	0.227	
规 模 Z_8			0.500		0.054 632
信 誉 Z_9			0.167		0.018 247
固定价格 Z_{10}				0.545	0.133 745
市场浮动价格 Z_{11}				0.182	0.044 663
批发价格 Z_{12}				0.273	0.066 995

由表 6-14 可见,在方案评比中,准时率 Z_1 占有最重要的地位,其总权重为 0.207 804.

四、综合评比结果

综合考虑各因素的影响,邀请专家团对 3 个物流企业在各指标方面表现情况进行打分,采用 10 分制,结果见表 6-15.

表 6-15　3 个物流企业的指标分值

A	a_1	a_2	a_3	a_4	a_5	a_6	a_7	a_8	a_9	a_{10}	a_{11}	a_{12}
X	8	7	8	9	5	6	6	8	7	6	8	8
Y	6	5	7	6	10	9	8	6	7	8	8	6
Z	7	6	8	9	6	7	10	8	10	9	9	8

结合上述计算的权重 Z_w,按照公式 $b = \sum_{w=1}^{12} Z_w a_w$ 可得各物流供应商的综合分值,如表 6-16 所示.

表 6-16　总得分计算结果

A	a_1	a_2	a_3	a_4	a_5	a_6	a_7	a_8	a_9	a_{10}	a_{11}	a_{12}	总得分
权重	0.21	0.08	0.09	0.03	0.06	0.09	0.04	0.1	0.02	0.1	0.04	0.1	
X	8	7	8	9	5	6	6	8	7	6	8	8	6.482 6
Y	6	5	7	6	10	9	8	6	7	8	8	6	6.372 6
Z	7	6	8	9	6	7	10	8	10	9	9	8	6.984 8

即 X 的得分为 6.482 6,Y 的得分为 6.372 6,Z 的得分为 6.984 8.显然,物流供应商 Z 为最优.

习 题

1. 某市计划发展委员会安排下一个年度的重大项目规划,计划一年安排总投资不超过60亿元,经过初期筛选选中 8 项可供考虑,即每个项目器要投资的数量、建成后的年利润、每年废物排放量和租用的劳动力(表 6-17).

表 6-17 项目信息

项目	1	2	3	4	5	6	7	8
投资/亿元	2.4	5.2	11	6.2	17	21	3.5	6.1
利润/(亿元·a^{-1})	0.4	1	3	2	4	5	0.7	1.5
废物/万 t	0.3	2	3	3	3	5	1	0.5
劳动力/人	600	1100	2000	2800	1000	1500	2000	1200

为了保护环境,该市签订了环保责任书.承诺新增废物量不超过 15 万 t,从经济的角度要求利润尽可能高,从社会发展的角度要求新增就业岗位尽量多,问应如何选择投资项目?

2. 用优先级方法求解以下多目标规划,其中第一个目标优先于第二个目标.

$$\max 2x_1 + 3x_2 + x_3$$
$$\min x_1 - 2x_2$$
$$\text{s.t.} \begin{cases} 2x_1 + x_2 + x_3 \leqslant 8 \\ 3x_1 - 2x_2 + 2x_3 \geqslant 6 \\ x_1, x_2, x_3 \geqslant 0 \end{cases}$$

3. 某工厂生产两种产品,每件产品 A 可获利 10 元,每件产品 B 可获利 8 元.每生产一件产品 A 需要工时 3h,每生产一件产品 B 需要工时 2.5h.每周总的有效工时为 120h.若加班生产最多可增加工时 60h,但加班生产每件产品 A 的利润降低 1.5 元,每件产品 B 的利润降低 1 元.决策者希望总利润最大,同时加班时间不超过 50h,产品 A 的产量不低于产品 B 产量的 $\frac{2}{3}$.试建立该问题的目的规划模型.

第七章 网络模型

自然界和人类社会中存在着许许多多的事物,而这些事物彼此之间均可以用点和线组成的图形来描述.例如用点表示城市,点间连线表示城市间的道路,这样的点线图形就可描述城市间的交通.如果在连线旁标明城市间的距离,就可进一步研究从两个城市间的最短路径;在连线旁标上单位运价,就可求取运费最小的运输方案.用图来描述事物间的联系,不仅画法简便,不必拘泥于比例和曲直,而且更直观清晰,便于统观全局.图论是拓扑学的一个分支,也是运筹学的重要分支,是建立和处理离散数学模型的有用工具.

第一节 图的基本概念

早在1736年,瑞士数学家欧拉(Euler)在求解著名的哥尼斯堡七桥难题时,就用了点线图来分析论证.19世纪,数学家哈密顿提出了哈密顿回路和旅行商问题;电路定律创始人基尔霍夫和英国数学家凯莱提出了树的概念,分别用于求解和研究电力线网与化学分析结构,进一步发展了图论.1736年欧拉发表了有关图论的第一篇论文《依据几何位置的解题方法》,同年匈牙利数学家柯尼格(Konig)出版了有关图论的第一本专著《有限图与无限图的理论》.

近年来,网络图论借助计算机科学技术和运筹学的发展得到了进一步的发展,其应用日益广泛,取得了丰硕成果.如今,网络图论的分析方法被广泛应用于电力线网、煤气管道网的分析,印制电路、集成电路的布线与测试,通信网络的分析,交通运输网络的分析,经济和管理领域中有关流形成的网络分析,理论物理、有机化学和生物学等方面.

一、图的概念

许多研究的对象往往可以用一个图表示,从而研究的目的化归于求取图的极值问题,本章研究几种求图的极值问题的网络模型.

在运筹学中,研究的图具有下列特征:

(1)研究对象用点表示,对象之间的某种关系用无方向或有方向的边表示.

(2)强调点与点之间的关系,不讲究图的大小与形状.

(3)若每条边上都赋有一个权,则图称为赋权图.实际中权可以代表两点之间的距离、费用、利润、时间、容量等.

(4)建立一个网络模型,求最大值或最小值.

如图7-1(a)所示,点集合记为 $V = \{v_1, v_2, \cdots, v_n\}$;边记为 $[v_i, v_j]$ 或简记为 $[i, j]$,集

合记为 $E = \{[1,2],[2,3],\cdots[5,6]\}$；边上的数字称为权，并记为 $w[v_i,v_j]$、$w[i,j]$ 或 w_{ij}，集合记为 $W = \{w_{12},w_{13},w_{14},\cdots,w_{56}\}$.

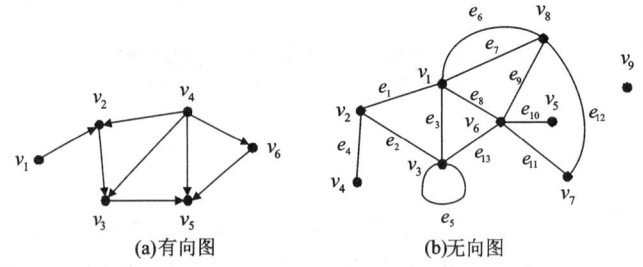

图 7-1 有向图和无向图

连通的赋权图称为网络图，记为 $G = \{V,E,W\}$.

根据网络图 7-1(a)可以提出许多极值问题.

(1)点 v_i 表示自来水工厂及用户，v_i 与 v_j 之间的边表示两点间可以铺设管道，权为 v_i 与 v_j 间铺设管道的距离或费用. 极值问题是如何铺设管道，将自来水送到其他 5 个用户并且使总费用最小，这类问题属于最小树问题.

(2)从某个点 v_i 出发到达另一个点 v_j，怎样安排路线使得总距离最短或总费用最小，这类问题属于最短路问题.

(3)将某个点 v_i 的物资或信息送到另一个点 v_j，使得流量最大，这类问题属于最大流问题.

(4)售货员从某个点 v_i 出发走过其他所有点后回到原点 v_i，如何安排路线使总路程最短，这类问题属于货郎担问题或旅行售货员问题.

(5)邮递员从邮局 v_i 出发要经过每条边将邮件送到用户手中，最后回到邮局 v_i，如何安排路线使总路程最短，这类问题属于中国邮递员问题.

(6)在哪个点设置一个物资配送网络中心最好，这类问题属于服务点最优设置问题.

另外还有二分图的匹配问题以及第八章的网络计划问题等都属于设计网络极值问题.

1. 点的性质

(1)相邻点：一条边的两个顶点称为相邻点. 如图 7-1(b)中 v_1 与 v_2、v_2 与 v_4 等称为相邻点.

(2)孤立点：与任何边都没有关联的顶点称为孤立点. 如图 7-1(b)中 v_9 称为孤立点.

(3)点的次数(度数)：与点 v_i 关联的边数称为该点的次数(度数)，记为 $d(v_i)$. 如图 7-1(b)中顶点 v_1 的 $d(v_1) = 5$，则称顶点 v_1 的次数为 5，或称 v_1 为 5 度关联.

(4)奇点：次数(度数)为奇数的点叫奇点. 如图 7-1(b)中 v_1、v_2 等均是奇点.

(5)偶点：次数(度数)为偶数的点叫偶点. 如图 7-1(b)中 v_7、v_8 等均是偶点.

(6)悬挂点：次数(度数)为 1 的点叫悬挂点. 如图 7-1(b)中 v_4、v_5 均为悬挂点.

2. 边的性质

(1)相邻边：边集 E 中的每一条边都关联着两个顶点 v_i 和 v_j，所以边也可用 $\{v_i,v_j\}$ 来表示.关联于同一顶点的两条边称为相邻边.如图 7-1(b)中 e_1 与 e_3 称为相邻边.

(2)多重边:并联于两个相邻顶点的边称为多重边.如图 7-1(b)中 e_6 与 e_7 称为多重边.

(3)环:两端点接于同一顶点的边称为环.如图 7-1(b)中 e_5 称为环.

(4)悬挂边:与悬挂点关联的叫悬挂边.如图 7-1(b)中 e_4、e_{10} 均为悬挂边.

3. 简单图

无环无多重边的图叫简单图.

二、链、路、连通图的概念

(1)链:图中从某一点开始的点边交替序列称为链.如图 7-1(b)中的 $\{v_4, e_4, v_2, e_1, v_1, e_3, v_3, e_{13}, v_6, e_8, v_1, e_7, v_8\}$ 称为一条链.

圈(闭链):首尾相连的链叫做圈(或闭链).

简单链:无重复边的链叫做简单链.如图 7-1(b)中的 $\{v_4, e_4, v_2, e_1, v_1, e_3, v_3, e_{13}, v_6, e_8, v_1, e_7, v_8\}$ 称为一条简单链.

(2)路:无重复点的简单链叫做路.如图 7-1(b)中的 $\{v_4, e_4, v_2, e_1, v_1, e_3, v_3, e_{13}, v_6, e_9, v_8\}$ 称为一条路.

回路:首尾相连的路叫做回路.如图 7-1(b)中的 $\{v_1, e_3, v_3, e_{13}, v_6, e_8, v_1\}$ 称为一回路.

以上点边序列中的边表示为 $e = \{v_i, v_j\}$,所以点边序列可以由点列确定.如上面的回路可写为 $\{v_1, v_3, v_6, v_1\}$.

在有向图中,弧区分为正向弧和反向弧,其链和路的概念与无向图类似,点弧序列中弧也有正向弧和反向弧之分.

(3)连通图:图中任意两点之间至少可由一条链连接起来相通的图称为连通图.否则,称为非连接图.

连通图的性质:①所有点的次数之和等于边数的两倍.这是因为在计算一个点的次数时,每条边均用了两次.②奇点的个数必为偶数.因为所有点的次数之和是偶数,则所有奇点的次数也是偶数,故奇点必成对出现.

三、子图与部分图的概念

设有图 $G_1 = \{V_1, E_1\}$,$G_2 = \{V_2, E_2\}$.

(1)子图:若 $V_2 \subseteq V_1$,$E_2 \subseteq E_1$ 则称 G_2 是 G_1 的一个子图.

真子图:若 $V_2 \subset V_1$,$E_2 \subset E_1$,则称 G_2 是 G_1 的一个真子图.

部分图:若 $V_2 = V_1$,$E_2 \subseteq E_1$,则称 G_2 是 G_1 的一个部分图,即包含原图全部顶点的子图.

(2)零图:若 $E = \varnothing$,则称 G 为零图,即由许多孤立点构成的图.

(3)空图:若 $V = \varnothing$,则称 G 为空图,即顶点个数为零的图.

四、同形图的概念

两个图,若虽然外形不同,但是它们的拓扑结构是一样的,即保持了各自代表对象之间相同的关联性质,则称之为同形图,如图 7-2 中(a)和(b)即为同形图.这是图论中点线图建立时具有的特点:图的顶点可以任意挪动位置,而边是具有弹性的,只要在边不拉断的前提下,就可以从一个形状的图变形为另一个形状的图,其关联性质不变.

利用图中点线的关联性质可以较清晰地表达事物之间的关系,从而帮助我们解决一些实际问题.

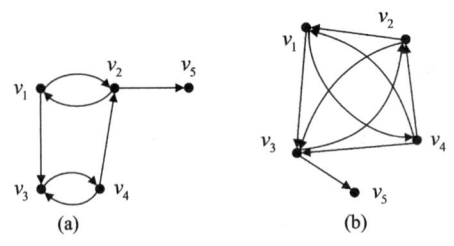

图 7-2　同形图

【例 7-1】　表 7-1 给出了 10 位学生选修课程期终考试的分布情况. 6 门课程要求在 3 天内结束考试,每天上、下午各安排一门,每人最多选考 3 门,每人每天最多考一门,另外要求课程 A 排在第 1 天上午,课程 B 只能排在下午,课程 F 安排为最后一门. 试给出一张满足上述要求的考试日程表.

表 7-1　考试课程与学生编号

学生编号	考试课程					
	A	B	C	D	E	F
1	0	0		0		
2	0		0			
3	0					0
4		0			0	0
5	0		0	0		
6			0		0	
7			0		0	
8		0		0		
9	0	0				0
10	0		0		0	

解:(1)由表 7-1 不难直接判断出:课程 A 和 E 无重复学生选考,可安排在第一天的上、下午;课程 B 和 C 无重复学生选考,可安排在次日的上、下午;课程 D 和 F 也无重复学生选考,故安排在第三天上、下午. 于是得到如下的考试日程:

时间	第1天	第2天	第3天
上午	A	C	D
下午	E	B	F

(2)在复杂情况下,可按图的点线关联性质进行分析,给出较优的考试日程安排表.将考试课程作为研究对象,用节点表示;每个学生所选的考试课程用边互相连接,边关联的两个节点不能安排在同一天.作图7-3.由图7-3可以看出,A 的次数:$d(A) = 4$,与 E 无直接关联,故课程 A、E 可安排在第一天上、下午;C 与 B 无直接关联,安排在第二天上、下午;D 与 F 无之间关联,安排在第三天上、下午.这样就满足了全部要求.

【例7-2】 某地区有 A、B、C 3 个工厂都需从 L、M、N 3 个仓库提取原材料等物资,需要修专用车道运输.为避免发生交通事故和提高运输效率,希望尽可能减少车道的交叉点,这是否可能?

解:求解这个问题可用平面图的概念来考虑:边与边只能在顶点处相交的图叫平面图.在大规模集成电路的设计中就要尽量实现平曲图.

(1)先以工厂 A、B 及仓库 L、M 修 4 条专用车道,构成围 $ALBMA$,如图7-4 所示.

(2)再增加一个工厂 C 和仓库 N,显然它们必同时在圈内或者在圈外.设 C 和 N 同时在圈外,连接 CM 和 CL,则 A 或 B 必被包含在新圈之中.

(3)无论 N 在新圈内还是在新圈外,连接 NA 和 NB,则必有一条线与其他连线相交,即至少会有一个交叉点.只有当仓库 N 就在工厂 C 处,那么才有可能实现无交叉点.

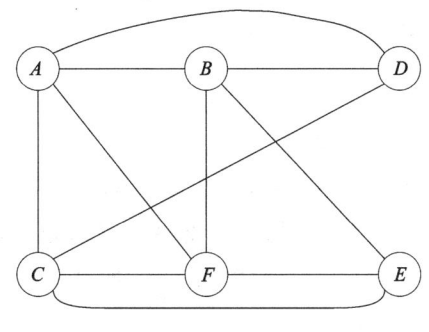

图 7-3 考试课程安排图

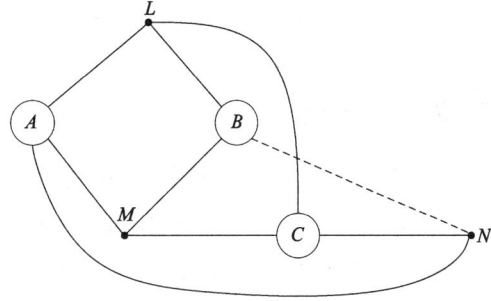

图 7-4 专用车道运输线路图

第二节 最小树问题

一、树的概念

一个无圈并且连通的无向图称为树图或简称树(Tree).图 7-6 是图 7-5 管道铺设路线图的树图,其特征是任意两点之间都有唯一的一条链(路)连通起来,是一棵树.类似组织机构、家谱、学科分支、因特网、通信网络以及高压线路网络等都能表示成一个树图.

树的特点有:①一棵树的边数等于点数减 1;②在树中任意两个点之间添加一条边就形成圈;③在树中去掉任意一条边图就变为不连通.

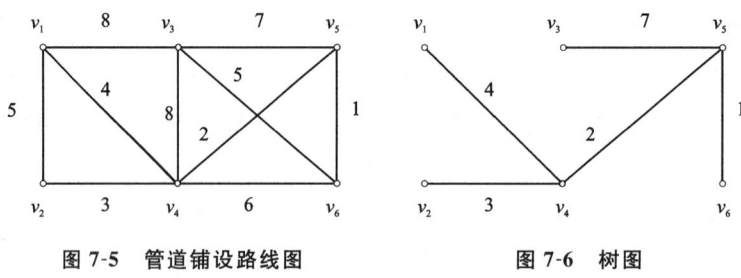

图 7-5 管道铺设路线图　　　　图 7-6 树图

在一个连通图 G 中,取部分边连接 G 的所有点组成的树称为 G 的部分树或者支撑树(Spanning Tree). 图 7-6 是图 7-5 的部分树. 图 7-7 中 3 个图都不是图 7-5 的部分树. 图 7-7(a)中 $\{v_1,v_2,v_3,v_4\}$ 4 个点构成回路,图 7-7(b)中 $\{v_1,v_2,v_3,v_4\}$ 与 $\{v_5,v_6\}$ 之间不连通,图 7-7(c)没有包含点 v_1.

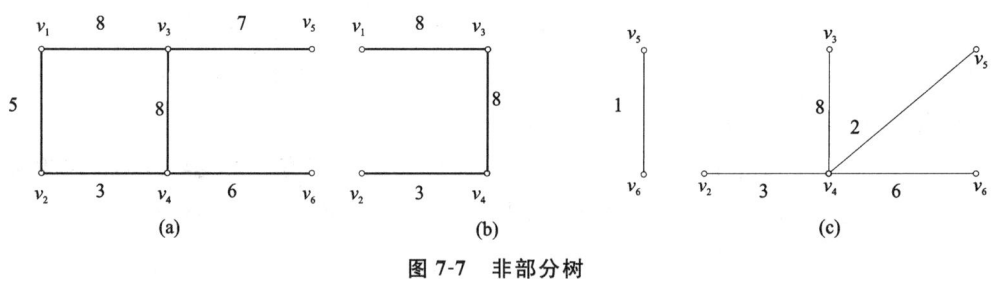

图 7-7 非部分树

二、最小部分树

将网络图 G 边上的权赋予两点间的长度(距离、费用、时间等含义),定义 G 的部分树 T 的长度等于 T 中每条边的长度之和,即为 $C(T)$. G 的所有部分树中长度最小的部分树称为最小部分树,或简称为最小树. 如果一个连通图 G 本身不是一棵树,那么 G 的部分树不唯一. 最小树的问题就是在所有部分树中寻找树长最短的部分树.

最小部分树的求解可以直接用作图的方法,常用的有破圈法和加边法.

1. 破圈法

任取一圈,去掉圈中最长边,直到无圈.

【**例 7-3**】 用破圈法求图 7-5 的最小树.

解:破圈法步骤如下:

(1)在图 7-5 中任意取一个圈,如 $\{v_1,v_3,v_4\}$,去掉最长边 $[v_1,v_3]$,见图 7-8(a).

(2)在图 7-8(a)中任取一圈 $\{v_1,v_2,v_4\}$,去掉最长边 $[v_1,v_2]$,见图 7-8(b).

(3)在图 7-8(b)中取圈 $\{v_3,v_5,v_6,v_4\}$,去掉最长边 $[v_3,v_4]$,见图 7-8(c).

(4)在图 7-8(c)中取圈 $\{v_3,v_5,v_6\}$,去掉最长边 $[v_3,v_5]$,见图 7-8(d).

(5) 在图 7-8(d) 中取圈 $\{v_4, v_5, v_6\}$，去掉最长边 $[v_4, v_6]$，见图 7-8(e)，已经没有圈，计算停止.

图 7-8(e) 就是图 7-5 的最小部分树，最小树长为 $C(T) = 4 + 3 + 5 + 2 + 1 = 15$.

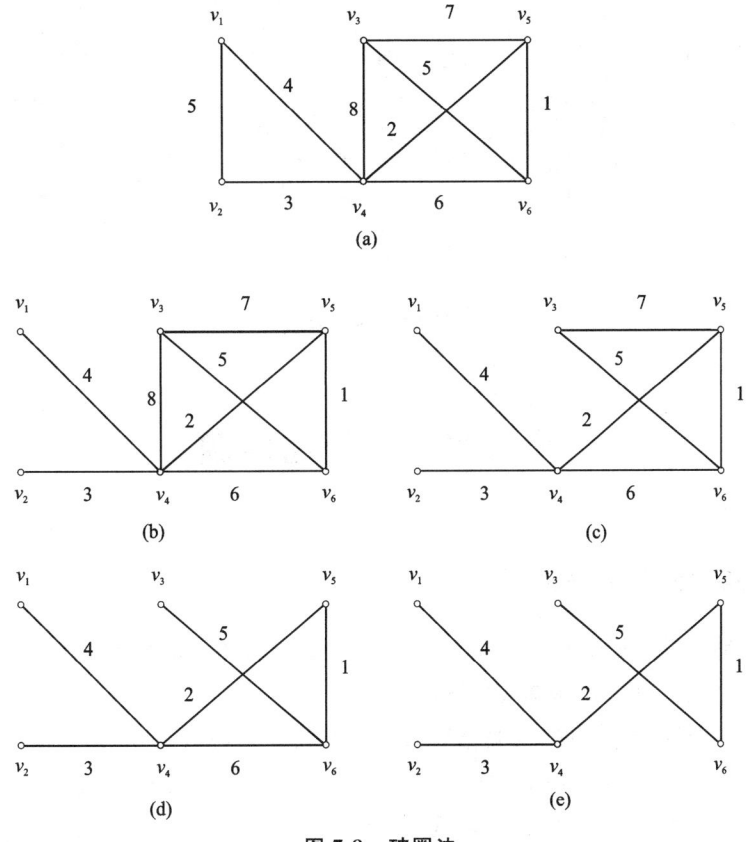

图 7-8 破圈法

当一个圈中有多个相同的最长边时，不能同时都去掉，只能去掉其中任意一条边. 所以最小部分树有可能不唯一，但最小树的长度相同.

2. 加边法

取图 G 的 n 个孤立点 $\{v_1, v_2, \cdots, v_n\}$ 作为一个支撑图，从最短边开始往支撑图中添加，见圈回避，直到连通 (有 $n-1$ 条边).

加边法是先去掉图的所有边，根据边的长度按升序添加，加边的过程中不能形成圈，当所有点都连通时得到最小树. 这种加边避圈的方法也称为避圈法.

【**例 7-4**】 用加边法求图 7-5 的最小树.

解：去掉所有边得到支撑图 7-9(a). 首先添加最短边 $[v_5, v_6]$，再添加次短边 $[v_4, v_5]$，依次进行下去，见图 7-9. 最后所有点都连通起来，得到最小树图 7-9(f)，最小树的长度为 15.

在图 7-9(e) 中，如果添加边 $[v_1, v_2]$ 就形成圈 $\{v_1, v_2, v_4\}$，这时就应避开添加边 $[v_1, v_2]$，添加下一条最短边 $[v_3, v_6]$. 破圈法和加边法得到树的形状可能不一样，但最小树的长度相等.

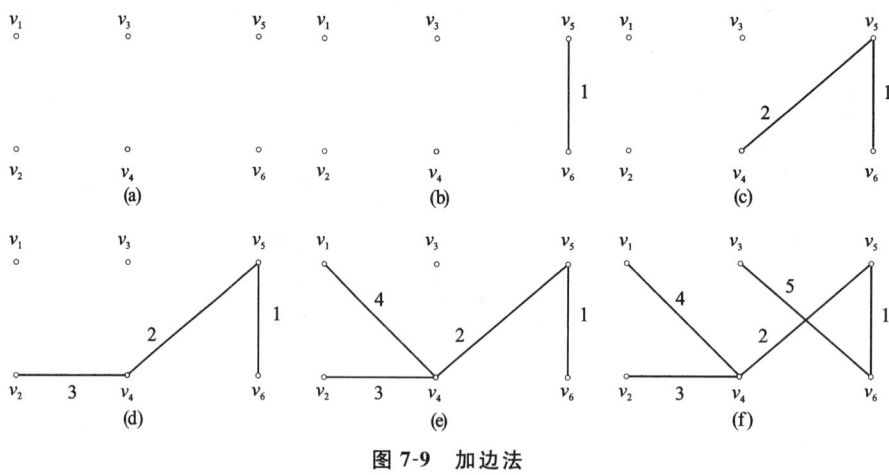

图 7-9 加边法

第三节 最短路问题

一、最短路问题的网络模型

最短路问题被广泛应用到很多实际问题中,如管道铺设、线路选择等.还有些如设备更新、投资等问题也可以化归于最短路问题.

网络图 7-10 中的边有方向,表明路线只能沿着箭头方向行走,不能逆向而行.每条边都有方向的图称为有向图,部分边有方向的图称为混合图.将有方向的边称为弧并用有序对 (v_i,v_j) 表示,v_i 是弧的起点(箭尾),v_j 是弧的终点(箭头).图 7-10 中的 (v_2,v_3) 与 (v_3,v_2) 表示两条不同的弧.

【例 7-5】 图 7-10 中的权 c_{ij} 表示 v_i 到 v_j 的距离(费用、时间),从 v_1 修一条公路或架设一条高压线到 v_7,如何选择一条路线使距离最短,建立该问题的网络数学模型.

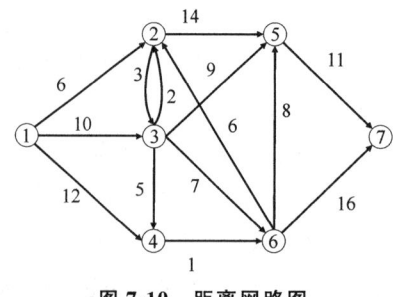

图 7-10 距离网路图

解:设 x_{ij} 为选择弧 (i,j) 的状态变量,选择弧 (i,j) 时 $x_{ij}=1$,不选择弧 (i,j) 时 $x_{ij}=0$,得到最短路问题的网络模型:

$$\min Z = \sum_{(i,j) \in E} c_{ij} x_{ij}$$

$$\begin{cases} x_{12} + x_{13} + x_{14} = 1 \\ \sum_{(k,j) \in E} x_{kj} - \sum_{(i,j) \in E} x_{ij} = 0 \quad i = 2,3,\cdots,6 \\ x_{57} + x_{67} = 1 \\ x_{ij} = 0 \text{ 或 } 1, (i,j) \in E \end{cases}$$

模型中变量个数等于图的弧数，约束个数等于图的点数，如点 v_3 的约束是：

$$x_{13} + x_{23} - x_{32} - x_{34} - x_{35} - x_{36} = 0$$

该模型是一个整数线性规划模型，对于最短路问题来说，在图上计算更为简单.

二、有向图的 Dijkstra 算法

Dijksra 算法的基本思想是：若起点 v_s 到终点 v_t 的最短路经过点 v_1、v_2、v_3，则 v_1 到 v_t 的最短路是 $P_{1t} = \{v_1, v_2, v_3, v_t\}$，$v_2$ 到 v_t 的最短路是 $P_{2t} = \{v_2, v_3, v_t\}$，$v_3$ 到 v_t 的最短路是 $P_{3t} = \{v_3, v_t\}$. 具体计算是在图上进行一种标号迭代的过程.

设弧 (i,j) 的长度为 $c_{ij} \geq 0$，v_i 到 v_j 的最短路记为 P_{ij}，最短路长记为 L_{ij}.

点标号 $b(j)$ 表示起点 v_s 到点 v_j 的最短路长（距离），网络的起点 v_s 标号为 $b(s) = 0$.

弧标号 $k(i,j) = b(i) + c_{ij}$

(1) 找出所有起点 v_i 已标号终点 v_j 未标号的弧，集合为 $B = \{(i,j) \mid v_i \text{ 已标号}; v_j \text{ 未标号}\}$，如果这样的弧不存在或 v_t 已标号则计算结束；

(2) 计算集合 B 中弧的标号：$k(i,j) = b(i) + c_{ij}$；

(3) $b(l) = \min_i \{k(i,j) \mid (i,j) \in B\}$，在弧的终点 v_l 标号 $b(l)$，返回步骤(1).

完成步骤(1)～(3)为一轮计算，每一轮的计算至少得到一个点的标号，最多通过 n（图的点数）轮计算得到最短路.

【例 7-6】 用 Dijkstra 算法求图 7-10 所示 v_1 到 v_7 的最短路及最短路长.

解：起点 v_1 标号 $b(1) = 0$

第一轮，起点已标号终点未标号的弧集合 $B = \{(1,2),(1,3),(1,4)\}$，$k(1,2) = b(1) + c_{12} = 0 + 6$，$k(1,3) = 0 + 10 = 10$，$k(1,4) = 0 + 12 = 12$，将弧的标号用圆括号填在弧上.

$$\min\{k(1,2), k(1,3), k(1,4)\} = \min\{6, 10, 12\} = 6$$

$k(1,2) = 6$ 最小，在弧 $(1,2)$ 的终点 v_2 处标号 $\boxed{6}$，见图 7-11(a).

第二轮，在图 7-11(a) 中，$B = \{(1,3),(1,4),(2,3),(2,5)\}$，$k(1,3)$ 和 $k(1,4)$ 在第一轮中已计算，$k(2,3) = 6 + 3 = 9$，$k(2,5) = 6 + 14 = 20$ 对弧 $(2,3)$ 及 $(2,5)$ 标号.

$$\min\{k(1,3), k(1,4), k(2,3), k(2,5)\} = \min\{10, 12, 9, 20\} = 9$$

$k(2,3) = 9$ 最小，在弧 $(2,3)$ 的终点 v_3 处标号 $\boxed{9}$，见图 7-11(b). 注意，这里弧 $(3,2)$ 不在集合 B 中.

第三轮，在图 7-11(b) 中，$B = \{(1,4),(2,5),(3,4),(3,5),(3,6)\}$，$k(1,4)$ 与 $k(2,5)$

在前两轮中已计算，$k(3,4)=9+5=14$，$k(3,5)=9+9=18$，$k(3,6)=9+7=16$，对弧 $(3,4)$、$(3,5)$ 及 $(3,6)$ 标号.

$$\min\{k(1,4),k(2,5),k(3,4),k(3,5),k(3,6)\}=\min\{12,20,14,18,16\}=12$$

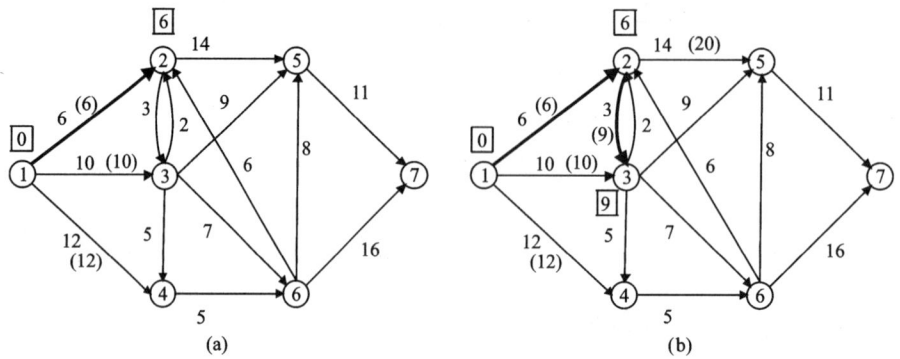

图 7-11　网络图第一轮(a)和第二轮(b)

$k(1,4)=12$ 最小，在弧 $(1,4)$ 的终点 v_4 处标号 $\boxed{12}$，见图 7-12(a).

第四轮，在图 7-12(a) 中，$B=\{(2,5),(3,5),(3,6),(4,6)\}$，$k(2,5)$，$k(3,5)$，$k(3,6)$ 前面已计算，$k(4,6)=12+5=17$，对弧 $(4,6)$ 标号.

$$\min\{k(2,5),k(3,5),k(3,6),k(4,6)\}=\min\{20,18,16,17\}=16$$

$k(3,6)=16$ 最小，在弧 $(3,6)$ 的终点 v_6 处标号 $\boxed{16}$，见图 7-12(b).

第五轮，在图 7-12(b) 中，$B=\{(2,5),(3,5),(6,5),(6,7)\}$，$k(2,5)$ 与 $k(3,5)$ 前面已计算，$k(6,5)=16+8=24$，$k(6,7)=16+16=32$，对弧 $(6,5)$ 及 $(6,7)$ 标号.

$$\min\{k(2,5),k(3,5),k(6,5),k(6,7)\}=\min\{20,18,24,32\}=18$$

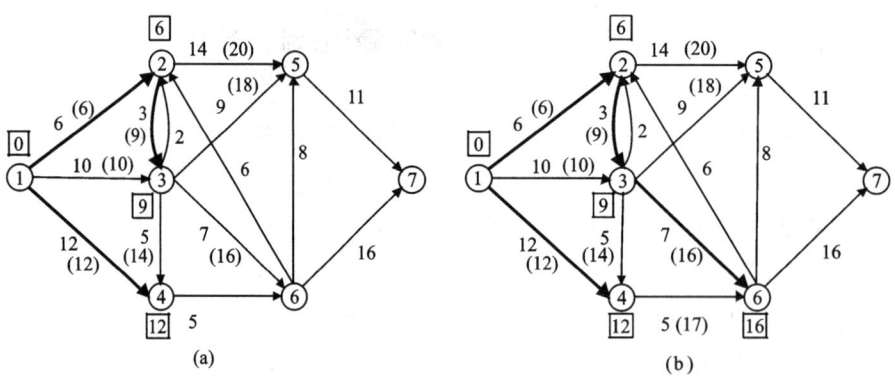

图 7-12　网络图第三轮(a)和第四轮(b)

$k(3,5)=18$ 最小，在弧 $(3,5)$ 的终点 v_5 处标号 $\boxed{18}$，见图 7-13(a).

第六轮，在图 7-13(a) 中，$B=\{(6,7),(5,7)\}$，$k(6,7)=32$，$k(5,7)=18+11=29$，对弧 $(5,7)$ 标号.

$$\min\{k(6,7),k(5,7)\}=\min\{32,29\}=29$$

$k(5,7) = 29$ 最小,在弧 $(5,7)$ 的终点 v_7 处标号 $\boxed{29}$,见图 7-13(b).

图 7-13(b) 的终点 v_7 已标号,说明已得到 v_1 到 v_7 的最短路,计算结束.从终点沿着加粗的箭头逆向追踪,v_1 到 v_7 的最短路为 $P_{17} = \{v_1, v_2, v_3, v_5, v_7\}$,最短路长为 $L_{17} = 29$.

从例 7-6 的计算可以看到:

(1) Dijkstra 算法可以求某点 v_i 到其他各点 v_j 的最短路,只要将 v_j 看做路线的终点,使 v_j 得到标号,如果 v_j 不能得到标号,说明 v_i 不可到达 v_j.

图 7-13(b) 的每个点都得到标号,说明 v_1 到其他各点的最短路已经找到,如 v_1 到 v_6 的最短路是 $P_{16} = \{v_1, v_2, v_3, v_6\}$,最短路长为 16.

(2) Dijkstra 算法可以求任意两点之间的最短路(最短路存在),只要将两个点看做路线的起点和终点,然后进行标号.

(3) 最短路线可能不唯一,但最短路长相等.

(4) Dijkstra 算法的条件是弧长非负,问题求最小值,对于最大值问题无效.

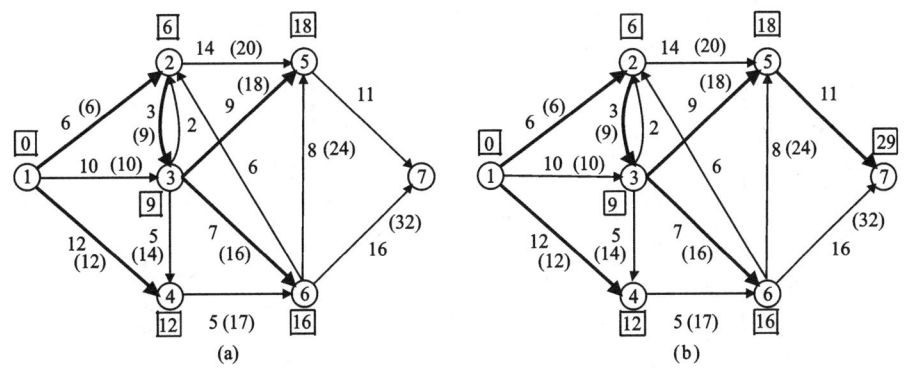

图 7-13 网络图第五轮(a)和第六轮(b)

三、无向图的 Dijkstra 算法

如果 v_i 与 v_j 之间存在一条无方向的边相关联,说明 v_i 与 v_j 两点之间可以互达.当 v_i 与 v_j 之间至少有两条边相关联时,留下一条最短边,去掉其他关联边.对于无向图最短路的求解 Dijkstra 算法同样有效.

标号方法与有向图相同,路线的起点标号 $\boxed{0}$,将标号的第 1 步改为:

找出所有一端 v_i 已标号另一端 v_j 未标号的边,记为集合 $B = \{[i,j] \mid v_i \text{ 已标号}, v_j \text{ 未标号}\}$,如果这样的边不存在或 v_t 已标号则计算结束.点标号和边标号的计算公式相同.

【例 7-7】 用 Dijkstra 算法求图 7-14 所示的 v_1 到其他各点的最短路.

解:起点 v_1 标号 $\boxed{0}$.

第一轮,一端已标号另一端未标号的边集合 $B = \{[1,2], [1,3], [1,4]\}$,$k(1,2) = b(1) + c_{12} = 0 + 4 = 4$,$k(1,3) = 0 + 5 = 5$,$k(1,4) = 0 + 2 = 2$,将边的标号用圆括号填在边上.

$$\min\{k(1,2), k(1,3), k(1,4)\} = \min\{4, 5, 2\} = 2$$

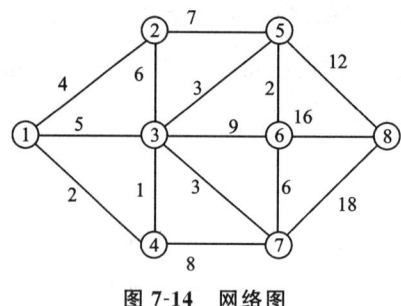

图 7-14 网络图

$k(1,4)=2$ 最小,点 v_4 标号 $\boxed{2}$,见图 7-15(a).

第二轮,图 7-15(a)中,$B=\{[1,2],[1,3],[4,3],[4,7]\}$,$k(4,3)=2+1=3$,$k(4,7)=2+8=10$,则:

$$\min\{k(1,2),k(1,3),k(4,3),k(4,7)\}=\min\{4,5,3,10\}=3$$

$k(4,3)=3$,点 v_3 标号 $\boxed{3}$,见图 7-15(b).

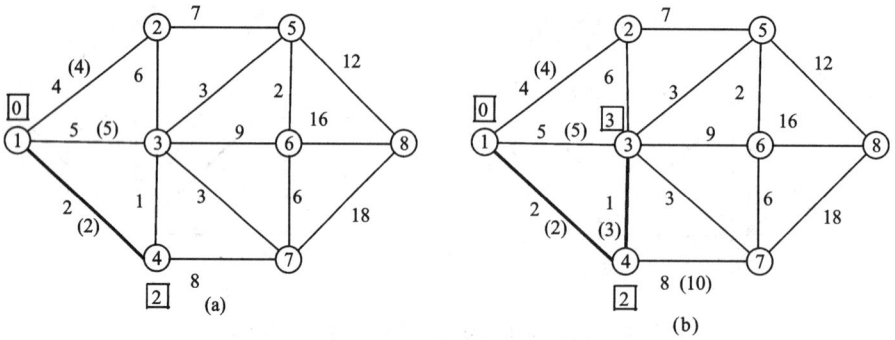

图 7-15 网络图第一轮(a)和第二轮(b)

继续标号,第三轮得到点 v_2 的标号,见图 7-16(a).第四轮得到两个点 v_5 与 v_7 的标号,见图 7-16(b).第五轮得到点 v_6 的标号,见图 7-17(a).第六轮得到点 v_8 的标号,见图 7-17(b).所有点得到标号,计算结束.

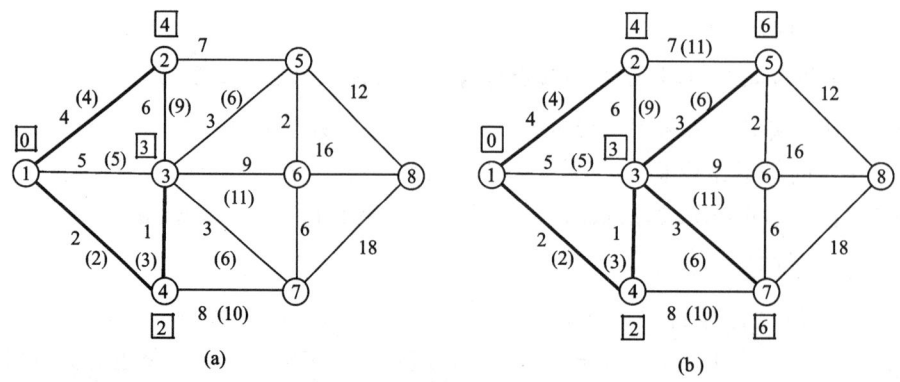

图 7-16 网络图第三轮(a)和第四轮(b)

根据图 7-17(b)所示，v_1 到 $v_2, v_3, \cdots, v_8$ 的最短路分别是：$P_{12} = \{v_1, v_2\}$，$P_{13} = \{v_1, v_4, v_3\}$，$P_{14} = \{v_1, v_4\}$，$P_{15} = \{v_1, v_4, v_3, v_5\}$，$P_{16} = \{v_1, v_4, v_3, v_5, v_6\}$，$P_{17} = \{v_1, v_4, v_3, v_7\}$，$P_{18} = \{v_1, v_4, v_3, v_5, v_8\}$．最短路长分别是：$L_{12} = 4$，$L_{13} = 3$，$L_{14} = 2$，$L_{15} = 6$，$L_{16} = 8$，$L_{17} = 6$，$L_{18} = 18$．

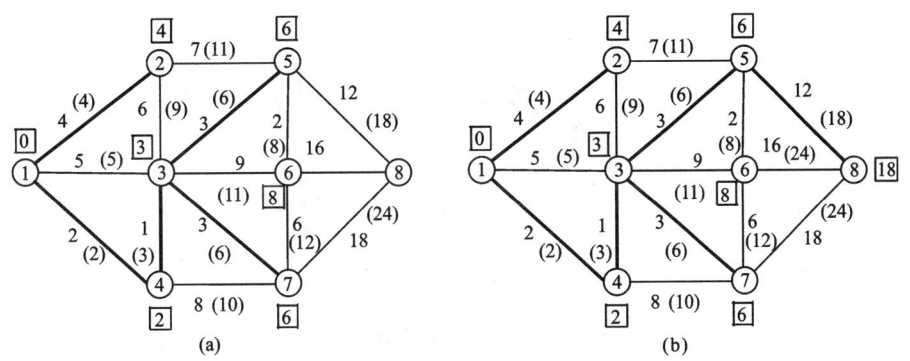

图 7-17 网络图第五轮(a)和第六轮(b)

四、最短路的 Floyd 算法

Floyd 算法是一种更一般的算法．该算法是一种矩阵(表格)迭代方法，对于求任意两点之间最短路(例 7-8)、混合图的最短路、有负权图的最短路(例 7-7)等一般网络问题来说比较有效．

Floyd 算法基本步骤如下：

(1)用 $\mathbf{L}_1 = (L_{ij}^{(1)})$ 表示 v_i 一步到达 v_j 的距离矩阵，则 $\mathbf{L}_1$ 是一步到达的最短距离矩阵．如果 v_1 与 v_j 之间没有关联，则令 $C_{ij} = +\infty$．

(2)计算两步最短距离矩阵．设 v_i 经过一个中间点 v_r 两步到达 v_j，则 v_i 到 v_j 的最短距离为：

$$L_{ij}^{(1)} = \min_r \{c_{ir} + c_{rj}\} \tag{7-1}$$

最短距离矩阵记为 $\mathbf{L}_2 = (L_{ij}^{(2)})$．

(3)计算 k 步最短距离矩阵．设 v_i 经过中间点 v_r 到达 v_j，v_i 经过 $k-1$ 步到达点 v_r 的最短距离为 $L_{ir}^{(k-1)}$，v_r 经过 $k-1$ 步到达点 v_j 的最短距离为 $L_{rj}^{(k-1)}$，则 v_i 经 k 步到达 v_j 的最短距离为：

$$L_{ij}^{(k)} = \min_r \{L_{ir}^{(k-1)} + L_{rj}^{(k-1)}\} \tag{7-2}$$

(4)比较矩阵 $\mathbf{L}_k$ 与 $\mathbf{L}_{k-1}$，当 $\mathbf{L}_k = \mathbf{L}_{k-1}$ 时得到任意两点间的最短距离矩阵 $\mathbf{L}_k$．设图的点数为 n 并且 $c_{ij} \geqslant 0$，迭代次数 k 由下式估计得到：

$$2^{k-1} < n-2 \leqslant 2^k - 1$$
$$k-1 < \frac{\lg(n-1)}{\lg 2} \leqslant k \tag{7-3}$$

式(7-3)中的 k 是迭代次数，不一定等于 v_i 到达 v_j 最短路中间所经过的点数，中间点最多等于 $2^{k-1} - 1$，经过一条边看做是一步，则最多走 2^{k-1} 步，理解式(7-2)的含义一个关键点在于区分公式中的"步"与实际经过的"步"之间的关系.

【例 7-8】 图 7-18 是一张 8 个城市的铁路交通图,铁路部门要制作一张两两城市间的距离表.这个问题实际就是求任意两点间的最短路问题.

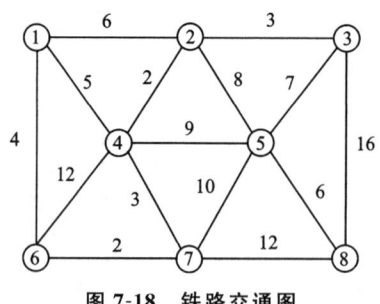

图 7-18 铁路交通图

解:(1)依据图 7-18,写出任意两点间一步到达距离表 L_1,见表 7-2.本例 $n=8$,$\dfrac{\lg 7}{\lg 2}=2.807$,因此 $R=3$,即计算到 L_3.

表 7-2 最短距离表 L_1

	v_1	v_2	v_3	v_4	v_5	v_6	v_7	v_8
v_1	0	6	∞	5	∞	4	∞	∞
v_2	6	0	3	2	8	∞	∞	∞
v_3	∞	3	0	∞	7	∞	∞	16
v_4	5	2	∞	0	9	12	3	∞
v_5	∞	8	7	9	0	∞	10	6
v_6	4	∞	∞	12	∞	0	2	∞
v_7	∞	∞	∞	3	10	2	0	12
v_8	∞	∞	16	∞	6	∞	12	0

(2)由式(7-1)得到矩阵 L_2,见表 7-3.

表 7-3 最短距离表 L_2

	v_1	v_2	v_3	v_4	v_5	v_6	v_7	v_8
v_1	0	6	9	5	14	4	6	∞
v_2	6	0	3	2	8	10	5	14
v_3	9	3	0	5	7	∞	17	13
v_4	5	2	5	0	9	5	3	15
v_5	14	8	7	9	0	12	10	6
v_6	4	10	∞	5	12	0	2	14
v_7	6	5	17	3	10	2	0	12
v_8	∞	14	13	15	6	14	12	0

表 7-3 计算示例. $L_{ij}^{(2)}$ 等于表 7-2 中第 i 行与第 j 列对应元素相加取最小值. 例如 v_4 经过两步(最多一个中间点)到达 v_3 的最短距离是:

$$L_{43}^{(2)} = \min\{c_{41}+c_{13}, c_{42}+c_{23}, c_{43}+c_{33}, c_{44}+c_{43}, c_{45}+c_{53}, c_{46}+c_{63}, c_{47}+c_{73}, c_{48}+c_{83}\}$$
$$= \min\{5+\infty, 2+3, \infty+0, 0+\infty, 9+7, 12+\infty, 3+\infty, \infty+16\} = 5$$

(3) 由式(7-2)得到矩阵 L_3,见表 7-4

表 7-4 最短距离表 L_3

	v_1	v_2	v_3	v_4	v_5	v_6	v_7	v_8
v_1	0	6	9	5	14	4	6	18
v_2	6	0	3	2	8	7	5	14
v_3	9	3	0	5	7	10	8	13
v_4	5	2	5	0	9	5	3	15
v_5	14	8	7	9	0	12	10	6
v_6	4	7	10	5	12	0	2	14
v_7	6	5	8	3	10	2	0	12
v_8	18	14	13	15	6	14	12	0

表 7-4 计算示例. $L_{ij}^{(3)}$ 等于表 7-3 中第 i 行与第 j 列对应元素相加取最小值. 例如,v_3 经过三步(最多三个中间点 4 条边)到达 v_6 的最短距离是:

$$L_{36}^{(3)} = \min\{L_{31}^{(3)}+L_{16}^{(3)}, L_{36}^{(3)}+L_{32}^{(3)}, L_{33}^{(3)}+L_{36}^{(3)}, \cdots, L_{38}^{(3)}+L_{86}^{(3)}\}$$
$$= \min\{9+4, 3+10, 0+\infty, 5+5, 7+12, \infty+0, 17+2, 13+14\} = 10$$

由表 7-3 及表 7-2 可知,最短距离由 4 条边长之和构成,即:

$$L_{34}^{(3)}+L_{46}^{(3)} = (L_{32}^{(3)}+L_{24}^{(3)})+(L_{47}^{(3)}+L_{76}^{(3)}) = c_{32}+c_{24}+c_{47}+c_{76} = 3+2+3+2 = 10$$

则 v_3 到 v_6 的最短路线是 $v_3 \rightarrow v_2 \rightarrow v_4 \rightarrow v_7 \rightarrow v_6$.

表 7-4 就是最优表,即任意两点间的最短距离. 取表中下三角到得 8 个城市间的铁路交通距离表.

【例 7-9】 求图 7-15 中任意两点间的最短距离.

解:图 7-19 是一个混合图,有 3 条边的权是负数,有两条边无方向. 依据图 7-19,写出任意两点间一步到达距离表 L_2(表 7-5). 表中第一列的点表示弧的起点,第一行的点表示弧的终点,无方向的边表明可以互达. 表 7-6~表 7-8 分别表示 L_2~L_4 的计算结果.

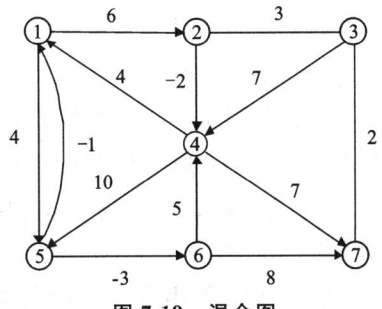

图 7-19 混合图

表 7-5 一步到达距离表 L_1

	v_1	v_2	v_3	v_4	v_5	v_6	v_7
v_1	0	5	∞	∞	4	∞	∞
v_2	∞	0	4	-2	∞	∞	∞
v_3	∞	4	0	7	∞	∞	2
v_4	4	∞	∞	0	10	∞	7
v_5	-1	∞	∞	∞	0	-3	∞
v_6	∞	∞	∞	∞	5	0	8
v_7	∞	∞	2	∞	∞	∞	0

表 7-6 一步到达距离表 L_2

	v_1	v_2	v_3	v_4	v_5	v_6	v_7
v_1	0	5	9	3	4	1	∞
v_2	2	0	4	-2	8	∞	5
v_3	11	4	0	2	17	∞	2
v_4	4	9	9	0	8	7	7
v_5	-1	4	∞	2	0	-3	5
v_6	9	∞	10	5	15	0	8
v_7	∞	6	2	9	∞	∞	0

表 7-7 一步到达距离表 L_3

	v_1	v_2	v_3	v_4	v_5	v_6	v_7
v_1	0	5	9	3	4	1	9
v_2	2	0	4	-2	6	3	5
v_3	6	4	0	2	10	9	2
v_4	4	9	9	0	8	5	7
v_5	-1	4	7	2	0	-3	5
v_6	9	14	10	5	13	0	8
v_7	8	6	2	4	14	16	0

表 7-8 一步到达距离表 L_4

	v_1	v_2	v_3	v_4	v_5	v_6	v_7
v_1	0	5	9	3	4	1	9
v_2	2	0	4	-2	6	3	5
v_3	6	4	0	2	10	7	2
v_4	4	9	9	0	8	5	7
v_5	-1	4	7	2	0	-3	5
v_6	9	14	10	5	13	0	8
v_7	8	6	2	4	14	9	0

经计算 $L_4 = L_5$,L_4 是最优表. 表 7-8 不是对称表,v_i 到 v_j 与 v_j 到 v_i 的最短距离不一定相等. 对于有负权图情形,式(7-3)失效.

五、最短路应用举例

【例 7-10】 设备更新问题.企业在使用某设备时,每年年初可购置新设备,也可以使用一年或几年后卖掉重新购置新设备.已知第 1 年至第 4 年年初购置新设备的价格分别为 2.5 万元、2.6 万元、2.8 万元和 3.1 万元,使用了 1~4 年后设备的残值分别为 2 万元、1.6 万元、1.3 万元和 1.1 万元,使用时间在 1~4 年内的维修保养费用分别为 0.3 万元、0.8 万元、1.5 万元和 2.0 万元. 试确定一个设备更新策略,在下列两种情形下使 4 年的设备购置和维护总费用最小.

(1)第 4 年年末设备一定处理掉;

(2)第 4 年年末设备不处理.

解:画网络图.用点 $(1,i,\cdots,j)$ 表示第 1 年年初购置设备使用到第 i 年年初更新,经过若干次更新使用到第 j 年年初,第 1 年年初和第 5 年年初分别用①及⑤表示.使用过程用弧连接起来,弧上的权表示总费用(购置费+维护费-残值),如图 7-20 所示.

由题意,将费用汇总在表 7-9 中.

下面对网络图 7-20 和表 7-9 稍作说明. 其中点 (1,3) 表示第 1 年购置设备使用两年到第

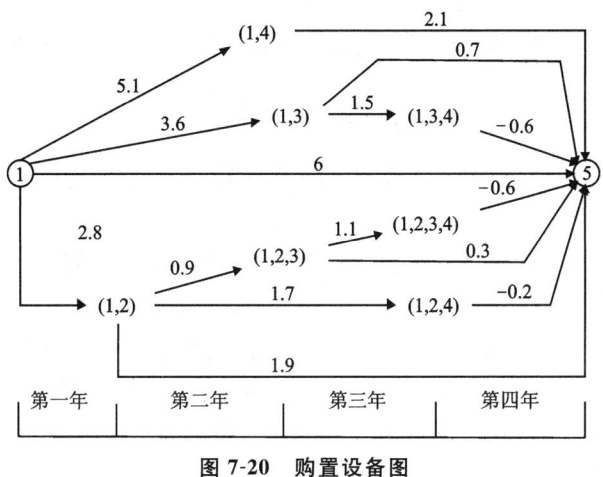

图 7-20 购置设备图

3年年初更新购置新设备,这时有2种更新方案,使用1年到第4年年初和使用2年到第5年年初,更新方案用弧表示[图 7-21(a)].点(1,2,3)表示第1年购置设备使用1年到第2年年初更新,使用1年到第3年年初再更新,这时仍然有2种更新方案,使用1年到第4年年初和使用2年到第5年年初[图 7-21(b)].点(1,3)和点(1,2,3)不能合并成一个点,虽然都是第3年年初时置新设备,购置费用相同,但残值不同.点(1,3)的残值等于1.6(使用了两年),点(1,2,3)的残值等于2(使用了一年).点(1,3)到点(1,3,4)的总费用为:

第3年的购置费+第1年的维护费-设备使用2年后的残值=2.8+0.3-1.6=1.5

点(1,3)到点⑤的总费用为:

第3年的购置费+第1年的维护费+第2年的维护费-设备使用2年后的残值-第4年年末的残值=2.8+0.3+0.8-1.6=0.7

表 7-9 费用表 （单位:万元）

	1	(1,2)	(1,3)	(1,4)	(1,2,3)	(1,2,4)	(1,3,4)	(1,2,3,4)	5(处理)	5(不处理)
1		2.8	3.6	5.1					6.0	7.1
(1,2)					0.9	1.7			1.9	3.2
(1,3)							1.5		0.7	2.3
(1,4)								1.1	2.1	3.4
(1,2,3)									0.3	1.9
(1,2,4)									−0.2	1.8
(1,3,4)									−0.6	1.4
(1,2,3,4)									−0.6	1.4
5										

图 7-20 中的点(1,3,4)和点(1,2,3,4)可以合并.表 7-9 最后一列是第4年年末不处理设备的费用.

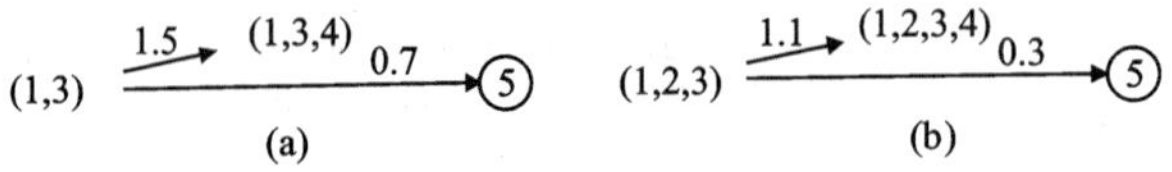

$(1,3) \xrightarrow{1.5} (1,3,4) \xrightarrow{0.7} ⑤ \qquad (1,2,3) \xrightarrow{1.1} (1,2,3,4) \xrightarrow{0.3} ⑤$

(a) (b)

图 7-21 更新方案

(1)第 4 年年末处理设备,求点①到点⑤的最短路. 得到最短路线为 ① → (1,2) → (1,2,3) → ⑤,最短路长为 4.

四年总费用最小的设备更新方案是:第 1 年购置设备使用 1 年,第 2 年更新设备使用 1 年后卖掉,第 3 年购置设备使用 2 年到第 4 年年末,四年的总费用为 4 万元.

(2)第 4 年年末不处理设备,将图 7-20 第 4 年的数据换成表 7-9 最后一列,求点①到点 ⑤的最短路. 最短路线为 ① → (1,2) → (1,2,3) → ⑤,最短路长为 5.6,即总费用为 5.6 万元. 更新方案与第一种情形相同.

实际中,残值与设备原值有关.

【例 7-11】 服务网点设置问题. 以图 7-18 为例,现提出这样一个问题,在交通网络中建立一个快速反应中心,应选择哪一个城市最好. 类似地,在网络中设置一所学校、医院、消防站、购物中心,还有厂址选择、总部选址、公司销售中心选址等问题都属于最佳服务网点设置问题.

解:对于不同的问题,寻求最佳服务点有不同的标准. 像图 7-18 只有两点间的距离,可以采用"使最大服务距离达到最小"为标准,计算步骤如下.

第一步:利用 Floyd 算法求出任意两点之间的最短距离表(表 7-4).

第二步:计算最短距离表中每行的最大距离的最小值,即:

$$L = \min_i \max_j \{L_{ij}\}$$

引用例 7-8 计算的结果,对表 7-4 每行取最大值再取最小值,见表 7-10 倒数第二列. L 所在行对应的点就是最佳服务点,也称为网络的中心.

表 7-10 产量、总运量表

	v_1	v_2	v_3	v_4	v_5	v_6	v_7	v_8	$\max L_{ij}$	总运量
v_1	0	6	9	5	14	4	6	18	18	3220
v_2	6	0	3	2	8	7	5	14	14	2465
v_3	9	3	0	5	7	10	8	13	13	2955
v_4	5	2	5	0	9	5	3	15	15	2450
v_5	14	8	7	9	0	12	10	6	14	3780
v_6	4	7	10	5	12	0	2	14	14	2960
v_7	6	5	8	3	10	2	0	12	12	2560
v_8	18	14	13	15	6	14	12	0	18	5040
产量	80	50	70	40	30	35	60	65		

表 7-10 中倒数第二列最小值为 12,位于第 7 行,则 v_7 为网络的中心,最佳服务点应设置在 v_7.

如果每个点还有一个权数,例如一个网点的人数、需要运送的物质数量、产量等,这时采用"使总运量最小"为标准,计算方法是将上述第二步的最大距离改为总运量,总运量的最小值对应的点就是最佳服务点.

表 7-10 中最后一行是点 v_j 的产量,将各行的最小距离分别乘以产量求和得到总运量,见表 7-10 最后一列,最小运量为 2450,最佳服务点应设置在 v_4.

第四节　最大流问题

一、基本概念

图 7-22 所示的网络图中定义了一个发点 v_1 时,称为源(Source, Supply Node);定义了一个收点 v_7,称为汇(Sink, Demand Node);其余点 $v_2, v_3, \cdots, v_6$ 为中间点,称为转运点(Transshipment Node). 若有多个发点和收点,则虚设发点和收点转化成一个发点和收点. 图中的权在最大流问题中指该弧在单位时间内的最大通过能力,称为弧的容量(Capacity). 最大流问题是安排一个运送方案,在单位时间内将发点的物质沿着弧的方向运送到收点,使总运输量最大.

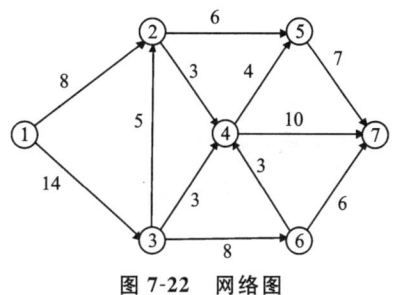

图 7-22　网络图

最大流问题在实际中是一种常见的问题. 流指常见的人流、物流、水流、气流、电流及信息流等. 这些流在某一时间内的通过量是有限的,如长江武汉段的水流量最大通过能力为 7.5 万 m^3/s,某大桥每小时最多只能通过 4000 辆汽车.

设 c_{ij} 为弧 (i,j) 的容量,f 为弧 (i,j) 的流量. 容量是弧 (i,j) 单位时间内的最大通过能力,流量是弧 (i,j) 单位时间内的实际通过量,流量的集合 $f = \{f_{ij}\}$ 称为网络的流. 发点到收点的总流量记为 $v = \mathrm{val}(f)$,同时 v 也可指网络的流量.

最大流问题可以建立类似的线性规划数学模型. 则图 7-22 最大流问题的线性规划数学模型为:

$$\max v = f_{12} + f_{13}$$

$$\begin{cases} f_{12} + f_{13} - f_{57} - f_{47} - f_{67} = 0 \\ \sum_{v_m} f_{im} - \sum_{v_m} f_{mj} = 0 \text{ 所有中间点 } v_m \\ 0 \leqslant f_{ij} \leqslant c_{ij} \text{ 所有弧 } (i,j) \end{cases} \quad (7\text{-}4)$$

由线性规划理论知,满足式(7-4)约束条件的解 $\{f_{ij}\}$ 称为可行解,在最大流问题中称为可行流.

可行流满足下列3个条件:

(1) $0 \leqslant f_{ij} \leqslant c_{ij}$ 所有弧 (i,j).

(2) $\sum\limits_{v_m} f_{im} = \sum\limits_{v_m} f_{mj}$ 所有中间点 v_m.

(3) $v = \sum\limits_{v_s} f_{sj} = \sum\limits_{v_t} f_{it}$ 发点 v_s 流出的总流量等于流入收点 v_t 的总流量.

条件(2)和条件(3)也称为流量守恒(Conservation of Flow)条件.如果存在有流入发点的流和收点流出的流,应从式中减去,则条件(3)变为:

$$\sum\limits_{v_s} f_{sj} - \sum\limits_{v_s} f_{is} = \sum\limits_{v_t} f_{it} - \sum\limits_{v_s} f_{tj}$$

求解式(7-4)可以得到最优解,这里介绍直接在图上用标号算法求最大流.

二、Ford-Fulkerson 标号算法

从发点到收点的任一条路线(弧的方向不一定都同向)均称为链,规定链的方向为从出发点到收点的方向,与链的方向相同的弧称为前向弧,与链的方向相反的弧称为后向弧.

设 f 是一个可行流,如果存在一条从发点 v_s 到收点 v_t 的链,且满足:

(1)所有前向弧上 $f_{ij} < c_{ij}$;

(2)所有后向弧上 $f_{ij} > 0$.

则该链称为增广链,记为 μ,前向弧集合记为 μ^+,后向弧集合记为 μ^-.

标号算法是一种图上迭代计算方法,该算法首先给出一个初始可行流,通过标号找出一条增广链,然后调整增广链上的流量,从而得到更大的流量.

Ford-Fulkerson 标号算法的步骤如下.

第一步 找出第一个可行流,如所有弧的流量 $f_{ij} = 0$.

第二步 对点进行标号找一条增广链.

(1)发点标号 (∞).

(2)选一个点 v_i 已标号并且另一端未标号的弧沿着某条链向收点检查:

A 如果弧的方向指向前(前向弧)并且有 $f_{ij} < c_{ij}$,则 v_j 标号 $\theta_j = c_{ij} - f_{ij}$;

B 如果弧的方向指向后(后向弧)并且有 $f_{ij} > 0$,则 v_j 标号 $\theta_j = f_{ij}$.

当收点已得到标号时,说明已找到增广链,依据 v_i 的标号反向跟踪得到一条增广链.当收点不能得到标号时,说明不存在增广链,计算结束.

第三步 调整流量.

(1)求增广链上的点 v_i 的标号的最小值得到调整量 $\theta = \min\limits_{j}\{\theta_j\}$.

(2)调整流量:

$$f_1 = \begin{cases} f_{ij} & (i,j) \notin \mu \\ f_{ij} + \theta & (i,j) \in \mu^+ \\ f_{ij} - \theta & (i,j) \in \mu^- \end{cases} \qquad (7\text{-}5)$$

得到新的可行流 f_1,去掉所有标号,返回到第二步从发点重新标号寻找增广链,直到收点不能标号为止.

设可行流 f 的流量为 v,如果存在增广链,由式(7-5)知,通过调整增广链上的流量,得到的可行 f_1 的流量 $v_1 = v + \theta > v$. 如果不存在增广链,可行流是最大流,得到定理 7-1.

定理 7-1 可行流 f 是最大流的充分必要条件是不存在发点到收点的增广链.

【**例 7-12**】 求图 7-22 发点 v_1 到收点 v_7 的最大流及最大流量.

解:(1)给出一个初始可行流,弧的流量放在括号内,如图 7-23 所示.

(2)标号寻找增广链.

发点标号 ∞,用"□"表示标在发点 v_1 处. v_1 已标号,与 v_1 相邻的两个点 v_2 和 v_3 都没有标号,任意选一个点检查,如选 v_2. v_2 能否得到标号要看是否满足上述第二步的条件 A 或 B 中的一个.弧(1,2)的箭头指向 v_2 是前向弧,因为 $(f_{12} = 6) < (c_{12} = 8)$.

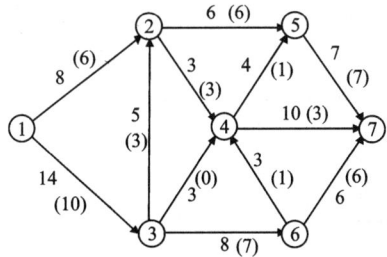

图 7-23 初始可行流图

满足条件 A,因此 v_2 可以标号,给 v_2 标号 $\theta_2 = c_{12} - f_{12} = 8 - 6 = 2$,见图 7-24(a).

选择已标号点 v_2,与 v_2 相邻并且没有标号的点有 v_3、v_4 和 v_5,逐个检查能否标号,如果某个点能标号就一直向前,不必要相邻点都标号,如果点不能标号再检查下一个点.弧(2,4)和(2,5)是前向弧,流量等于容量不满足条件 A,v_4 和 v_5 不能标号.再检查 v_3,弧(3,2)是后向弧有 $f_{32} = 3 > 0$,满足条件 B,给 v_3 标号 $\theta_3 = f_{32} = 3$[图 7-24(b)].

选择已标号点 v_3,由条件 A,v_4 和 v_5 都能标号,选择 v_4 标号 $\theta_4 = c_{34} - f_{34} = 3$,接下来给 v_7 标号 $\theta_7 = c_{47} - f_{47} = 3$,见图 7-24(b).

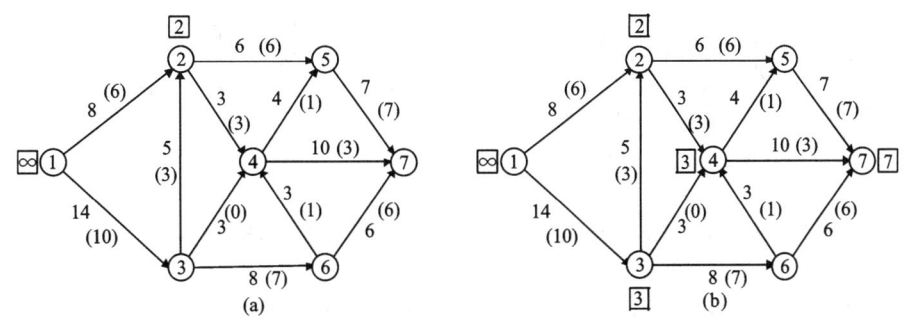

图 7-24 标号图 v_2 标点(a)和 v_3 标点(b)

v_7 已标号说明找到一条增广链,沿着标号的路线追踪得到增广链 $\mu = \{(1,2),(3,2),(3,4),(4,7)\}$,$\mu^+ = \{(1,2),(3,4),(4,7)\}$,$\mu^- = \{(3,2)\}$,调整量为增广链上点标号的最

小值：
$$\theta = \min\{\infty, 2, 3, 3, 7\} = 2$$

(3) 调整增广链上的流量. 在图 7-23 中，弧 (1,2)、(3,4) 及 (4,7) 上的流量分别加 2，弧 (3,2) 上的流量减去 2，其余弧上的流量不变，得到图 7-25.

(4) 对图 7-25 标号. 发点标号 ∞，v_2 不能标号，v_3 标号 $\theta_3 = c_{13} - f_{13} = 4$. v_2、v_4 和 v_6 都可以标号，当选择 v_2 标号 $\theta_2 = c_{32} - f_{32} = 4$ 时，v_4 和 v_5 不能标号，不能说明不存在增广链，这时应回头选择 v_4 或 v_6 标号. 这里选择 v_4 标号 $\theta_4 = c_{34} - f_{34} = 1$，继续标号选择 v_7 标号 $\theta_7 = c_{47} - f_{47} = 5$. 得到发点到收点的增广链 $\mu = \mu^+ = \{(1,3),(3,4),(4,7)\}$，见图 7-26. 调整量为：
$$\theta = \min\{\infty, 4, 1, 5\} = 1$$

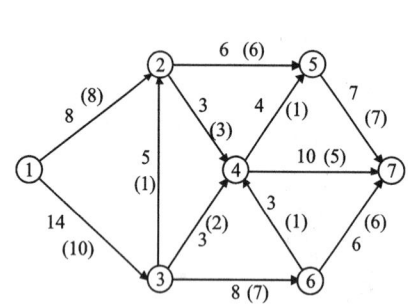

图 7-25 增广链上的流量图

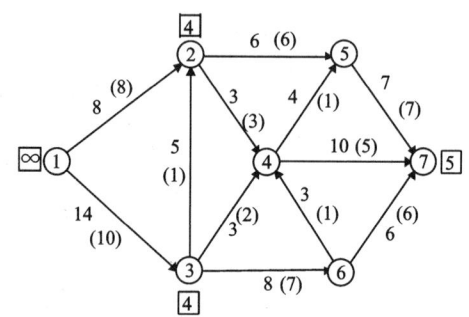

图 7-26 标号图

对图 7-25 的流量进行调整，增广链上弧的流量加上 1，其余弧的流量不变得到图 7-27.

(5) 对图 7-27 标号，得到一条增广链 $\mu = \{(1,3),(3,6),(6,4),(4,7)\}$，见图 7-28. 调整量为：
$$\theta = \min\{\infty, 3, 1, 2, 4\} = 1$$

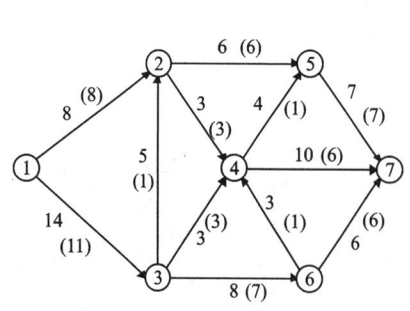

图 7-27 调整增广链上的流量图

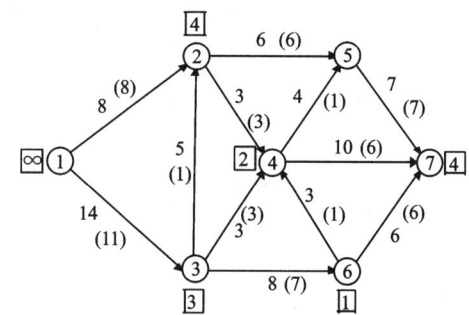

图 7-28 标号图

对图 7-27 的流量进行调整，增广链上弧的流量加上 1，其余弧的流量不变得到图 7-29.

(6) 对图 7-29 标号. v_1、v_3 和 v_2 得到标号，其余点都不能标号，说明已不存在发点到收点的增广链，见图 7-30. 由定理 7-1 可知图 7-29 所示的流是最大流，网络的最大流量为：
$$v = f_{12} + f_{13} = 8 + 12 = 20$$

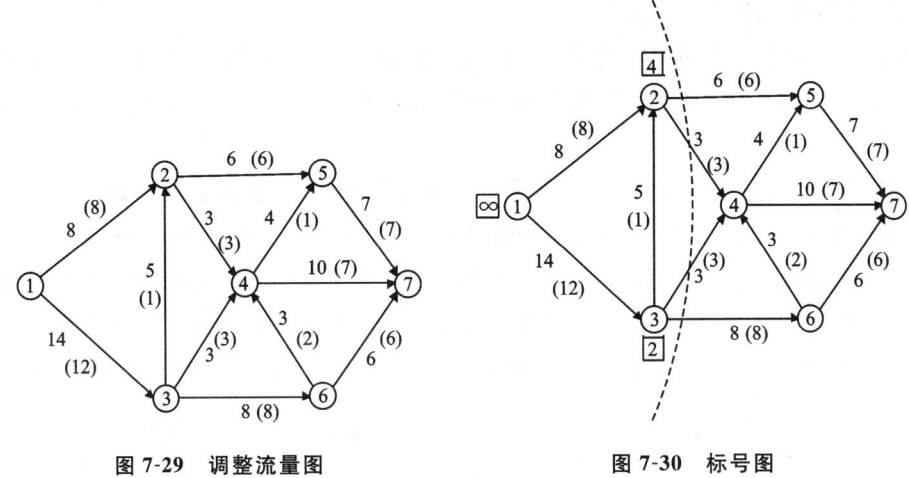

图 7-29 调整流量图　　　　图 7-30 标号图

此时,标号法计算完成.

对于无向图最大流的计算,将所有弧都理解为前向弧,对一端 v_i 已标号另一端 v_j 未标号的边只要满足 $c_{ij} - f_{ij} > 0$ 则 v_j 就可标号 $c_{ij} - f_{ij}$,调整流量的方法与有向图计算相同.

三、割集与割量

分割网络发点与收点的一组弧集合称为割集,割集意义指若从网络中去掉这组弧就断开网络,发点就不能到达收点.

一般地,将网络的点集 V 分割成两部分 V_1 及 $\bar{V_1}$,其中发点 $v_s \in V_1$,收点 $v_t \in \bar{V_1}$,称箭尾在 V_1 中,箭头在 $\bar{V_1}$ 中弧的集合为分割网络发点与收点的割集,记为 $(V_1, \bar{V_1})$. 割集中弧的容量之和称为割量(割集的容量),记为 $C(V_1, \bar{V_1})$. 通过对点集 V 的不同分割得到不同的割量,割量最小的割集为最小割集.

图 7-30 中,取点集 $V_1 = \{v_1, v_2\}$ 及 $\bar{V_1} = \{v_3, v_4, v_5, v_6, v_7\}$,对应的割集 $V_1, \bar{V_1} = \{(1,3),(2,4),(2,5)\}$,割量 $C(V_1, \bar{V_1}) = 14 + 3 + 6 = 23$.

通过割集与割量可以证明下列最大流最小割量定理成立.

定理 7-2 网络的最大流量等于它的最小割量.

当最大流已求出时,将最后一张图已标号点与未能标号的点组成两个点集,对应的割集就是最小割集. $C(V_2, \bar{V_2})$ 是最小割量,且等于最大流量. 割集 $(V_2, \bar{V_2})$ 中每一条弧的流量等于容量(饱和弧). 因此,网络的最大流量取决于最小割集中弧的容量,如果想增加网络的流量,首先应扩大这些弧的容量.

四、最小费用流

当网络的弧不仅给出容量还给出单位流量的费用时,求一个可行流,需满足流量达到一个固定数且使总费用最小,这种问题为最小费用流问题. 若需满足流量到达最大使总费用最小,则称为最小费用最大流问题.

设弧 (i,j) 的单位流量费用为 $d_{ij} \geqslant 0$,弧的容量为 $c_{ij} \geqslant 0$. 图 7-31 是一个运输网络图,将工厂 v_1、v_2 以及 v_3 的物质(数量不限)运往 v_6,其中 v_4 和 v_5 是中转点,弧上的数字为 (c_{ij}, d_{ij}).

(1)制订一个总运量等于 15 且总运费最小的运输方案,属于最小费用流问题.

(2)制订使运量最大并且总运费最小的运输方案,属于最小费用最大流问题.

虚拟一个发点 v_s,弧的费用等于零,容量等于以弧的终点为起点弧的容量之和,得到一个发点一个收点的网络图(图 7-32). 当运输方案唯一,得到的费用也就是最小费用;如果方案不唯一,对应的费用不一定最小. 最小费用流的求解是将问题化为最短路问题求解.

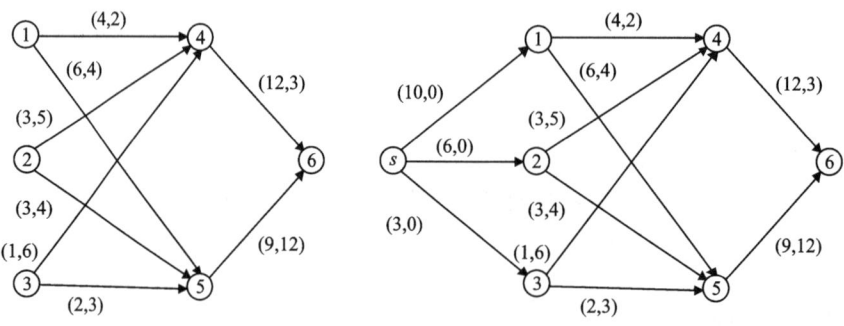

图 7-31 运输网络图　　图 7-32 一个发点一个收点的网络图

设可行流 f 的一条增广链为 μ,记:

$$d(\mu) = \sum_{\mu^+} d_{ij} - \sum_{\mu^-} d_{ij}$$

式中,$d(\mu)$ 为增广链 μ 的费用;第一个求和式是增广链中前向弧的费用之和;第二个求和式是增广链中后向弧的费用之和. $d(\mu)$ 最小的增广链称为最小费用增广链.

最小费用流的算法通常采用对偶算法,其基本思路是,给定一个初始流量 $v^{(0)}$,继而找出最小费用流 $f^{(0)}$,如初始流量为零的流 $f^{(0)} = \{0\}$ 是最小费用流. 然后利用 Ford-Fulkerson 标号算法寻找一条从发点到收点的最小费用增广链,调整量为 θ,调整后的流量为 $v^{(0)} + \theta$. 不断寻找最小费用增广链和调整流量,直到流量等于事先给定的流量 v 为止.

可以证明,流量为 $v^{(k-1)}$ 的可行流 $f^{(k-1)}$,其最小费用增广链的调整量为 θ,则调整后的可行流 $f^{(k)}$ 是流量为 $v^{(k)} = v^{(k-1)} + \theta$ 的最小费用流.

最大流的标号算法关键是找增广链,而对增广链的调整量是多少没有什么要求,更不用考虑费用. 最小费用流的标号算法(对偶算法)的关键不仅要找增广链,更重要的是寻找所有增广链中费用最小的那条增广链.

设给定的流量为 v,最小费用流的标号算法步骤如下.

第一步　取初始流量为零的可行流 $f^{(0)} = \{0\}$,令网络中所有弧的权等于 d_{ij} 得到一个赋权图 D,用 Dijkstra 算法求出最短路,这条最短路就是初始最小费用增广链 μ.

第二步　调整流量. 在最小费用增广链上调整流量的方法与前面最大流算法一样,前向弧上令 $\theta_j = c_{ij} - f_{ij}$,后向弧上令 $\theta_j = f_{ij}$,调整量为 $\theta = \min\{\theta_j\}$. 调整后得到最小费用流

$f^{(k)}$ 的流量为 $v^{(k)} = v^{(k-1)} + \theta$，当 $v^{(k)} = v$ 时计算结束，否则转第三步继续计算.

第三步 作赋权图 D 并寻找最小费用增广链.

(1)最小费用流 $f^{(k-1)}$ 的流量为 $v^{(k)} < v$ 时，将网络的费用转化为权 w_{ij}. 其含义等价于最短路中的距离. 对可行流 $f^{(k-1)}$ 的最小费用增广链上的弧 (i,j) 做如下变动：

$$w_{ij} = \begin{cases} d_{ij} & f_{ij} < c_{ij} \\ +\infty & f_{ij} = c_{ij} \end{cases}, w_{ji} = \begin{cases} -d_{ij} & f_{ij} > 0 \\ +\infty & f_{ij} = 0 \end{cases} \tag{7-6}$$

式(7-6)的使用方法如下：

第一种情形，当弧 (i,j) 上的流量满足 $0 < f_{ij} < c_{ij}$ 时，在点 v_i 与 v_j 之间添加条方向相反的弧 (j,i)，权为 $(-d_{ij})$.

第二种情形，当弧 (i,j) 上的流量满足 $f_{ij} = c_{ij}$ 时将弧 (i,j) 反向变为 (j,i)，权为 $(-d_{ij})$. 不在最小费用增广链上的弧不作任何变动，得到一个赋权网络图 D.

(2)求赋权图 D 从发点到收点的最短路，如果最短路存在，则这条最短路就是 $f^{(k-1)}$ 的最小费用增广链，转第二步.

赋权图 D 的所有权非负时，可用 Dijkstra 算法求最短路，存在负权时用 Floyd 算法.

(3)如果赋权图 D 不存在从发点到收点的最短路，说明 $v^{(k-1)}$ 已是最大流量，不存在流量等于 v 的流，计算结束.

【**例 7-13**】 对图 7-32，制订一个运量 $v = 15$ 及运量最大总运费最小的运输方案.

解：(1)令所有弧的流量等于零，得到初始可行流 $f^{(0)} = \{0\}$，流量 $v^{(0)} = 0$，总运费 $d(f^{(0)}) = 0$.

(2)因为 $f^{(0)} = \{0\}$，式(7-6)赋权图就是图 7-32，弧的权数等于费用 d_{ij}. 求出最短路线，即最小费用增广链 $\mu_1: s \to ① \to ④ \to ⑥$，见图 7-33(a). 调整量 $\theta = 4$，对 $f^{(0)} = \{0\}$ 进行调整得到 $f^{(1)}$，括号内的数字为弧的流量，网络流量 $v^{(1)} = 4$. 总运费：

$$d(f^{(1)}) = 0 \times 4 + 2 \times 4 + 3 \times 4 = 20$$

见图 7-33(b).

(3) $v^{(1)} = 4 < 15$，没有得到最小费用流. 在图 7-33(b)中，弧 $(s,1)$ 和 $(4,6)$ 满足条件 $0 < f_{ij} < c_{ij}$，添加两条边 $(1,s)$ 和 $(6,4)$，权分别为 0 和 -3，边 $(1,s)$ 可以去掉，弧 $(1,4)$ 上有 $f_{ij} = c_{ij}$ 说明已饱和，将弧 $(1,4)$ 反向变为 $(4,1)$，权为 -2，见图 7-33(c). 用 Floyd 算法得到最小费用增广链 $\mu_2: s \to ② \to ④ \to ⑥$，调整量 $\theta = 3$，调整后得到最小费用流 $f^{(2)}$ 中，流量 $v^{(2)} = 7$. 总运费：

$$d(f^{(2)}) = 2 \times 4 + 3 \times 7 + 5 \times 3 = 44$$

见图 7-33(d).

(4) $v^{(2)} = 7 < 15$，对最小费用增广链 μ_2 上的弧进行调整，在图 7-33(c)中，弧 $(s,2)$ 和 $(4,6)$ 满足条件 $0 < f_{ij} < c_{ij}$，添加两条边 $(2,s)$ 和 $(6,4)$，权分别为 0 和 -3，边 $(2,s)$ 可以去掉，弧 $(6,4)$ 已经存在，弧 $(2,4)$ 上有 $f_{ij} = c_{ij}$ 说明已饱和，将弧 $(2,4)$ 反向变为 $(4,2)$，权为 -5，见图 7-33(e). 用 Floyd 算法得到最小费用增广链 $\mu_3: s \to ③ \to ④ \to ⑥$，调整量 $\theta = 1$，调整后得到最小费用流 $f^{(3)}$，流量 $v^{(3)} = 8$. 总运费：

$$d(f^{(3)}) = 2 \times 4 + 3 \times 8 + 5 \times 3 + 6 \times 1 = 53$$

见图 7-33(f).

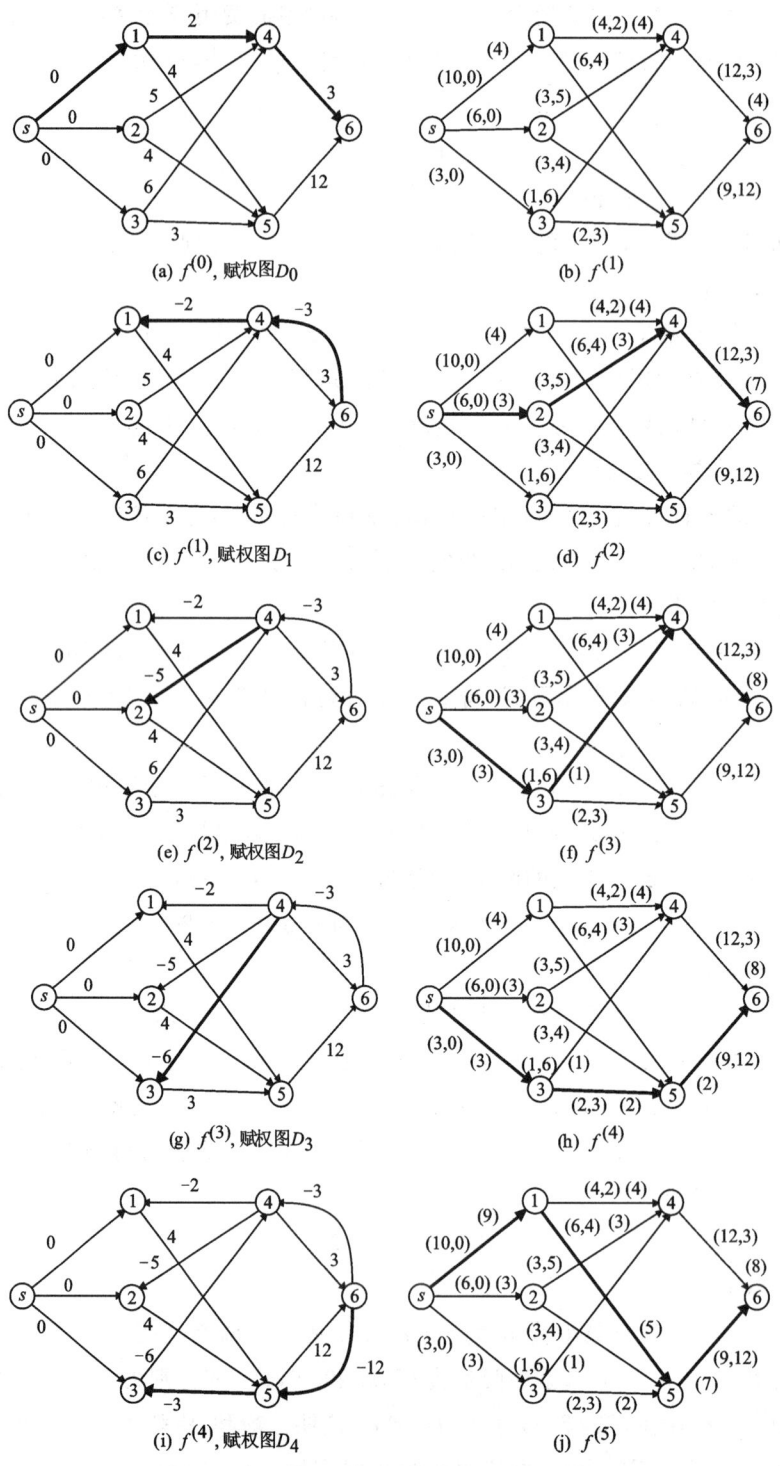

图 7-33 赋权图和总费用图

(5)类似地,得到图 7-33(g),最小费用增广链 $\mu_4: s \to ③ \to ⑤ \to ⑥$,调整量 $\theta = 2$,流量 $v^{(4)} = 10$,见图 7-33(h).

(6)同样,得到图 7-33(i),最小费用增广链 $\mu_5: s \to ① \to ⑤ \to ⑥$,调整量 $\theta = 6$. 取 $\theta = 5$,流量 $v^{(5)} = v = 15$ 得到满足,最小费用流见图 7-33(j),问题 1 计算结束.

(7)求最小费用最大流. 对图 7-33(i)的最小费用增广链 μ_5,取调整量 $\theta = 6$ 对流量调整,得到图 7-34(a)及赋权图 7-34(b).

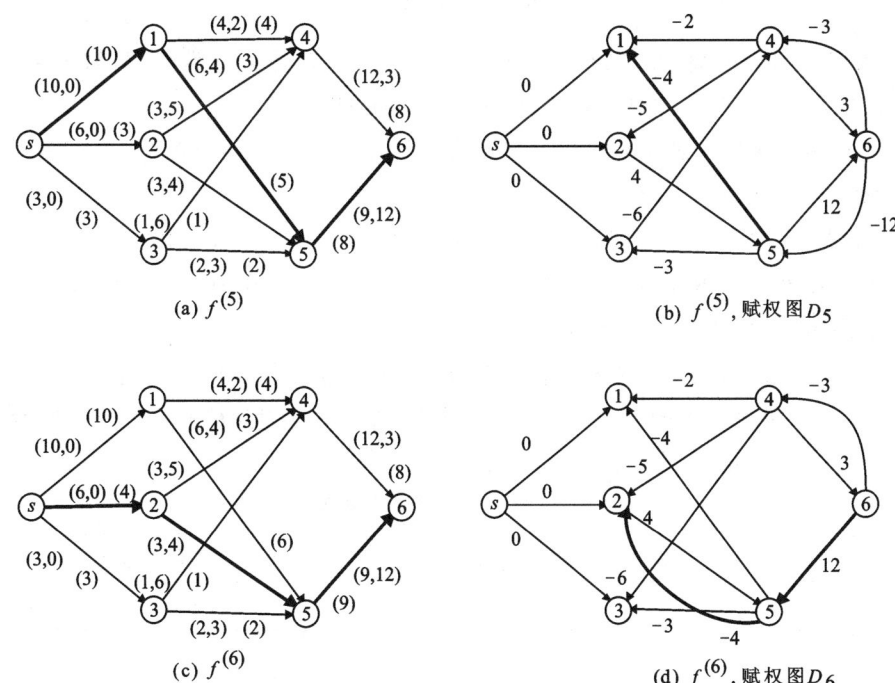

图 7-34 流量调整后的赋权图和总费用图

(8)图 7-34(b)的最小费用增广链 $\mu_6: s \to ② \to ⑤ \to ⑥$,调整量 $\theta = 1$,流量 $v^{(6)} = 17$,最小费用流为 $f^{(6)}$ 及赋权图,见图 7-34(c)及(d).图 7-34(d)不存在从 v_s 发点到 v_6 的最短路,则图 7-34(c)的流就是最小费用最大流,最大流量 $v = 17$. 最小的总运费为:
$$d(f) = 2 \times 4 + 4 \times 6 + 5 \times 3 + 4 \times 1 + 6 \times 1 + 3 \times 2 + 3 \times 8 + 12 \times 9 = 195$$

3 个工厂分别运送 10,4 及 3 个单位物质到 v_6,总运量为 17,运费为 195.

显然,最小费用流问题可以建立一个线性规划模型. 运输问题、指派问题、最大流问题、最短路问题及网络计划等都是最小费用流的特例.

五、最大流应用举例

1. 二分图的最大匹配问题

二分图或称二部图,是指图 G 的点集分成两个子集 X 和 Y 后,G 中所有边一端在 X 中而另一端在 Y 中. 如图 7-35 中的 3 个图都是二分图. 图 7-35(a)的点集分为 $X = \{v_1, v_3, v_5\}$ 与 $Y = \{v_2, v_4, v_6, v_7\}$.

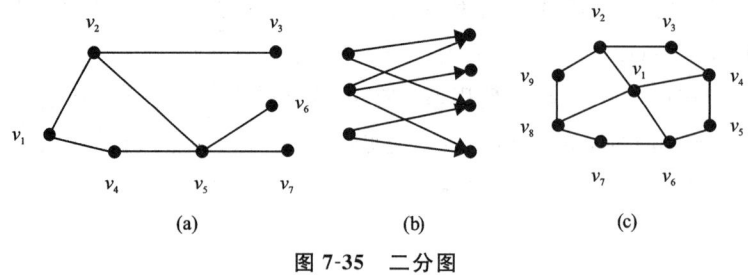

图 7-35 二分图

一个图 G 中边的子集 M，如果 M 中的任意两条边没有公共的端点，称 M 是一个匹配，注意，空集也是一个匹配．边数最多的匹配称为最大匹配．

求一个图的最大匹配就是在图中寻找没有公共端点的最多的边集合 M．对于二分图可以化为最大流问题求解．

【例 7-14】 某公司需要招聘 5 个专业的毕业生各一个，通过本人报名和筛选，公司最后认为有 6 个人都达到录取条件．这 6 人所学专业见表 7-11，表中打"√"表示该学生所学专业．公司应招聘哪几位毕业生，如何分配他们的工作．

解：画一个二分图，虚设一个发点和收点，每条弧上的容量等于 1，问题为求发点到收点的最大流，求解结果之一见图 7-36．公司录取第 2～6 号毕业生，安排的工作依次为管理信息、企业管理、市场营销、工程管理和计算机．

表 7-11 毕业生所学专业表

毕业生	A. 市场营销	B. 工程管理	C. 管理信息	D. 计算机	E. 企业管理
1	√	√			
2			√	√	
3		√			√
4	√				√
5		√	√		
6				√	√

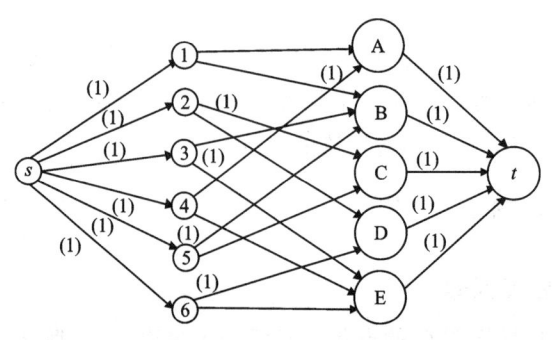

图 7-36 最大流求解结果图

此问题可以推广到有多个公司招聘不同专业的学生若干名的情形．

2. 计划的编制问题

用网络图编制的计划称为网络计划. 用点表示某项工作, 用弧表示工作之间的衔接关系, 一项工程的计划就可以用一个网络图表示. 这里举例用最大流方法编制计划.

【**例 7-15**】 某市政工程公司在未来 5—8 月份内需完成 4 项工程：修建一条地下通道；修建一座人行天桥；新建一条道路及道路维修. 工期和所需劳动力见表 7-12. 该公司共有劳动力 120 人, 任一项工程在一个月内的劳动力投入不能超过 80 人, 问公司如何分配劳动力完成所有工程, 是否能按期完成.

表 7-12 工程信息表

	工期	需要劳动力/人
A. 地下通道	5—7 月	100
B. 人行天桥	6—7 月	80
C. 新建道路	5—8 月	200
D. 道路维修	8 月	80

解：(1) 将工程计划用网络图 7-37 表示. 设点 v_5、v_6、v_7、v_8 分别表示 5、6、7、8 月份, A_i、B_i、C_i、D_i 表示工程在第 i 个月内完成的部分, 用弧表示某月完成某项工程的状态, 弧的容量为劳动限制. 合理安排每个月各工程的劳动力, 在不超过现有人力的条件下, 尽可能保证工程按期完成, 就是求最大流问题.

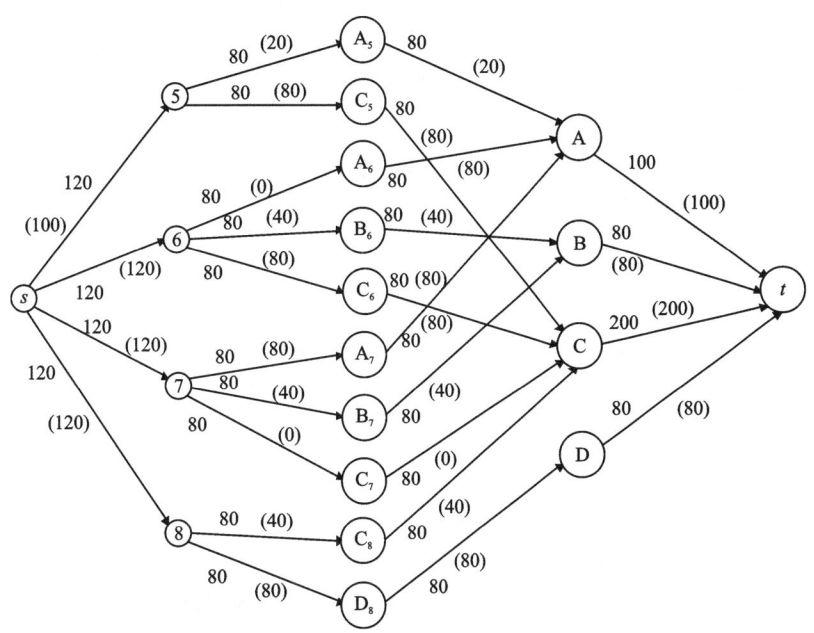

图 7-37 Ford-Fulkerson 标号法求解

用 Ford-Fulkerson 标号算法求解得到图 7-37, 括号内的数字为弧的流量. 每个月的劳动力分配见表 7-13. 5 月份有剩余劳动力 20 人, 4 项工程恰好按期完成.

表 7-13　劳动力分配表

月份	投入劳动力	项目 A(人)	项目 B(人)	项目 C(人)	项目 D(人)
5	100	20		80	
6	120		40	80	
7	120	80	40		
8	120			40	80
合计	460	100	80	200	80

第五节　旅行售货员与中国邮路问题

一、旅行售货员问题

一个推销商从 n 个城市 $v_1,v_2,\cdots,v_n$ 中某一个城市如 v_1 出发,到其他 $n-1$ 个城市推销产品,每个城市都必须访问到并且只访问一次最后回到 v_1,如何安排旅行路线并使总距离最短,这类问题就是旅行售货员问题或货郎担问题.

设 c_{ij} 为城市 i 到城市 j 的距离,定义 0—1 变量：

$$x_{ij} = \begin{cases} 1 & \text{从城市 } i \text{ 到城市 } j \\ 0 & \text{否则} \end{cases}$$

则旅行售货员问题的 0—1 规划数学模型为：

$$\min Z = \sum_{i=1}^{n}\sum_{j=1}^{n} c_{ij}x_{ij} \qquad i \neq j$$

$$\begin{cases} \sum_{i=1}^{n} x_{ij} = 1 & j=1,2,\cdots,n(i \neq j) \\ \sum_{j=1}^{n} x_{ij} = 1 & i=1,2,\cdots,n(i \neq j) \\ x_{ij} + x_{ji} \leqslant 1 & i \neq j \\ x_{ij} + x_{jk} + x_{ki} \leqslant 2 & i \neq j \neq k \\ \cdots \\ x_{ij} + x_{jk} + x_{kl} + \cdots + x_{pi} \leqslant n-2 & i \neq j \neq \cdots \neq p \\ x_{ij} = 0 \text{ 或 } 1 & i,j=1,2,\cdots,n \end{cases}$$

旅行售货员问题虽然能用整数规划、动态规划等方法来求解,当 n 较大时求解就不一定有效,一种可行的方法是求最小的 Hamilton 回路.

设图 $G=[V,E]$,若一个回路 H 过每个点一次且仅一次,则称 H 是 G 的一个 Hamilton 回路.与点 v_i 相关联的边数称为点的次式度(degree),记为 $d(v_i)$,次为奇数的点称为奇点,次为偶数的称为偶点. G 中存在 Hamilton 回路的条件如下：若 G 中任意两个点 v_i、v_j 满足 $d(v_i)+d(v_j) \geqslant n$（$n$ 为图 G 的点数并且 $n\geqslant 3$），则存在.

由此可见，旅行售货员所走的路线就是一个由 n 个城市构成的交通图 G 的一个 Hamilton 回路，旅行售货员问题就是寻找一个总距离最小的 Hamilton 回路. 下面用例题介绍一种求满意解（不一定最优）的修正方法.

【例 7-16】 某电动汽车公司与学校合作，拟定在校园内开通无污染无噪声的"绿色交通"路线. 图 7-38 是某大学教学楼和学生宿舍楼的分布图，其中 C、F 之间是两条单向通道，边上的数字为汽车通过两点间的正常时间（min）. 电动汽车公司如何设计一条路线，使汽车通过每一处教学楼和宿舍楼一次后总时间最少.

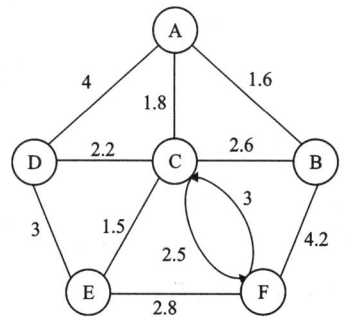

图 7-38　教学楼、宿舍楼分布图

解：(1) 显然图 7-38 存在 Hamilton 回路，将图表示成距离矩阵 C，顺序为 A、B、…、F，两点间没有边连接的时间为 ∞.

(2) 类似解指派问题的第一步，每行每列分别减去该行该列最小元素，得到矩阵 C_1，C_1 与 C 的解相同.

$$C = \begin{array}{c} \\ v_1 \\ v_2 \\ v_3 \\ v_4 \\ v_5 \\ v_6 \end{array} \begin{array}{cccccc} v_1 & v_2 & v_3 & v_4 & v_5 & v_6 \end{array} \\ \begin{bmatrix} \infty & 1.6 & 1.8 & 4 & \infty & \infty \\ 1.6 & \infty & 2.6 & \infty & \infty & 4.2 \\ 1.8 & 2.6 & \infty & 2.2 & 1.5 & 5.5 \\ 4 & \infty & 2.2 & \infty & 3 & \infty \\ \infty & \infty & 1.5 & 3 & \infty & 2.8 \\ \infty & 4.2 & 3 & \infty & 2.8 & \infty \end{bmatrix}$$

$$C_1 = \begin{bmatrix} \infty & 0 & 0.2 & 1.7 & \infty & \infty \\ 0 & \infty & 1 & \infty & \infty & 1.6 \\ 0.3 & 1.1 & \infty & 0 & 0 & 0 \\ 1.8 & \infty & 0 & \infty & 0.8 & \infty \\ \infty & \infty & 0 & 0.8 & \infty & 0.3 \\ \infty & 1.4 & 0.2 & \infty & 0 & \infty \end{bmatrix}$$

(3) 采用最近城市法（Nearest Neighbor Heuristic），在 C_1 中取一个初始 Hamilton 回路

H_1,起步可以从任意点开始,不妨从 v_1 出发,下一步到离 v_1 最近的点 v_2,依次取 v_3、v_6、v_5、v_4、v_1,回路 $H_1 = \{v_1, v_2, v_3, v_6, v_5, v_4, v_1\}$ 的距离为:

$$C(H_1) = 1.6 + 2.6 + 2.5 + 2.8 + 3 + 4 = 16.5$$

(4)修正回路 H_1. 在矩阵 C_1 中从 v_1 到 v_2 的距离 $C_{12} = 0$ 最短,去掉 C_1 的第一行第二列,为避免出现子回路 $v_1 \to v_2 \to v_1$,令 $C_{21} = 0$ 得到矩阵 C_2. 在 C_2 中第一行减去最小元素 1,第一列减去最小元素 0.3 得到矩阵 C_3.

$$C_2 = \begin{matrix} \\ v_2 \\ v_3 \\ v_4 \\ v_5 \\ v_6 \end{matrix} \begin{matrix} v_1 & v_3 & v_4 & v_5 & v_6 \end{matrix} \begin{bmatrix} \infty & 1 & \infty & \infty & 1.6 \\ 0.3 & \infty & 0 & 0 & 0 \\ 1.8 & 0 & \infty & 0.8 & \infty \\ \infty & 0 & 0.8 & \infty & 0.3 \\ \infty & 0.2 & \infty & 0 & \infty \end{bmatrix} \quad C_3 = \begin{bmatrix} \infty & 0 & \infty & \infty & 0.6 \\ 0 & \infty & 0 & 0 & 0 \\ 1.5 & 0 & \infty & 0.8 & \infty \\ \infty & 0 & 0.8 & \infty & 0.3 \\ \infty & 0.2 & \infty & 0 & \infty \end{bmatrix}$$

在 C_3 中,按最近城市法 v_2 下一步应达到 v_3,从 C_3 看出最后一个点不能是 v_5 和 v_6,下一步 v_3 不能选 v_4 只能选 v_5 和 v_6,如果依次选 v_5、v_6、v_4、v_1,不能构成 Hamilton 回路,如果依次选 v_6、v_5、v_4、v_1,则回路与 H_1 相同,没有改进.

因此在 C_3 中,v_2 下一步应达到 v_6,取回路 $H_2 = \{v_1, v_2, v_6, v_5, v_3, v_4, v_1\}$,距离为:

$$C_4 = \begin{matrix} \\ v_3 \\ v_4 \\ v_5 \\ v_6 \end{matrix} \begin{matrix} v_1 & v_3 & v_4 & v_5 \end{matrix} \begin{bmatrix} 0 & \infty & 0 & 0 \\ 1.5 & 0 & \infty & 0.8 \\ \infty & 0 & 0.8 & \infty \\ \infty & 0.2 & \infty & 0 \end{bmatrix} \quad C_5 = \begin{matrix} \\ v_3 \\ v_4 \\ v_5 \end{matrix} \begin{matrix} v_1 & v_3 & v_4 \end{matrix} \begin{bmatrix} 0 & \infty & 0 \\ 1.5 & 0 & \infty \\ \infty & 0 & 0.8 \end{bmatrix}$$

去掉 C_4 中第四行第四列,得到矩阵 C_5. C_5 中不存在与 H_1、H_2、H_3 不同的回路,H_3 为最小 Hamilton 回路.

电动汽车公司的行车路线是 A → B → F → E → D → C → A,汽车在校园行驶一圈需要 15.6min.

从例题的计算看出,最后结果很大程度上依赖于前面走过的路线,如第一步从某个点出发到另一个点确定后,就不能再变动,其结果可能不是最小 Hamilton 回路. 在例 7-16 中,由矩阵 C_1 第一步从 v_2 开始到 v_1 取一个 Hamilton 回路,最后结果就与例题结果不同. 开始可以取不同的 Hamilton 回路,重复计算几次,从中筛选较优的结果.

二、中国邮路问题

一个邮递员从邮局出发,将邮件投递到他管辖的所有街道后回到邮局,如何安排行驶路线使总路长最短. 这个问题由中国数学家管梅谷教授 1962 年提出,因此称为中国邮路问题. 中国邮路问题与旅行售货员问题不同之处是前者遍历图的所有边,后者是遍历图的所有点.

设连通图 $G = [V, E]$,如果存在一条回路,不重复包含图 G 的每一条边,这条回路称为欧拉(Euler)回路,具有欧拉回路的图称为欧拉图,全为偶点的图也是欧拉图(图 7-39).

图 7-39(a)中有 4 个奇点 v_1，v_2，v_6，v_7，由于不全是偶点，故不存在欧拉回路，无论邮局在哪一个点，邮递员要经过每一条边至少有一条边重复经过．如果将图 7-39(a)增加四条边变为图 7-39(b)，四条虚线就等价于邮递员重复经过的边，图 7-39(b)所有点都是偶点，因而是欧拉图，存在欧拉回路．

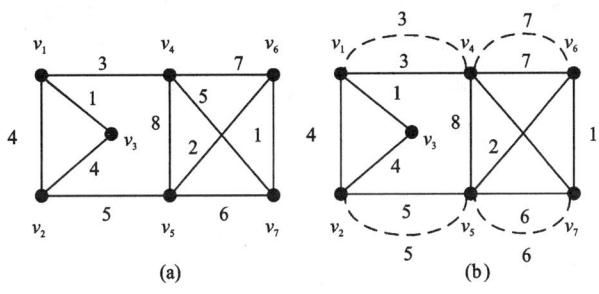

图 7-39 欧拉图

中国邮路问题化归为在一个具有奇点的图中，如何将奇点连起来使其变为偶点成为欧拉图，使各边长之和最短．

【例 7-17】 求解图 7-39(a)的中国邮路问题．

解：(1)虚拟边将所有奇点变为偶点，如图 7-39(b)所示．虚拟边就是邮递员重复经过的街道．

(2)调整虚拟边．初始欧拉回路不一定是最短回路．判断最短回路的准则是：①每条边最多重复一次，即相邻两点间最多虚拟一条边；②所有回路中虚拟边长之和不超过回路边长之和的一半．

在图 7-39(b)中，回路 $H_1 = \{v_4, v_5, v_7, v_6, v_4\}$ 的边长 $d(H_1) = 8+6+1+7 = 22$，其中虚拟边长为 13，超过 $d(H_1)$ 的一半，将虚拟边 (v_4, v_6) 和 (v_5, v_7) 去掉，在 v_6 与 v_7 之间加一条虚拟边．这时 v_4 和 v_5 变成了奇点，将虚拟边 (v_1, v_4) 和 (v_2, v_5) 改为虚拟边 (v_1, v_3) 和 (v_2, v_3)，如图 7-40(a)所示．

(3)检查图 7-40(a)，回路 $H_2 = \{v_1, v_2, v_3, v_1\}$ 的边长 $d(H_2) = 4+4+1 = 9$，虚拟边长为 5，需要调整，将虚拟边 (v_1, v_3) 和 (v_2, v_3) 去掉，在 (v_1, v_2) 之间添加虚拟边 (v_1, v_2)，如图 7-40(b)所示．

(4)继续检查，所有回路满足最短回路的准则，图 7-40(b)是最短的欧拉回路，其中边 (v_1, v_2) 和 (v_6, v_7) 各重复一次．

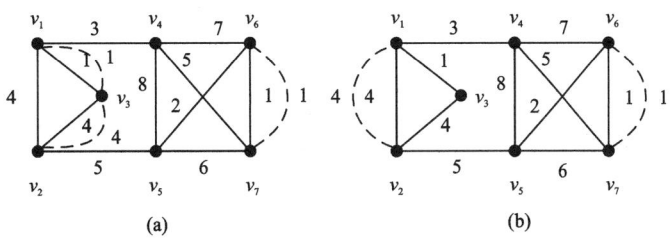

图 7-40 添加虚拟边

习 题

1. 如图 7-41 所示,建立求最小部分树的 0—1 整数规划数学模型.

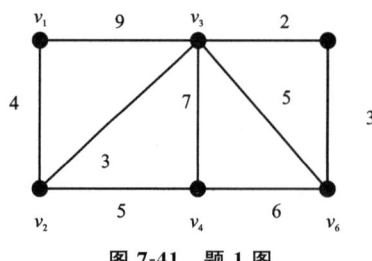

图 7-41 题 1 图

2. 如图 7-42 所示,建立求 v_1 到 v_6 的最大流问题的线性规划数学模型.

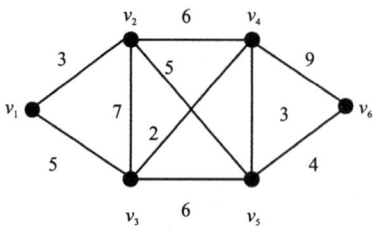

图 7-42 题 2 图

3. 求图 7-43 的最小部分树,图 7-43(a)用破圈法,图 7-43(b)用加边法.

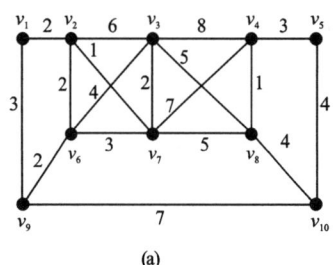
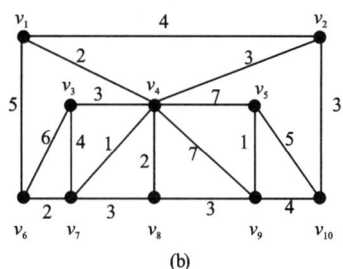

图 7-43 题 3 图

第八章 网络计划技术

传统的甘特(Gantt)图方法被广泛用于较为简单的固定项目工程设计中.虽然甘特图绘制容易、使用方便,但是具有很大的局限性,其性能已然不能满足现代大型复杂工程项目工作的要求.目前技术中,网络计划技术具有系统性、协调性、可控性、动态性和科学性的优点,被广泛应用于大型复杂工程项目的计划设计与管理中.

用网络图编制的计划称为网络计划(Network Programming,NP).网络计划技术包括计划评审技术(Program Evaluation and Review Technique,PERT)和关键路线法(Critical Path Method,CPM).PERT主要是针对某些或全部活动的完成时间事先不能完全确定,而是个随机变量的计划编制方法,活动的完成时间通常用三点估计法,注重计划的评价和审查.CPM是以经验数据确定活动的工作时间,主要研究项目的费用与工期之间的关系.由于这两种方法均通过网络图和相应的计算来反映项目的全貌,所以统称为网络计划或网络计划技术.

网络计划便于对计划进行控制、管理、调整和优化,主要应用于复杂的大型工程项目的计划编制与优化,是项目管理领域目前常用的比较科学的一种计划编制方法.

第一节 项目网络图

网络计划的重要标志就是网络图.将项目中所有活动之间的衔接关系用箭线(弧)和节(结)点连接起来,弧旁边的权表示完成该项活动的时间,这种描述项目计划的网络称为项目网络图.

一、项目(或称为工程)

项目可以是一项科研试制项目、施工项目或生产任务等较复杂的项目.一个大项目可根据任务分解成若干个子项目,子项目之间相对独立.

二、项目网络图

1. 项目网格图的构成

项目网格图由作业、事件(节点)和路线3大部分构成.
(1)作业(也称为工序、活动、任务).作业是指项目中消耗一定时间和资源才能完成的具体工作,如图 8-1(a)所示.虚作业(即虚设的作业)用来表示相邻作业之间的逻辑关系,不需要消耗时间和资源,在图中一般用虚箭线表示,如图 8-1(b)所示.紧前作业是指紧接着某项作业之前的作业.紧后作业是指紧接着某项作业之后的作业.

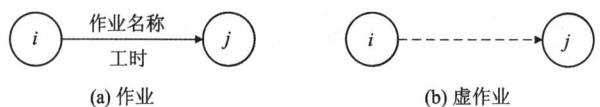

图 8-1　作业示意图

(2)事件(或称为事项).事件是表示作业之间的连接和作业的开始或结束的一种标志,用节点表示.假设网络共有 n 个节点,记为点 $1,2,\cdots,n$;其中点 1 为项目的开始事件,点 n 为项目的结束事件.设某道作业的起点、终点事件分别为 i、$j(1\leqslant i<j\leqslant n)$,则该作业的工时(持续时间)可记为 $t(i,j)$ 或 t_{ij}.如图 8-2 中,$t(2,4)=2$,$t(4,5)=0$.

(3)路线.在项目网络图中,从开始事件到结束事件由一系列作业连续组成的一条有向路.如图 8-2 的网络图中 ①→②→④→⑤→⑥ 就是一条路线.

路长(周期):一条路线上各个作业的时间之和称为这条路线的路长或者周期.如上述路线的路长为:1+2+0+3=6.

2.项目网络图实例

项目网络图是由作业和事件组成的且具有一个发点和一个收点的赋权有向图.在绘制项目网络图时,用节点表示事件,用箭线表示作业,如图 8-3 所示.

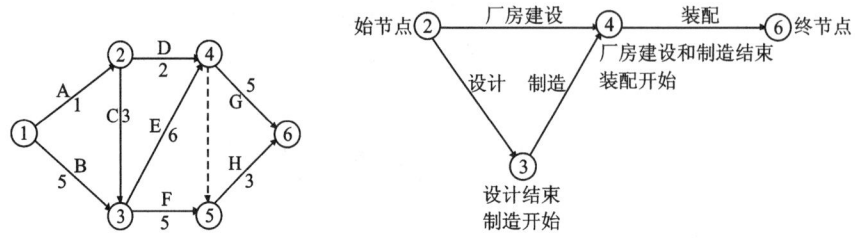

图 8-2　项目网络路线图　　　　图 8-3　项目网络图实例

3.项目网络图的绘制

(1)用箭线即弧 (i,j) 表示一项作业,用节点表示事件,事件 i 是一项作业的开始,事件 j 是该作业的结束,对于每一项作业 (i,j) 来说,必须规定 $i<j$.

(2)项目网络图是有向图,图中不允许出现回路,尽量少用虚箭线、斜线和交叉线.

(3)每项作业 (i,j) 必须是唯一的,即相邻节点间只能有一项作业,用一条箭线直接相连,不允许出现平行作业.如图 8-4(a)中就有平行作业 a 和 b,此时,可添加虚作业 c,转化为图 8-4(b).

(4)每个项目网络图只能有一个发点(开始事件)和一个收点(结束事件)且图中不允许有缺口.

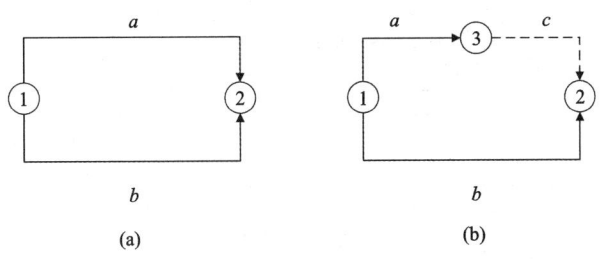

图 8-4　项目网络图绘制

三、项目网络图的关键路线及其寻找方法

一般在一个项目网络图上有若干条路线,其中消耗时间最长的路线称为关键路线,关键路线上的作业称为关键作业,关键路线上的节点称为关键节点.关键路线的寻找方法有以下两种

1. 枚举法

枚举法是指列出从起点到终点的所有路线,如图 8-2 所示的项目网络图中,路线、路长和关键路线见表 8-1.

表 8-1　项目网络图的路线、路长和关键路线

序号	路线	路长	关键路线
1	①→②→④→⑥	1+2+5=8	
2	①→②→④→⑤→⑥	1+2+0+3=6	
3	①→②→③→④→⑤→⑥	1+3+6+0+3=13	
4	①→②→③→④→⑥	1+3+6+5=15	
5	①→②→③→⑤→⑥	1+3+5+3=12	
6	①→③→④→⑥	5+6+5=16	①→③→④→⑥
7	①→③→④→⑤→⑥	5+6+0+3=14	
8	①→③→⑤→⑥	5+5+3=13	

关键路线是可以变化的,如在图 8-2 所示的项目网络图中,如果作业(3,4)的工期缩短 4 天,即 $t_{34}=2$,则关键路线就转化为:①→③→④→⑥,路长为 5+5+3=13,见表 8-2.

表 8-2　枚举法关键路线

序号	路线	路长	关键路线
1	①→②→④→⑥	1+2+5=8	
2	①→②→④→⑤→⑥	1+2+0+3=6	
3	①→②→③→④→⑤→⑥	1+3+2+0+3=9	
4	①→②→③→④→⑥	1+3+2+5=11	

续表 8-2

序号	路线	路长	关键路线
5	①→②→③→⑤→⑥	1+3+5+3=12	
6	①→③→④→⑥	5+2+5=12	
7	①→③→④→⑤→⑥	5+2+0+3=10	
8	①→③→⑤→⑥	5+5+3=13	①→③→⑤→⑥

2. 破圈法

项目网络图中由箭线围成很多圈,从左至右逐个破坏而留下一条或数条自始节点到终节点的通路.这些通路就是关键路线.破圈原则是:比较每个圈中从箭尾节点到箭头节点的两条通路的长度,保留较长的路线,如果两条通路的长度相等则均保留.如图 8-2 所示的项目网络图中,第一个圈{①→②→③}的箭尾节点是①,箭头节点是③,两条通路的长度分别是 1+3=4 和 5,则保留路线 ①→③.按照相同的方法,依照图上顺序,最后得到关键路线:①→③→④→⑥,路长为 5+6+5=16,如图 8-5 所示.

【例 8-1】 求图 8-6 所示项目网络图中从节点①到节点⑦的关键路线.

解:采用破圈法寻找关键路线.第一个圈{①→③→⑤}的箭尾节点是①,箭头节点是⑤.两条通路的长度分别是 8 和 3+6=9,则保留路线 ①→③→⑤.按照相同的方法,其他圈有{①,②,③,④}、{③,④,⑥}、{③,⑤,⑥}、{③,⑥,⑦},依照图上顺序,最后得到关键路线:①→③→⑤→⑥→⑦,路长为 3+6+0+8=17,如图 8-7 所示.

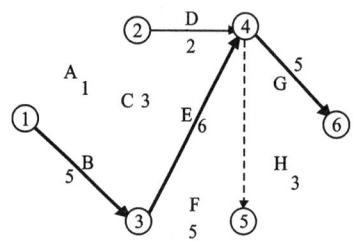

图 8-5 项目网络关键路线图

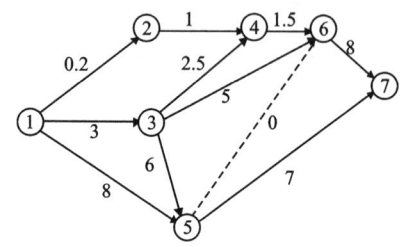

图 8-6 项目网络图

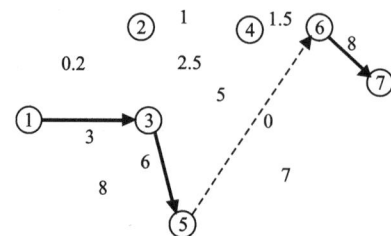

图 8-7 网络关键路线图

第二节 时间参数

一、作业工时的确定

在实际工作中,完成作业所需的时间(即工时)一般是事先估计的.工时的估计一般有以下两种方法.

1. 单一时间估计法

对各项作业的完成时间,仅需确定一个时间值.估计时,应以完成各项作业可能性最大的时间为准.这种方法适用于在有类似的工时资料或经验数据可借鉴时,且完成作业的各有关因素比较确定的情况下使用.

2. 三点估计法

当完成作业的时间不能确定,而是一个随机变量时,可事先估计出作业的 3 种可能完成时间,其期望值可作为作业时间的估计值.这 3 种时间分别为:

(1)最乐观时间,记为 a_{ij},指在顺利情况下完成作业的最快可能时间.

(2)最保守时间,记为 b_{ij},指在不利情况下完成作业的最慢可能时间.

(3)最可能时间,记为 m_{ij},指在正常情况下完成作业的最大可能时间.

3 种时间发生的概率分别为 $\frac{1}{6}$、$\frac{1}{6}$、$\frac{4}{6}$,则作业 (i,j) 完成时间的期望值和方差分别为:

$$\bar{t}_{ij} = E(t_{ij}) = \frac{a_{ij} + 4m_{ij} + b_{ij}}{6}, \quad \sigma_{ij}^2 = D(t_{ij}) = \left(\frac{b_{ij} - a_{ij}}{6}\right)^2$$

二、节点时间参数及其计算

1. 节点最早时间 (T_E)

节点 i 的最早时间 $T_E(i)$ 是指以节点 i 开始的各项作业最早可以开工的时间,等于从起点到节点 i 的最长路线的路长.如图 8-8 的项目网络图,节点⑥必须在作业 D、E、F 都完成后才能开始,所以节点⑥的最早时间是由起点①到达节点⑥的 4 条路线中最长的线的路长,即 $T_E(6) = 26$,如表 8-3 所示.

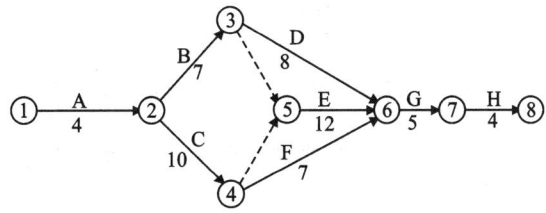

图 8-8 项目网络图

表 8-3　节点⑥的最早时间

序号	起点①到节点⑥的路线	路长	节点⑥的最早时间
1	①→②→③→⑥	4+4+8=19	26
2	①→②→③→⑤→⑥	4+7+0+12=23	
3	①→②→④→⑤→⑥	4+10+0+12=26	
4	①→②→④→⑥	4+10+7=21	

2. 节点最迟时间(T_L)

节点 i 的最迟时间 $T_L(i)$ 是指以节点 i 结束的各项作业最迟必须完成的时间,否则就会延误整个工程的工期,它等于工程总周期减去节点 i 到终点的最长路线的路长,如图 8-8 的项目网络图中的节点②.节点②到终点之间有 4 条路线,其中最长路线的路长是 31,已知工程的总周期是 35,则节点②的最迟时间是 $T_L(2)=35-31=4$,如表 8-4 所示.

表 8-4　节点②的最迟时间

序号	起点②到节点⑧的路线	路长	节点②的最早时间
1	②→③→⑥→⑦→⑧	7+8+5+4=24	35−31=4
2	②→③→⑤→⑥→⑦→⑧	7+0+12+5+4=28	
3	②→④→⑤→⑥→⑦→⑧	10+0+12+5+4=31	
4	②→⑤→⑥→⑦→⑧	10+7+5+4=26	

3. 节点时差 $R(i)$

节点 i 的时差 $R(i)$ 是指节点 i 的最迟时间与最早时间之差,即 $R(i)=T_L(i)-T_E(i)$. 时差为零的节点称为关键节点.

4. 节点时间参数图上计算法

(1)计算所有节点最早时间:从起点开始,由左向右进行计算,如图 8-9 所示.

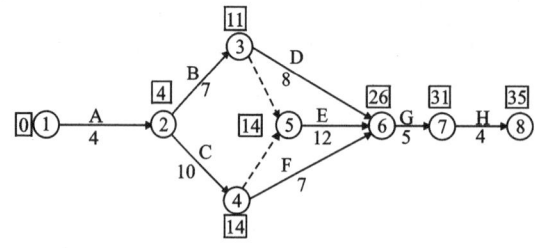

图 8-9　项目网络图节点最早时间参数计算图

始节点的最早时间 $T_E(1)=0$,其他节点 j 的最早时间为 $T_E(j)=\max[T_E(i)+t(i,j)]$,用方框 □ 表示.

对于只有一条箭线进入的节点,其最早时间等于它的箭尾节点的最早时间加上该作业时间;对于同时有几条箭线进入的节点,其最早时间等于所有这些箭线的箭尾节点最早时间加上该作业时间中的最大值.

(2) 计算所有节点最迟时间:从终点开始,由右向左进行计算,如图 8-10 所示.

终节点的最迟时间 $T_L(n) = $ 总工期或其最早时间 $T_E(n)$,其他节点 i 的最迟时间 $T_L(i) = \min[T_L(j) - t(i,j)]$,用三角形框△表示.

对于只有一条箭线出去的节点,其最迟时间为它的箭头节点最迟时间减去该作业时间;对于同时有几条箭线出去的节点,其最迟时间为所有这些箭线的箭头节点最迟时间减去该作业时间中的最小值.

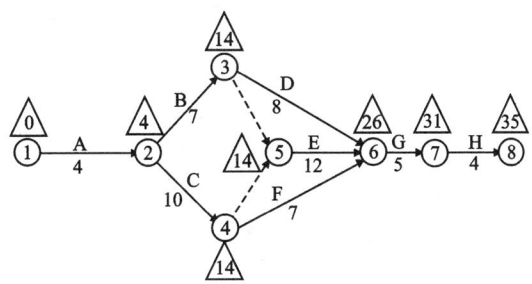

图 8-10　项目网络图节点最迟时间参数计算图

5. 节点时间参数表上计算法

做一个矩阵表,行号为起点(箭尾节点)、列号为终点(箭头节点),填写相应的作业时间,如表 8-5 所示.

(1) 计算所有节点最早时间. 从列的始点①开始,由上向下进行计算:始节点①的最早时间 $T_E(1) = 0$;节点②的最早时间 $T_E(2)$ 等于节点②所在列中的各数字与其所在对应行的 T_E 相加后,取其中的最大值,即 $T_E(2) = 4 + 0 = 4$;其余节点类似,如表 8-5 所示.

(2) 计算所有节点最迟时间. 从行的终点⑧开始,由右向左进行计算:终节点⑧的最迟时间 $T_L(8) = $ 总工期或其最早时间 $T_E(8)$;节点⑦的最迟时间 $T_L(7)$ 等于节点⑦所在行中的各数字与其所在对应列的 T_L 相减后,取其中的最小数,即 $T_L(7) = 35 - 4 = 31$;其余节点类似,如表 8-5 所示.

表 8-5　节点时间参数计算表格

作业时间	T_L	0	4	14	14	14	26	31	35
T_E		①	②	③	④	⑤	⑥	⑦	⑧
0	①		4						
4	②			7	10				
14	③					0	8		
14	④					0	7		
14	⑤						12		
26	⑥							5	
31	⑦								4
35	⑧								

三、作业时间参数及计算

在网络图中,项目网络图中最重要的参数之一是作业的工时,利用它能方便地计算出网络的作业时间参数,这也是网络计划技术的优点之一.作业时间参数总共有 6 个:作业最早开始时间、作业最早结束时间、作业最迟开始时间、作业最迟结束时间、总时差和单时差.

1. 作业的最早开始时间(T_{ES})

作业(i,j)的最早开始时间记为$T_{ES}(i,j)$,最早开始时间是指该作业的全部紧前作业(θ,i)的完工期,即所有(θ,i)的最早可能完工时间的最大值,等于节点i的最早时间$T_E(i)$,即:

$$T_{ES}(i,j) = T_E(i) \tag{8-1}$$

在这个时间之前该作业不具备开工条件,紧前作业完工后其紧后作业不一定立即开工时间就是最早开始时间,因此$T_{ES}(i,j)$也可称为最早可能开始时间.

2. 作业的最早结束时间(T_{EF})

作业(i,j)的最早结束时间记为$T_{EF}(i,j)$,最早结束时间是指按最早时间开始的作业,在规定的作业时间内完工,这个工期就是该作业的最早结束时间.它等于该作业的最早开始时间加上该作业的工时$t(i,j)$,即:

$$T_{EF}(i,j) = T_{ES}(i,j) + t(i,j) \tag{8-2}$$

3. 作业的最迟开始时间(T_{LS})

作业(i,j)的最迟开始的时间记为$T_{LS}(i,j)$,最迟开始时间是指为了不影响紧后作业(j,φ)的如期开工,该作业最迟必须开工的时间.它等于节点j的最迟时间$T_L(j)$减去该作业的工时$t(i,j)$,即:

$$T_{LS}(i,j) = T_L(j) - t(i,j) \tag{8-3}$$

4. 作业的最迟结束时间(T_{LF})

作业(i,j)的最迟结束时间记为$T_{LF}(i,j)$,最迟结束时间指为了不影响整个工程的完工期,该作业必须结束的最迟时间.它等于节点j的最迟时间$T_L(j)$,即:

$$T_{LF}(i,j) = T_L(j) \tag{8-4}$$

5. 作业的总时差(或松弛时间)(R)

作业(i,j)的总时差(或松弛时间)记为$R(i,j)$,总时差是指在不影响整个项目完工时间的条件下,该作业的最迟开始时间与最早开始时间之差,或者最迟结束时间与最早结束时间之差.即:

$$R(i,j) = T_{LS}(i,j) - T_{ES}(i,j) = T_{LF}(i,j) - T_{EF}(i,j) \tag{8-5}$$

6. 作业的单时差(或自由时间)(r)

作业(i,j)的单时差(或自由时间)记为$r(i,j)$,单时差是指在不影响紧后作业(j,φ)的最早开始时间条件下,该作业的开始时间可以推迟的时间.它等于节点j的最早时间$T_E(j)$

减去该作业的最早结束时间 $T_{EF}(i,j)$，即：
$$r(i,j) = T_E(j) - T_{EF}(i,j) \tag{8-6}$$

其中 $r(i,j)$ 是作业 (i,j) 真正的机动时间，又称为"自由富余时间". 从最早开始时间起，拖延开工的时间只要不超过 $r(i,j)$，就不会影响紧后作业的开工和项目的完成时间.

7. 作业时间参数计算法——根据网络节点时间参数计算

利用上面介绍的图上计算法或矩阵法已经求出的各个节点的时间参数，就可以计算出各个作业的时间参数. 例如在图 8-8 中，作业 D(3,6) 的 6 个时间参数为：

最早开始时间 $T_{ES}(3,6) = T_E(3) = 11$；

最早结束时间 $T_{EF}(3,6) = T_E(3) + t(3,6) = 11 + 8 = 19$；

最迟开始时间 $T_{LF}(3,6) = T_L(6) - t(3,6) = 26 - 8 = 18$；

最迟结束时间 $T_{LF}(3,6) = T_L(6) = 26$；

总时差 $R(3,6) = T_{LF}(3,6) - T_{EF}(3,6) = 26 - 19 = 7$；

单时差 $r(3,6) = T_E(6) - T_{EF}(3,6) = 26 - 19 = 7$.

8. 作业时间参数计算法——根据作业数据列表计算

建立表 8-6，将作业的已知参数（作业代号、作业时间、紧前作业按顺序填入表格中前三列，后面五列的计算如表 8-6 所示. 计算规则是：紧前作业的最早结束时间（最大值）= 紧后作业的最早开始时间；紧后作业的最迟开始时间（最小值）= 紧前作业的最迟结束时间.

表 8-6 作业时间参数计算表格

作业代号	作业时间 t	紧前作业	最早时间（从上至下计算）		最迟时间（从下至上计算）		总时差 R
			开始 T_{ES}	结束 T_{EF}	开始 T_{LS}	结束 T_{LF}	
A	4	—	0	0+4=4	4−4=0	min{7,4}=4	0−0=0
B	7	A	4	4+7=11	14−7=7	min{18,14}=14	7−4=3
C	10	A	4	4+10=14	14−10=4	min{14,19}=14	4−4=0
D	8	B	11	11+8=19	26−8=18	26	18−11=7
E	12	B,C	max{11,14}=14	14+12=26	26−12=14	26	14−14=0
F	7	C	14	14+7=21	26−7=19	26	19−14=0
G	5	D,E,F	max{19,26,21}=26	26+5=31	31−5=26	31	26−26=0
H	4	G	31	31+4=35	35−4=31	35	31−31=0

9. 作业 (i,j) 的总时差与单时差之间的关系

单时差 = 总时差 − 节点的时差，即 $r(i,j) = R(i,j) - R(j)$，如图 8-11 所示.

10. 作业 (i,j) 的总时差之间的关系

总时差可在以关键节点分段的一段路线中互相串用. 如在图 8-8 的 ②→③→⑥ 这段路线中，由表 8-6 的计算可知：作业 B 的总时差是 3，作业 D 的总时差是 7. 如果作业 B 按最早时间开工，那么作业 D 的机动时间就有 7 天；如果作业 B 的开工期推迟 3 天，则作业 D 的机

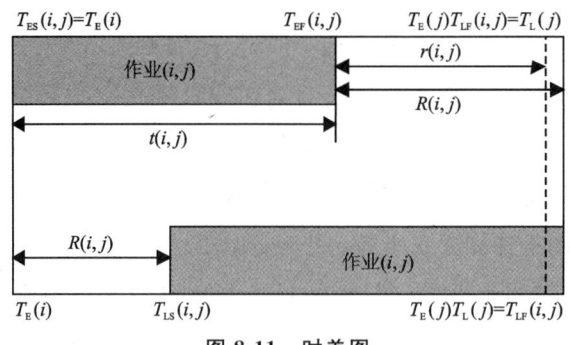

图 8-11 时差图

动时间就只有 4 天. 因此,②→③→⑥ 这段路线上总的机动时间是 7 天,作业 B 的最大机动时间是 3 天,如果作业 B 用掉了这 3 天的机动时间,那么作业 D 就只有 4 天的机动时间.

11. 关键路线及寻找方法

总时差等于零的作业称为关键作业,项目网络图中由关键作业组成的从始节点到终节点的路线称为关键路线,关键路线决定了项目的完工期. 只有所有作业完工后项目才能完工,最后一道作业完工的时间就是项目的完工期,其值为关键路线上各关键作业的工时之和.

如图 8-8 的项目网络图,根据表 8-6 计算的所有作业的总时差可知该项目网络图的关键路线为:①→②→④→⑤→⑥→⑦→⑧,路长为 $4+10+0+12+5+4=35$.

【**例 8-2**】 某项目由 12 道作业组成,各道作业所需工时及作业之间的顺序关系见表 8-7.

表 8-7 作业工时及作业关系表

作业	紧前作业	作业工期(天)	作业	紧前作业	作业工期(天)
A	—	6	G	A、B	10
B	—	9	H	E、F	12
C	A	13	I	D、H	8
D	C	5	J	I	17
E	C	16	K	D、H、G	20
F	A、B	12	L	G	25

(1)绘制项目网络图.
(2)在网络图上计算各作业的最早开始和最迟开始时间.
(3)用表格计算作业的各个时间参数.
(4)求项目的关键路线和关键作业.
(5)求项目的完工期.

解:(1)首先对事件从左到右,由小到大顺序编号,添加 4 道虚作业,绘制出项目网络图(图 8-12).

(2)计算作业的最早和最迟时间.

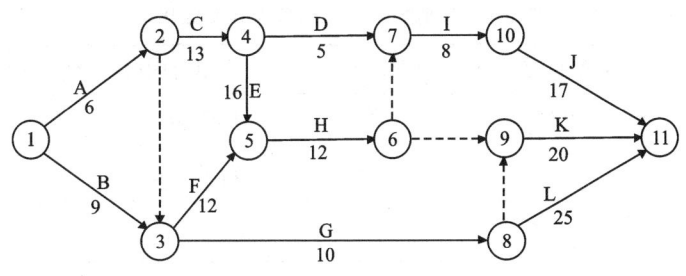

图 8-12　项目网络图

①计算各个作业的最早开始时间：$T_{ES}(i,j) = T_E(i)$，所以首先求出各个节点的最早时间，用方框□表示，由此得出各个作业的最早开始时间，用虚方框表示，如图 8-13 所示．

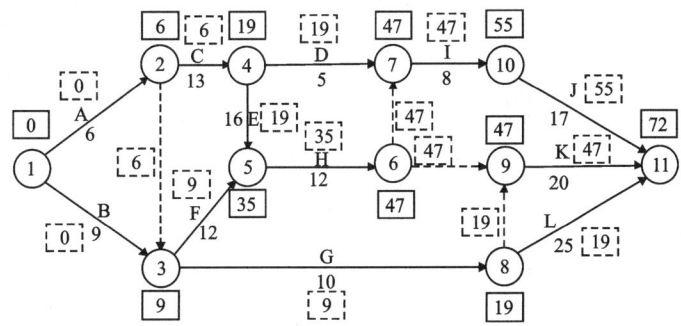

图 8-13　作业的最早开始时间计算图

②计算作业的最迟开始时间：$T_{LS}(i,j) = T_L(j) - t(i,j)$，所以首先逆向求出各个节点的最迟时间，用三角形框△表示，由上一部分可知网络结束事件的标号为 72（即项目的完工期），由此得出各个作业的最迟开始时间，用虚三角形框表示，如图 8-14 所示．

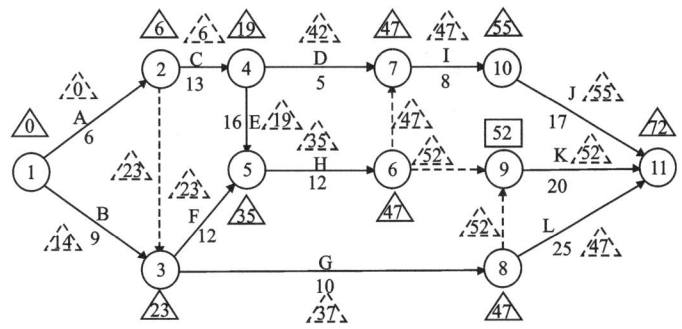

图 8-14　作业的最迟开始时间计算图

(3) 利用表格计算作业的 6 个时间参数的结果如表 8-8 所示．

表 8-8 作业的 6 个时间参数计算结果

作业代号	作业时间 t	紧前作业	最早时间(从上至下计算)		最迟时间(从下至上计算)		总时差 R
			开始 T_{ES}	结束 T_{EF}	开始 T_{LS}	结束 T_{LF}	
A	6	—	0	0+6=6	6-6=0	min{6,23,37}=6	0-0=0
B	9	—	0	0+9=9	23-9=14	min{23,37}=23	14-0=14
C	13	A	6	6+13=19	19-13=6	min{42,19}=19	6-6=0
D	5	C	19	19+5=24	47-5=42	min{47,52}=47	42-19=23
E	16	C	19	19+16=35	35-16=19	35	19-19=0
F	12	A、B	max{6,9}=9	9+12=21	35-12=23	35	23-9=14
G	10	A、B	max{6,9}=0	9+10=19	47-10=37	min{52,47}=47	37-9=28
H	12	E、F	max{35,21}=35	35+12=47	47-12=35	min{47,52}=47	35-35=0
I	8	D、H	max{24,47}=47	47+8=55	55-8=47	55	47-47=0
J	17	I	55	55+17=72	72-17=55	72	55-55=0
K	20	D、H、G	max{24,47,19}=47	47+20=67	72-20=52	72	52-47=5
L	25	G	19	19+25=44	72-25=47	72	47-19=28

(4)作业总时差等于零的作业是关键作业,由图 8-13 和图 8-14 或者表 8-8 可知,关键作业为 A、C、E、H、I、J. 关键路线只有一条,即①→②→④→⑤→⑥→⑦→⑩→⑪.

也可以采用破圈法求关键路线:第一个圈{①,②,③,④,⑤}的箭尾节点是①,箭头节点是⑤,保留路线①→②→④→⑤;第二个圈{④,⑤,⑥,⑦}的箭尾节点是④,箭头节点是⑦,保留路线④→⑤→⑥→⑦;第三个圈{⑥,⑦,⑧,⑨,⑩,⑪}的箭尾节点是⑥,箭头节点是⑪,保留路线⑥→⑦→⑩→⑪;第四个圈{②,③,④,⑤,⑥,⑦,⑩,⑪}的箭尾节点是②,箭头节点是⑪,保留路线②→④→⑤→⑥→⑦→⑩→⑪. 则余下的就是关键路线:①→②→④→⑤→⑥→⑦→⑩→⑪,如图 8-15 所示.

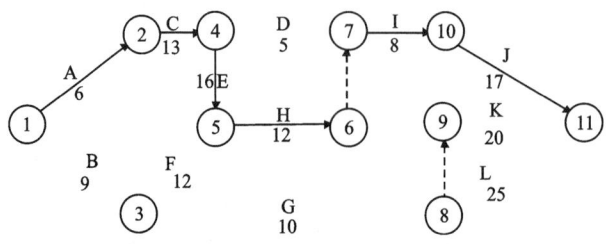

图 8-15 用破圈法求出的关键路线图

于是关键路线为如图 8-16 的粗线图形.

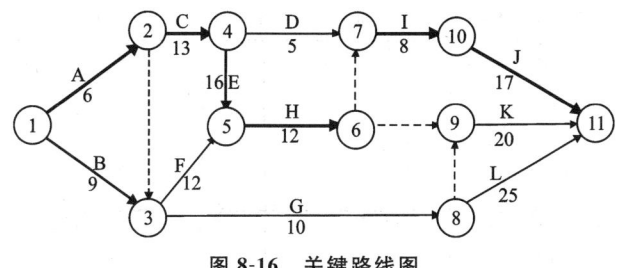

图 8-16 关键路线图

第三节 网络计划优化

通过绘制网络图,计算网络时间参数,从而确定关键路线,得到的仅是一个初步计划方案,而一个各方面均比较好的方案,往往要根据项目的要求综合考虑进度、资源利用和降低费用等目标,进行调整和改善,确定最优的方案.

一、工期优化

工期优化是指在满足既定约束条件下,延长或缩短工期以达到要求工期的目标,计算工期 $T_C \leqslant$ 计划工期 $T_P \leqslant$ 要求工期 T_R,即计算工期 $T_C \leqslant$ 要求工期 T_R.

优化方法:压缩关键线路中关键工序的持续时间.

优化步骤:①计算并找出初始网络计划的关键线路和关键工序;②求出应压缩的时间 $(T_C - T_R)$;③确定各关键工序能压缩的时间;④选择关键工序,压缩其作业时间,并重新计算工期 T'_C;⑤当 $T'_C > T_R$,重复以上步骤,直到 $T'_C < T_R$;⑥当所有关键工作的持续时间都已达到能缩短的极限,工期仍不能满足要求时,应对网络计划的技术、组织方案进行调整或对工期重新进行审定.

【例 8-3】 某工程的箭线式网络图如图 8-17 所示,要求工期为 110 天,试对其进行时间优化.括号中的数字表示完成该工序需要的最少时间(极限完工时间).

解:①计算并找出初始网络计划的关键线路和关键工序为①→③→⑤→⑥,工期为 160 天,如图 8-18 所示.

②求出应压缩的时间:$T_C - T_R = 160 - 110 = 50$.

③确定各关键工序能够压缩的时间.

④选择关键工序,压缩作业时间,并重新计算工期 T'_C.

第一次,选择工序①→③(优选系数最小),压缩 10 天,成为 40 天.工期变为 150,①→②和②→③也变为关键工序,如图 8-19 所示.

第二次,选择工序③→⑤,压缩 10 天,成为 50 天.工期变为 140 天,③→④也变为关键工序,如图 8-20 所示.

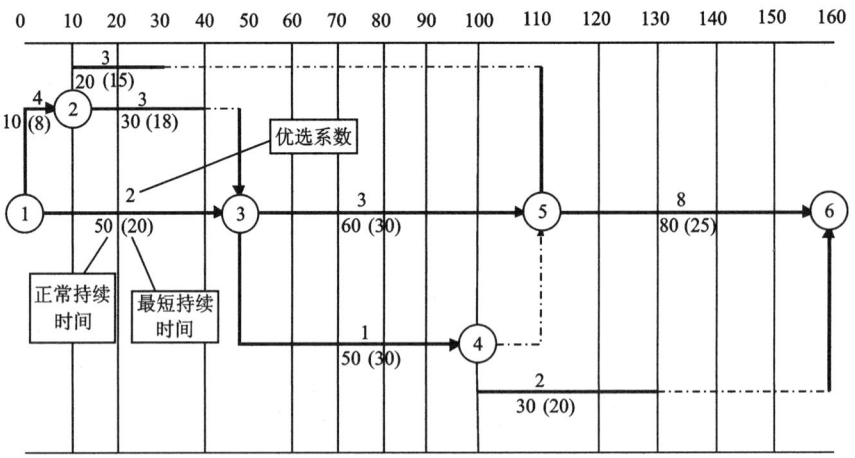

图 8-17 工程箭线式网络图

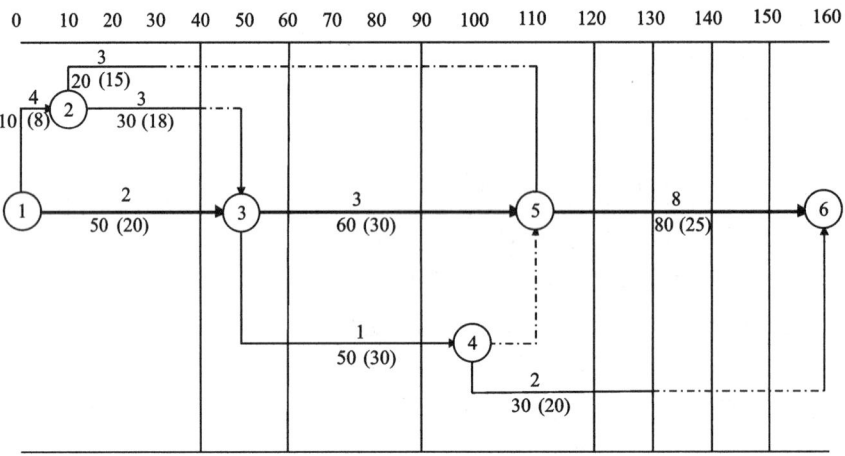

图 8-18 关键线路和关键工序（一）

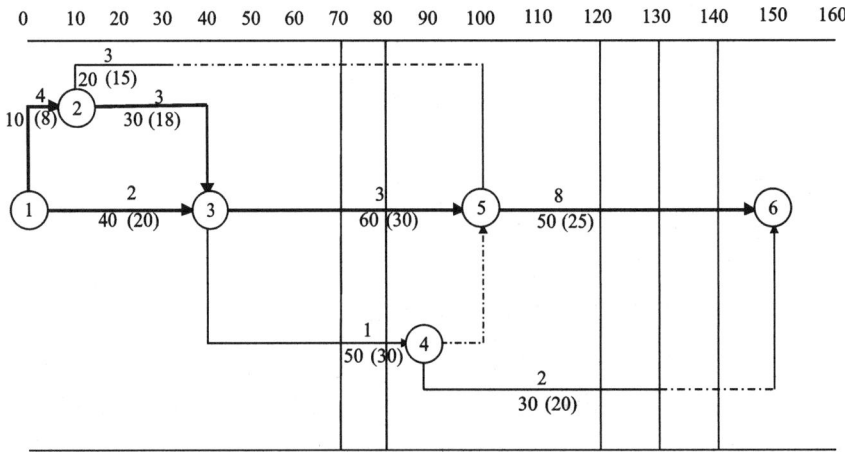

图 8-19 关键线路和关键工序（二）

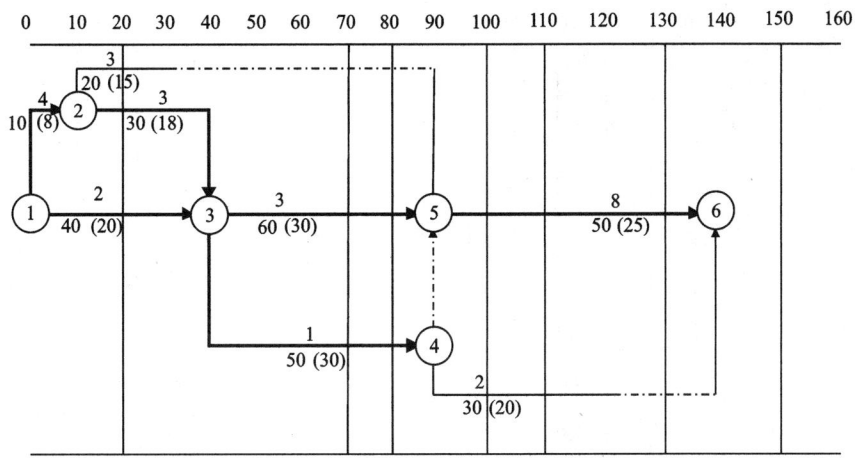

图 8-20 关键线路和关键工序（三）

第三次，选择工序③→⑤和③→④，同时压缩 20 天，成为 30 天．工期变成 120，关键工序没有变化，如图 8-21 所示．

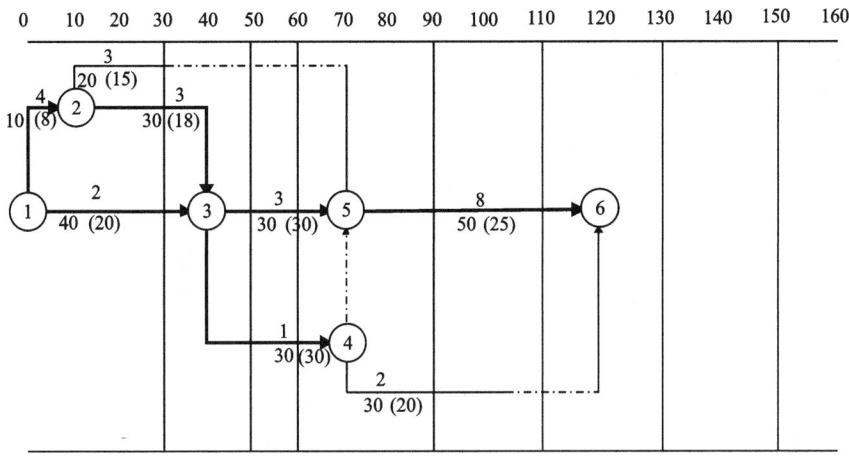

图 8-21 关键线路和关键工序（四）

第四次，选择工序①→③和②→③，同时压缩 12 天，①→③成为 28 天，②→③成为 18 天．工期变成 108 天，关键工序没有变化，优化结果如图 8-22 所示．

二、工期—费用优化

工期—费用优化，即工期成本优化，是指寻求工程总成本最低时的工期或按要求工期寻求最低成本的计划安排．

(1) 费用和工期的关系．工程总费用＝直接费用＋间接费用，最优工期与费用关系如图 8-23 所示．

(2) 方法与步骤．

① 按工作正常持续时间画出网络计划，找出关键线路、工期、总费用；② 计算各工作的直接费用率 ΔC_{i-j}；③ 压缩工期；④ 计算压缩后的总费用为：$C'_T = C_T + \Delta C_{i-j} \times \Delta T_{i-j} -$ 间接费

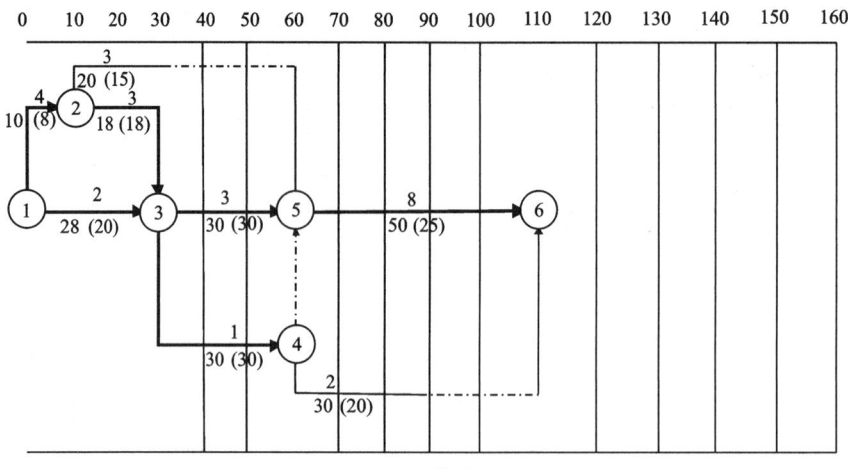

图 8-22 优化结果

注意:当需要同时压缩多个关键工序的持续时间时,应优先选择系数之和最小的.

用率$\times \Delta T_{i-j}$;⑤重复步骤③、④,直到总费用最低.

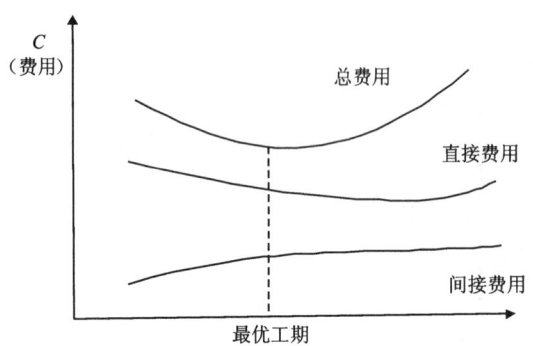

图 8-23 最优工期与费用关系图

压缩工期时应注意:①压缩关键工作的持续时间;②不能把关键工序压缩成非关键工序;③选择直接费用率或直接费用率组合(同时压缩几项关键工序时)最低的关键工序进行压缩,且其值应不超过间接费率.

【**例 8-4**】 已知某工程计划网络图,如图 8-24 所示.箭线上方括弧外数字表示正常时间直接费用,括弧内数字表示最短时间直接费用;箭线下方括弧外数字表示正常持续时间,括弧内数字表示最短持续时间.已知:整个工程计划的间接费用率为 0.35 万元/天,正常工期时的间接费用为 14.1 万元.试对此计划进行费用优化,求出费用最少的工期.

解:(1)按工作正常持续时间画出网络图,关键路线见图 8-25 粗线部分.工期 $T=37$ (天),总费用=直接费用+间接费用=(7.0+9.2+5.5+11.8+6.5+8.4)+14.1=62.5 (万元).

(2)计算各工作的直接费用率 ΔC_{i-j},结果如表 8-9 所示,将直接费用率标在图 8-26 中.

注意:ΔC_{i-j}=(最短时间直接费用-正常时间直接费用)/(正常持续时间-最短持续时间).

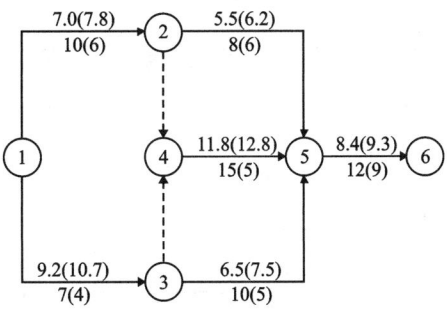

图 8-24 工程计划网络图

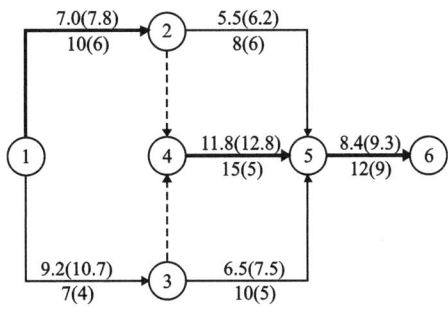

图 8-25 关键工序图

表 8-9 直接费用率表

工序代号	正常持续时间(天)	最短持续时间(天)	正常时间直接费(万元)	最短时间直接费(万元)	直接费用率(万元/次)
① → ②	10	6	7.0	7.8	0.2
① → ③	7	4	9.2	10.7	0.5
② → ⑤	8	6	5.5	6.2	0.35
④ → ⑤	15	5	11.8	12.8	0.1
③ → ⑤	10	5	6.5	7.5	0.2
⑤ → ⑥	12	9	8.4	9.3	0.3

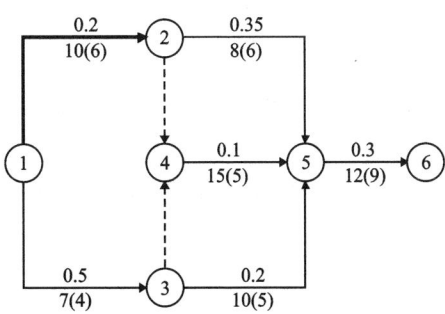

图 8-26 关键工序中的直接费用率

(3) 压缩工期.

第一次优化,选择工序 ④ → ⑤,压缩 7 天成为 8 天,工期变为 30 天,② → ⑤ 也变为关键工序,如图 8-27 所示.

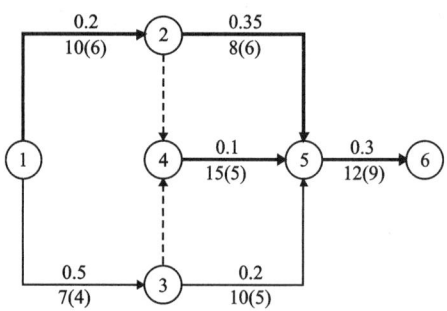

图 8-27　第一次优化后的工序图

第一次优化后的总费用为:
$C'_T = C_T + \Delta C_{i-j} \times \Delta T_{i-j} -$ 间接费用率 $\times \Delta T_{i-j} = 62.5 + 0.1 \times 7 - 0.35 \times 7 = 60.75$(万元)

第二次优化,选择工序 ① → ②,压缩 1 天,成为 9 天,工期变为 29 天,工序 ① → ③ 和 ③ → ⑤ 也变为关键工序,如图 8-28 所示.

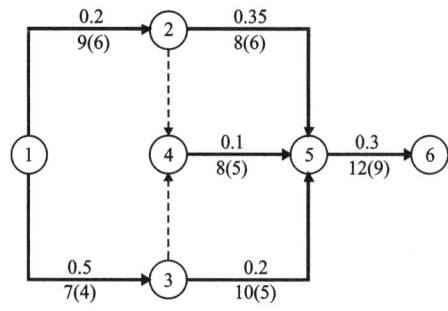

图 8-28　第二次优化后的工序图

第二次优化后的总费用为:
$C'_T = C_T + \Delta C_{i-j} \times \Delta T_{i-j} -$ 间接费用率 $\times \Delta T_{i-j} = 60.75 + 0.2 \times 7 - 0.35 \times 1 = 60.60$(万元)

第三次优化,选择工序 ⑤ → ⑥,压缩 3 天,成为 9 天,工期变为 26 天,关键工序没有发生变化,如图 8-29 所示,第三次优化后的总费用为:
$C'_T = C_T + \Delta C_{i-j} \times \Delta T_{i-j} -$ 间接费用率 $\times \Delta T_{i-j} = 60.6 + 0.3 \times 3 - 0.35 \times 3 = 60.45$(万元)

第四次优化,选择直接费用率最小的组合 ① → ② 和 ③ → ⑤,其值为 0.4 万元/天、大于间接费用率 0.35 万元/天,若再压缩会使费用增加.

因此,最优工期为 26 天,对应的费用为 60.45 万元,网络计划优化结果如图 8-29 所示.

三、工期—资源优化

一项工作完成需要的资源基本不变,资源优化是通过改变工序的开始时间和完成时间使资源使用均衡.资源优化包括两个方面:资源有限,工期最短;工期固定,资源均衡.

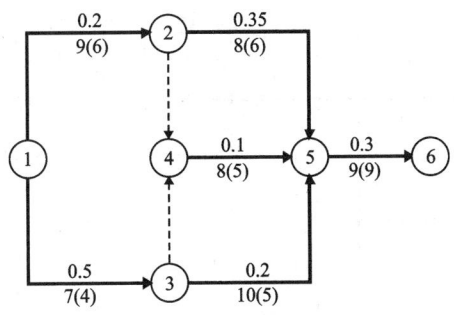

图 8-29 第三次优化后的工序图

这里只介绍第二个方面,优化的方法和步骤:①绘制早时标网络计划图,计算每个单位时间的资源需要量;②从计划开始之日起,逐个检查每个时间段的资源需要量是否超过资源限量;③分析超过资源限量的时段,以降低时段的资源需要量;④绘制调整后的网络计划,重新计算每个时间单位的资源需要量;⑤重复步骤②~④,直至满足要求为止.

调整时应注意:①不改变原网络计划中各工作之间的逻辑关系;②不改变各工作的持续时间;③除规定中断的工作之外,一般不允许中断工作;④选择将哪一项工序安排在另一项工序之后开始,标准是使工期延长最短;⑤调整的次序为优先调整时间长、资源小的工序.

【例 8-5】 已知某工程计划网络图如图 8-30 所示,箭线上方数字表示工人需要量,下方数字表示工序持续时间. 假定每天只有 10 个工人可供使用,问如何对人力资源进行优化?

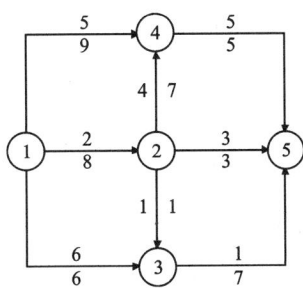

图 8-30 工程计划网络图

解:①绘制早时标网络计划,并计算每个单位时间的资源需要量,如图 8-31 所示.

②从计划开始之日起,逐个检查每个时间段的资源需要量是否超过资源限量.

③分析超过资源限量的时段,将一项工作安排在另一项工作之后开始,以降低该时段的资源需要量. 第一次优化:将①→④放在①→③之后,如图 8-32 所示.

④绘制调整后的网络计划,重新计算每个时间资源需要量. 第二次优化:将②→⑤放在②→③之后,如图 8-33 所示.

第三次优化:将②→⑤放在②→④之后,绘制调整后的网络计划,重新计算每个时间资源需要量. 到目前为止,如果再进行调整,每个时间的人数也不会少于 10 人,因此,调整停止,工期—资源优化结果如图 8-34 所示.

网络计划优化方法总结:

(1)工期优化,选择优选系数或优选系数组合最小的关键工作进行压缩.

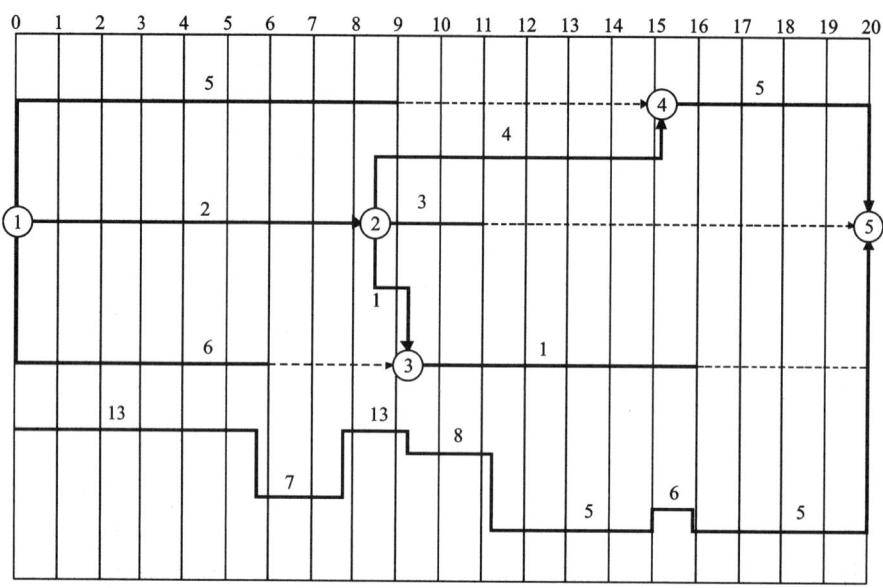

图 8-31 早时标网格图

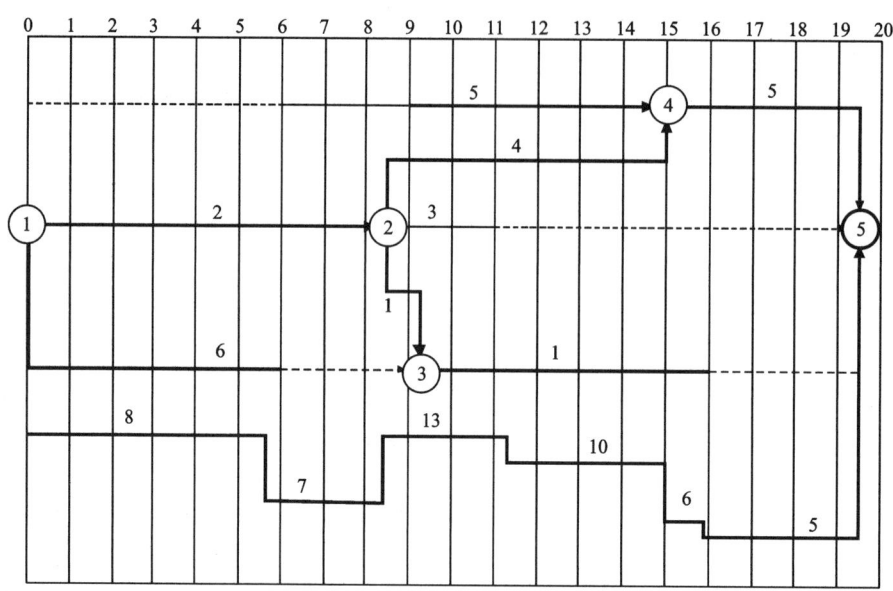

图 8-32 第一次优化后的图

(2) 费用优化,选择直接费用率或直接费用率组合最小的关键工作进行压缩.

(3) 资源优化,将一项工序安排在另一项工序之后,优先调整时差大、资源小的工序.

对于这 3 种方法,都需要重复进行调整和优化,直到满足要求为止.其中,工期优化和费用优化都是要压缩工期.

压缩时要注意:不能把关键工序压缩成非关键工序,当出现多条关键线路时,要同时压缩多条关键线路.

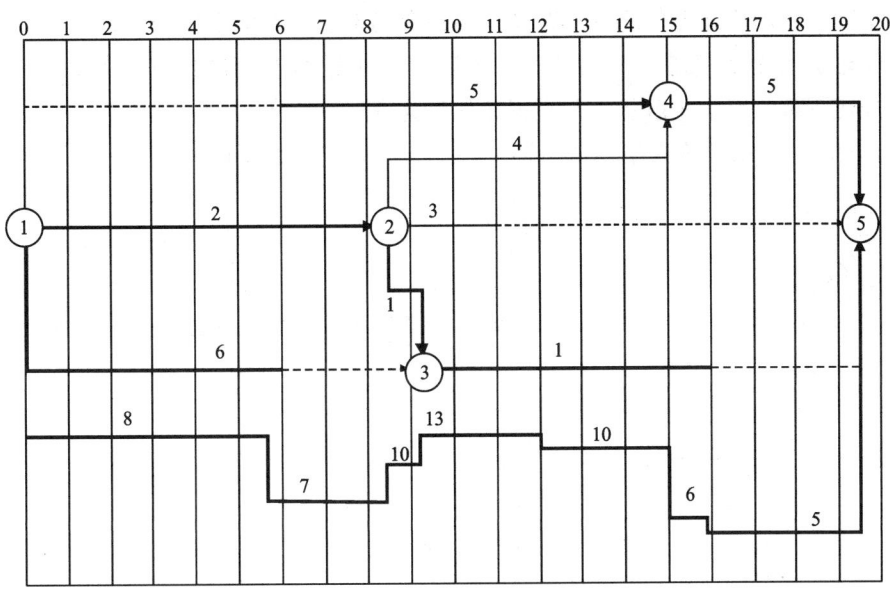

图 8-33 第二次优化后的图

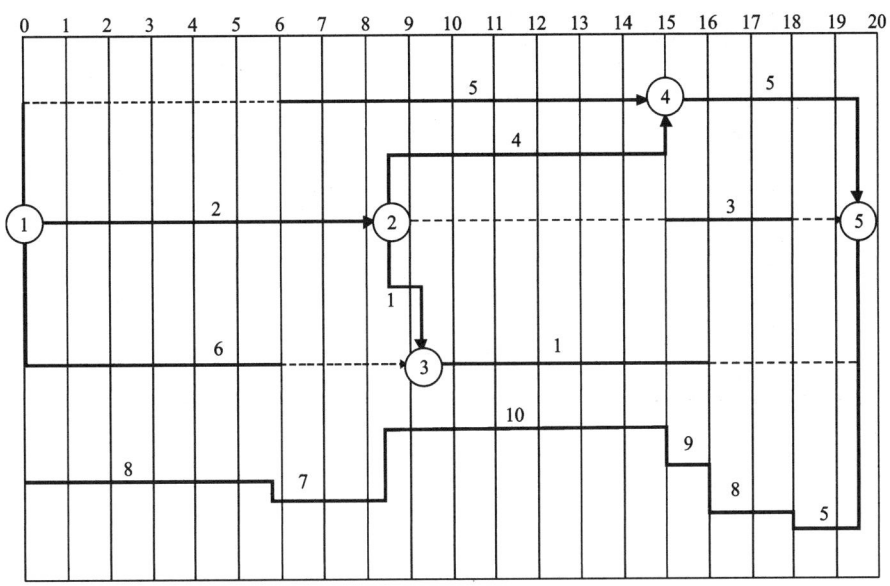

图 8-34 第三次优化后的图

习 题

1. 思考题.

(1) 解释下列概念：关键路线、虚作业、总时差、单时差、随机网络.

(2) 编制网络计划包含的内容和网络计划的适用范围是什么？

(3)绘制网络图应遵循的主要规则及网络图布局上应注意的事项是什么？

(4)简述工期优化、工期—资源优化和工期—费用优化的主要内容及步骤.

(5)分述图解评审法中解析法与模拟法的计算程序.

2.指出图 8-35 中所示网络图的错误,若能够改正,试予以改正.

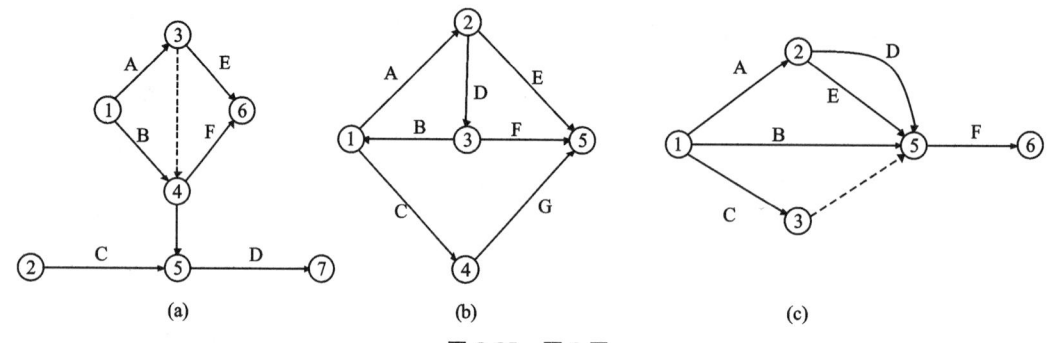

图 8-35　题 2 图

3.试画出表 8-10 的网络图,并为事项编号.

表 8-10　工序资料

工序	工时/天	紧前工序	工序	工时/天	紧前工序
A	3	—	H	2	E
B	2	—	I	5	G、H
C	5	—	J	4	E、F
D	4	A	K	5	E、F
E	7	B	L	2	I、J
F	8	C	M	6	I、J
G	6	B、D	N	5	G、H

第九章 决策分析

决策是决策者对系统方案所做决定的过程和结果,它是管理的重要职能,是决策者的行为和职责.本章首先简要阐述决策的含义及其发展,并阐明各种决策的分类及决策的原则;其次介绍了决策的基本要素和决策产生的过程及决策的几种典型模式;最后介绍了 4 种不同决策的决策方法以及决策支持系统.

第一节 决策概述

一、引言

"决策"是贯穿于人类日常生活、生产、经济、科学实验、政治、军事等一切活动中的思维过程和结果.决策者总是希望所作出的决策能花费最小的代价而获得最大的利益.好的决策就会获得好的结果,反之亦然.

决策,一般来说,多指管理和领导过程中做决定的策路和方法.著名学者西蒙(Simon)认为,"管理就是决策".一般认为,决策就是作出的决定以及做决定的过程.从广义层面,决策还包括在作出最后选择前所进行的一切思维活动.

决策都是对未来而言的,都是建立在对未来预测的基础之上的,都是有目的的.但因未来具有不确定性,所以也就有种种可能.因此决策过程是一个反复分析、综合并作出抉择的复杂且多次循环的过程,其本质是优化.

决策分析过程包括收集可行性方案、预测未来、目标集的建立、分析优化可行方案并给出结果等,其中每个环节的工作都要依靠决策者和专家的知识、经验.决策分析的目的是澄清事物的内在复杂性,协助决策者作出满意的决策,而不是代替决策者去作决策.

二、发展与趋势

因人类要正确地行动就必然有决策,没有决策就不能行动,所以,决策及决策分析与人类社会的发展有着同样长的历史.一部人类社会发展史同时也是一部人类重大决策的历史.人类历史上有许多优秀的决策家,人们常用"运筹帷幄之中,决胜千里之外"来赞誉他们,如汉高祖刘邦的谋士张良、三国刘备的丞相诸葛亮等.

20 世纪后半叶,决策开始成为关于思维、关于行动、关于人们切身利益的科学.1903 年美国的泰勒(Tayler)发表了《科学管理原理》.20 世纪中叶著名的"曼哈顿计划""阿波罗飞船计划"等重大系统工程行动极大地促进了管理决策科学的发展.相继形成了运筹学、控制论、信息论、系统工程、系统论等学科.20世纪后半叶,伴随信息技术的迅猛发展,人类社会开始进入了有史以来最为迅速的发展时期,以信息技术带动的新技术革命已惠及全球,它给人类社会带来的影响是广泛、深入、不可逆转和尚难充分预料的.

在当今世界潮流紧张运转中,人们需要面临选择决策的局面越来越多.面对大量的、重要的决策问题,决策科学本身也在不断地发展着.当前可以看到决策科学已基本形成下列几个发展趋势.

(1)决策的科学化.随着社会进步和决策理论的发展,更加需要科学化的决策.但科学的决策是如何进行的在我们看来科学化体现在决策科学自身的发展、决策理论及方法的普遍应用和决策的制度化、民主化、国际化和产业化之中.

(2)决策的民主化.随着社会的不断发展,越来越多的人将参与到重大社会经济、环境问题的决策中来.不同范围的投票选举也是一种群体决策.

(3)决策的制度化.决策的制度化与决策的民主化之间的关系是,民主化需要制度化的保证,但制度化的决策程序不一定是民主的.我国历史上走过许多弯路,都是决策失误造成的.在进入新世纪的今天,决策的制度化、民主化和科学化已成为潮流.

(4)决策的国际化.随着信息化时代的到来,地球变得越来越"小",使得一个国家及地区的决策都会受到其他国家和地区决策的影响.目前,各个国家的环境保护、卫生防疫和反恐怖等领域的合作已得到加强.未来国际决策的作用将越来越强而有力,国际化决策也将更多地制度化.

(5)决策的产业化.当今社会,专业性决策机构将越来越多,为事业单位提供工商管理、税务管理、投资、人力资源管理等决策服务,为人们提供投资理财、就业等决策服务.

(6)决策的信息化.伴随移动互联网的蓬勃发展,越来越多的决策问题可以在网络上进行处理,如电子投票、网上购物等,越来越多的人可在家里的电脑、手机、平板上咨询投资、升学、就业等问题.

第二节 决策的原则和分类

一、决策的原则

决策者通常在进行决策时遵循以下4条原则.

(1)可行性原则:决策是通过采取一系列行动方案而达到目标,所以达到目标的手段是决策.为了能达到预期的目标,决策中所提供的方案在技术上和资源上必须是可行的.

(2)经济性原则:决策方案之间进行比较的时候必须有很强的经济指标作为参考,因决策就是为了能够得到最大利益.

(3)信息性原则:信息的采集和利用贯穿着决策的整个过程,决策之前利用系统内外部信息辅助决策,决策过程中利用信息进行定性和定量分析,决策以后将结果作为信息提供给组织.

(4)系统性原则:决策过程是一个系统的过程,不仅需要考虑决策环境,还要考虑其对象,只有将其作为一个系统来进行考虑才能保证决策的顺利开展和实施.

二、决策的分类

可以按照不同的分类标准对系统决策进行不同的分类.

(1)从决策目标的影响程度来看,可以将决策划分为战略决策、战术决策和作业决策3个等级.战略决策对组织未来的发展影响最大,其是对组织进行长远发展规划和战略方面的决策,如新产品的开发方向;战术决策是战略决策的阶段性决策,为战略决策服务,如企业中工艺方案的选择;作业决策则是选择具体行动方案,如日常的生产线的决策、作业调度.

(2)从系统决策的结构化程度来看,可以将决策划分为结构化决策、半结构化决策和非结构化决策.结构化决策是例行常规、有规律可循的决策,可预先进行有序的安排而达到预期的结果或目标,如最优库存模型的确定等;非结构化决策是指偶发的、非常规的,或其决策过程过于复杂以致毫无规律可循的决策,这类决策一般无法照章行事,如国家政策的颁布等;半结构化决策介于结构化决策和非结构化决策之间,如房地产价格的确定等.

(3)按照决策进行的过程,可以将系统决策划分为经验决策和科学决策.经验决策是指决策者根据历史经验、自身知识对系统进行主观判断;科学决策不同于经验决策,它是建立在对系统科学分析的基础上,运用科学的思维、科学的技术而做出有科学依据的决策的过程.

(4)按照决策的可控程度,可以将决策划分为确定型决策、风险型决策和非确定型决策.确定型决策指决策环境是已知的、确定的,决策过程的结果完全由决策者所采取的行动决定.风险型决策的决策环境不确定,决策者的各种可选方案在不同自然状态下的结果不同.按照人们对自然状态信息的掌握程度将风险型决策进一步划分为无概率风险型决策、无试验风险型决策和有试验风险型决策.无概率风险型决策不知道自然状态的任何信息,只能凭着决策者对待风险的态度进行方案选择;无试验风险型和有试验风险型决策均知道各种自然状态发生的概率,二者的区别在于前者的概率信息是根据历史数据等资料得到的,并没有通过试验进行修正,而后者的概率是经过试验进行修正的,所以更接近于现实的概率分布.

此外,按照决策的连续性将决策划分为单项决策和连续决策;按照决策人数将决策划分为个人决策和群体决策;按照决策要达到的目标个数将决策划分为单目标决策和多目标决策等.

第三节　决策的基本要素

决策的基本要素有:①决策者;②决策对象;③决策信息;④决策目标;⑤决策理论和方法;⑥决策环境;⑦决策工具.其中,决策者、决策对象和决策信息是决策的基本要素.

一、决策者

通常,决策者就是决策过程的主体,即有理智的人,又称决策人.决策人是采用和实施决策方案之主体的利益代表者,一般来说,决策人的偏好对决策会产生较大的影响,但因真正的决策人没有精力也不太可能熟悉决策科学的具体技术方法,所以对于许多较高层次的决策问题需要委托专家进行研究,提出方案.这时,专家也参与了决策过程,但只是作为决策研究人员,不是真正的决策人.

按决策者分类,决策可分为:个人决策,即可能是决定其个人事务,也可能是决定其任领导职务的部门的事务;群体决策,即多个决策人共同决策,这里是指为了某个决策对象的共同目标.如果是为不同的决策对象,不同的目标,则不属于这种类型.

二、决策对象

决策问题所研究的对象叫做决策对象,是采用或实施最终决策方案的系统.通常决策对象的负责人或管理层就是决策者.按决策对象分类,可分为宏观规模对象与微观规模对象两大类决策.

宏观规模对象主要指涉及国家规划战略规模系统的决策.

微观规模对象主要是企业及企业以下规模系统的决策.

经济决策:决定一个行业、一个地区甚至一个国家的经济发展计划、发展目标、金融政策等.

政治决策:制定各种法律、法规、外交政策、竞选公职的策略等.

此外,还有文化决策、军事决策、教育决策、环境保护决策等.

三、决策信息

决策者对决策对象的认识叫做决策信息,广义地讲还应包括决策者对决策环境等诸多方面情况的了解.按决策信息分类,有任意决策、确定型决策和非确定型决策.

任意决策:有时可用的信息量极少,有时多种方案难分伯仲,没有更多的时间或没有必要做出抉择,称为任意决策.如抽签、摇奖等.

确定型决策:确定型决策的结局常常是唯一的,所需的信息也比较充分.如最短邮路等.

非确定型决策:非确定型决策是基本信息已知时所做的决策,结局常常是非唯一的.这是比较普遍的情况,任意决策和确定型决策是其特例.

有时对某些决策问题的处理需要运用模糊数学和灰色系统理论等,因而也就有模糊决策和灰色系统决策等.

四、决策目标

决策目标是决策中非常重要的内容,决策目标不是越多越好,有时目标太多会造成系统僵化,决策目标也应尽量具体明确.按决策目标分类,有单目标决策、多目标决策、局部目标(战术)决策、全局目标(战略)决策.

五、决策理论和方法

随着决策理论与方法的不断发展、丰富和完善,相应的决策类型也很多.如按决策的复杂性来分类,有简单决策、常规决策和创造性决策.

简单决策:决策过程中不需要多少决策理论和方法.

常规决策:决策过程中应用一般的决策理论和方法.

创造性决策:决策过程中需要采用一些特殊和复杂的决策理论和方法.

六、决策环境

决策对象总是处于一定的环境之中的,它即是一个更大系统的子系统决策者,也是在一定环境条件下进行决策的.因此,决策环境对决策有着重大的影响.图 9-1 表示了决策对象、决策者和决策环境这 3 者所构成的决策系统.

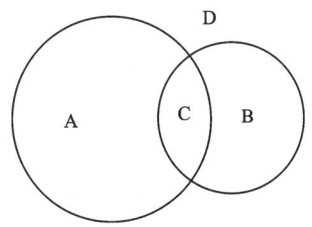

图 9-1 决策系统

图中 A 表示决策对象,B 表示决策者,C 是 A 与 B 的交集,D 是决策环境.A 与 B 相交表明,决策者通常至少部分是决策对象的一部分.如 B 属于 A,则说明是为本系统自身做决策.(B-C)部分是 A 的环境的一部分,它与 A 的关系通常比较密切.决策者 B 中的一部分是真正的决策人,另一部分是决策研究人员.

根据不同的决策环境分类,有竞争环境决策、敌对环境决策、独立决策、从属决策、紧迫环境决策、从容环境决策等.

七、决策工具

古时的重大发明、数学的发展、计算机与网络等都促进了决策科学的发展,因此决策科学的发展也受决策工具发展制约.按决策工具分类,有直接决策、简单工具支持决策和智能网络支持决策.

直接决策:决策过程中不借助于大脑之外的工具.

简单工具支持决策:决策过程仅借助于计算机进行演算.

智能网络支持决策:决策过程中使用计算机网络或决策支持系统.

第四节　决策模式与决策过程

决策的方式叫做决策模式,决策的程序反映了众多决策过程中的一般规律,是各类决策过程的理论概括和抽象,是一般的决策过程.图 9-2 是决策过程或决策模式的流程图.下面分别对各个部分做介绍.

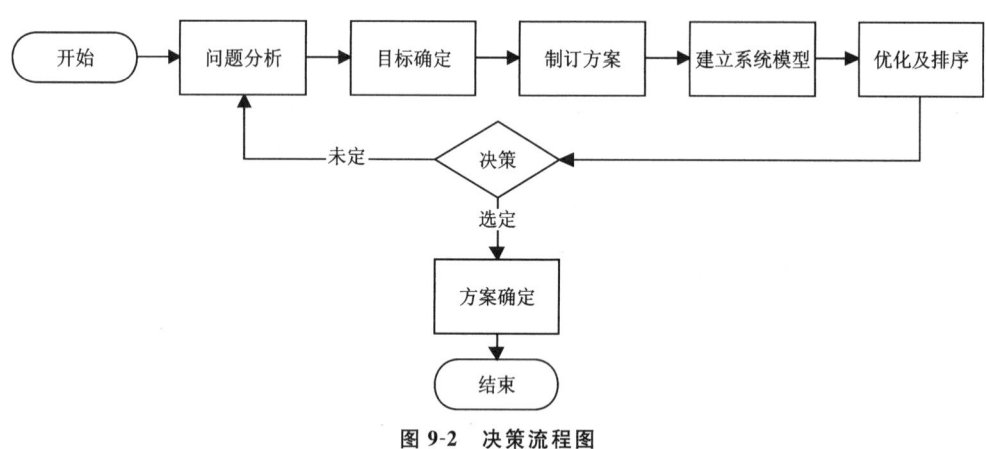

图 9-2　决策流程图

一、问题分析

对于决策问题,先是要进行问题分析.爱因斯坦认为,提出一个问题往往比解决一个问题更重要.因为解决一个问题也许仅仅是一个数学上或实验上的技能而已,而提出新的问题、新的可能性,从新的角度去看旧的问题,却需要有创造性的想象力,而且标志着科学的真正进步.决策中所说的问题是为了某种目的而提出的任务或课题,是指人们所面临的困难或困境.因此,要恰当地分析问题和表达问题.

二、目标确定

系统目标的确定本质就是确定衡量决策方案优劣的标度,因此系统目标的确定是十分重要的,而目标又都是受明确的、规范的、科学的社会价值体系约束的.要做出这样的描述,其前提是对系统的未来有基本正确的预测."凡事预则立,不预则废",因此预测也是做好决策的前提.社会经济领域的许多问题是难于定量预测的,但随着信息技术的发展,定量方法越来越多,预测也越来越准确.

三、制订方案

在上面提出的系统目标体系的基础上,设计可能的方案.这个环节包括了目标分解、初步论证、模型化设计等内容.方案设计不是一次就能完成,可能有多次反复的设计.

四、建立系统模型

建立系统模型是为了更准确地分析和把握系统的特性.实际上,在目标确定等阶段也需要根据情况建立相应的模型.

五、优化及排序

优化及排序有多种方法,根据不同的决策问题选择适用的方法,进行优化分析、排序及优化方案的鲁棒性分析.如条件许可,应采用多种方法进行优化的排序.

何为鲁棒性分析,其实质就是灵敏度分析.如果排序结果的鲁棒性很差,就不能算是最优方案.

六、决策

这是决策的最后关头,由于研究人员及专家提供的往往是多个可供选择的方案,排序也可能随着其他因素的变化而变化,但最终决策要由决策人定夺.而因一旦"决策"形成,就进入方案实施过程,就不可能全部返回,所以决策人都有"决策"前的焦虑,它是对决策人思维、意志和魄力的一种考验.

总之,为了决策的科学化和正确性,所有决策都应该遵循决策模式和决策过程.另外,由于决策环境的不完全确定和决策信息的不完全确知,在决策中特别是重大问题的决策中,应尽量做好下列3个方面的工作.

(1)决策者非唯一.为了一定程度上避免决策过程中因个人知识水平、品质修养、利益关系等方面因素带来的局限性,决策问题可委托给多家研究机构研究,这样可得到多种不同的方案和结论.决策者也最好是多人集体决策,重大问题的决策应大力推行科学化的民主程序决策,以避免重大失误.

(2)决策方法非唯一.每一种决策方法都不是万能的,而且由于决策信息的不完全及决策环境的不确定.因此,有必要在决策中采用多种理论和方法.

(3)决策结局非唯一.竞争机制可以引入决策信息不完全程度较高、决策环境不确定性、方案实施时间很长的情况中,当多种决策方案同时在不同的范围实施时,进一步检验各种实施方案.一些有生命力的、有前途的事物很可能因"一刀切"的做法而损失掉,且难以证明被切的事物也是有前途和生命力的,也难以判断"切"的正确还是错误.

第五节 确定型决策

实际上,绝大多数的决策问题都由于不确定决策环境和信息而使得最终的决策不是确定型的决策.但许多决策问题经过简化处理,可作为确定型决策问题来解决.在确定型决策中,决策信息是确知的,决策方案引起的结局是确定的.

解决确定型决策问题的方法很多,最终都是比较各种方案的价值函数值,描述如下:

$$A_i^* = \max_{A_i \in A} V(A_i) \tag{9-1}$$

式中，A 表示各种方案的集合，A_i 为第 i 个方案；$V(A_i)$ 表示方案 A_i 的价值函数值；A_i^* 表示最佳方案.

第六节 风险型决策

在决策环境或者影响决策的因素不完全了解的情况下，决策者所做出的决策称为风险型决策．风险型决策也称为随机型决策，它具有以下几个方面的特征：①决策者有明确的目标，有无法控制的不确定因素；②有多种方案可供选择；③各方案在不同自然状态下的收益值可以估计；④每一种方案对应的结局是非唯一的，但可以知道各种结局的发生概率．

风险型决策得出最佳方案的基本方法是通过比较各个方案的期望效用值．

设 A 为所有方案的集合，A_i 为第 i 个方案，则第 i 个方案的期望效用值为：

$$U(A_i) = \sum_{j=1}^{m} P(C_j) U(A_i, C_j) \tag{9-2}$$

式中，C_j 表示第 j 种结局，$j = 1, 2, \cdots m$；$P(C_j)$ 表示结局 C_j 出现的概率，$\sum_{j=1}^{m} P(C_j) = 1$；$U(A_i, C_j)$ 表示第 i 种方案在 C_j 结局下的效用值．

则最佳方案为：

$$A_i^* = \max_{A_i \in A} U(A_i) \tag{9-3}$$

式中，$U(A_i)$ 表示方案 A_i 的期望效用值．

下面在介绍具体的风险型决策方法前，先介绍一下效用理论．

一、效用理论

因期望值是多次重复事件的平均值，而前面所描述的风险型决策模型又多采用期望值理论，考虑到决策问题一般不会多次重复进行，因此采用期望值作为风险型决策的选优标准不完全合理．且因不同决策者对决策问题的主观价值以及对风险的态度和方案的偏爱不同，对方案的选择也不同，因此引用"效用"来反映决策者对待风险的态度．

经济学中的效用反映人们对事物的主观价值、态度、偏爱等．在风险决策中常用效用来衡量决策者对待风险的态度或者对决策损益的满意度．例如，人们在假日里往往选择出去旅游或待在家看电视，旅游虽不如看电视经济，但有人情愿花钱去满足自己的欲望．诸如此类的决策问题的解决既要涉及定量分析，也要根据个人的偏好判断，可以用效用值理论加以解决.

对于决策者认为最理想（最好）的事件，记为 $\overline{x}$，规定其效用值 $U(\overline{x})$ 最大，取为 1；最不希望（最坏）的事件，记为 $\underline{x}$，规定其效用值最小，取为 0；中间状态的事件，记为 x，在 $(0,1)$ 中取效用值 $U(x)$．用横坐标表示事件，纵坐标表示效用值，得到"效用曲线"或"效用函数"

(utility function). 有些人怕冒风险,属于避免风险型或保守型,记为 RA(Risk Aversion);有些人愿意冒风险,属倾向风险型或冒险型,记为 RP(Risk Proneness);大多数人介于这两者之间,属于风险中性型,记为 RN(Risk Neutral). 这 3 种类型的效用函数如图 9-3 所示.

效用函数可以通过与决策者对话获得,对话方式有 3 种:一是在其他参数确定的情况下,要求决策者回答"确定性等价量" x 的值;二是在其他参数确定的情况下,要求决策者回答事件发生的概率;三是在其他参数确定的情况下,要求决策者回答"最好情况" $\bar{x}$ 的值.

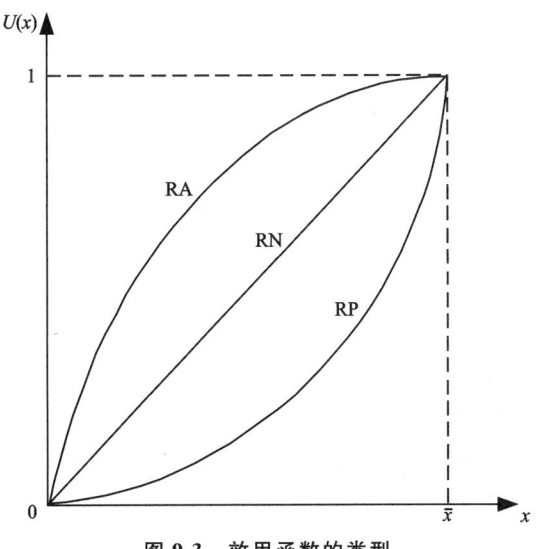

图 9-3 效用函数的类型

如决策者面临两种可选方案 A_1 和 A_2. 选方案 A_1,可能以概率 P 获得收益 x_1,也可能以概率 $(1-P)$ 获得收益 x_2;选方案 A_2,可无风险地稳获收益 x_3,且 $x_1 > x_3 > x_2$. 调整 x_3 的大小至决策者认为 A_1、A_2 两个方案相当,即两个方案的效用值相等,其表示式为:

$$PU(x_1) + (1-P)U(x_2) = U(x_3) \tag{9-4}$$

【例 9-1】 投资生产某产品,投放市场后的销路可能很好、较好、一般甚至差. 设最好收益为 80,效用值 $U(80)=1$;最差收益为 -20,$U(-20)=0$.

假定一 A_1 方案:可能以 0.5 的概率取得收益 80,也可能以 $(1-0.5)$ 的概率亏损 20.
A_2 方案:肯定获得收益 x.
求 x 取何值时,决策者认为 A_1 与 A_2 相当. 由式(9-4)有:

$$PU(x_1) + (1-P)U(x_2) = 0.5 \times U(80) + 0.5 \times U(-20) = 0.5$$

如决策者回答 x 为 10,则在效用坐标上确定一个点 $(10,0.5)$,即 $U(10)=0.5$.

假定二 A_1 方案:可能以 0.5 的概率取得收益 80,也可能以 0.5 的概率获得收益 10.
A_2 方案:肯定获得收益 x.
问 x 取何值时,决策者认为 A_1 与 A_2 相当. 由式(9-4)有:

$$PU(x_1) + (1-P)U(x_2) = 0.5 \times U(80) + 0.5 \times U(10) = 0.75$$

如决策者回答 x 为 30,在效用坐标上又得到一点 $(30,0.75)$,即 $U(30)=0.75$.

假定三 A_1 方案:可能以 0.5 的概率取得收益 10,也可能以 $(1-0.5)$ 的概率亏损 20.

A_2 方案:肯定获得收益 x.

求 x 取何值时,决策者认为 A_1 与 A_2 相当. 由式(9-4)有:
$$PU(x_1) + (1-P)U(x_2) = 0.5 \times U(10) + 0.5 \times U(-20) = 0.25$$
如决策者回答 x 为 -10,则在效用坐标上确定一个点 $(-10, 0.25)$,即 $U(-10) = 0.25$.

将这 3 点标于效用坐标上,可得到一个粗略的效用函数(图 9-4). 该效用函数表明,该决策者是偏于保守型的.

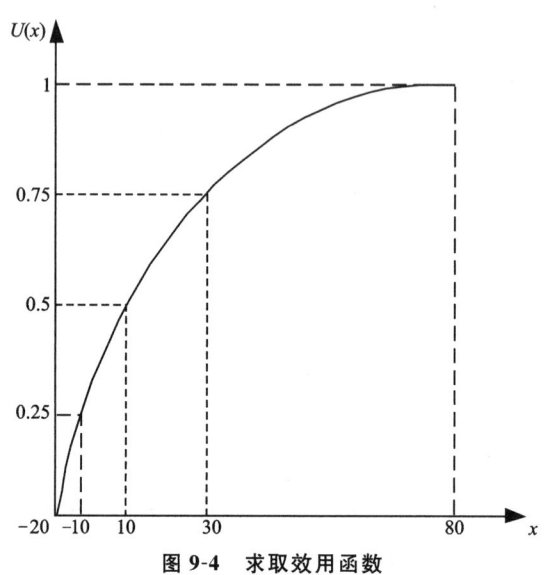

图 9-4　求取效用函数

二、表格法

表格法也称为矩阵法,下面结合例题介绍.

【例 9-2】　投资生产某新产品,有 3 种方案. A_1:建大型装置;A_2:建中型装置;A_3:建小型装置. 根据调查分析,该产品上市后,畅销(C_1)的可能性是 $P(C_1) = 0.3$,销售一般(C_2)的可能性是 $P(C_2) = 0.4$,滞销(C_3)的可能性是 $P(C_3) = 0.3$. 设各种方案对应于各种可能性结局的收益值 $U(A_i, C_i)$ 如表 9-1 所示.

由 $U(A_i) = \sum_{j=1}^{3} P(C_j)U(A_i, C_j)$

表 9-1　决策矩阵收益值表　　　　　　　　　　(单位:万元)

方案	结局			效用 $U(A_i)$
	C_1	C_2	C_3	
	$P(C_1) = 0.3$	$P(C_2) = 0.4$	$P(C_3) = 0.3$	
A_1	2500	800	-200	1010
A_2	1700	600	200	810
A_3	800	400	200	460

计算得 $U(A_1)=1010, U(A_2)=810, U(A_3)=460$. 显然, A_1 为最佳方案.

三、决策树法

将决策问题用树状图形表示出来就是决策树法. 决策树法仍然用的是和表格法一样的方法计算效用, 但决策树有时更形象些. 仍以前面的例子来说明决策树法, 得到决策树如图 9-5 所示. 其中方块表示决策节点, 由决策者主观作出抉择; 从方块引出的射线代表方案; 射线终点所连接的圆圈成为机会节点, 圆圈内标注的是该方案的期望效用值. 决策者主观行为在机会节点无能力做出抉择, 而完全依赖于客观规律. 由圆圈引出的射线代表不同的结局, 线上注出不同结局出现的概率, 线的右端标注每种结局的效用值 $U(A_i, C_j)$.

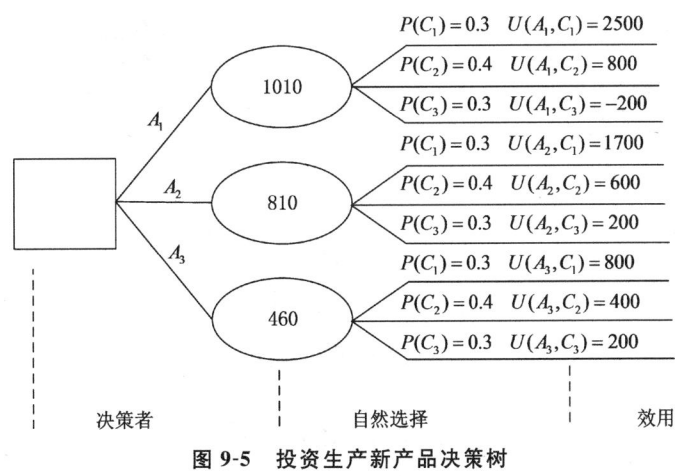

图 9-5 投资生产新产品决策树

由于现实的决策问题往往比较复杂, 所以多采用多级决策树进行描述, 如图 9-6 所示. 例如要决定是否研制新产品; 如研制, 研制成本会有 3 种自然选择状态; 在不同的开发成本下, 又要选择何种规模投产; 投产后, 实际的销售又有 3 种自然选择状态.

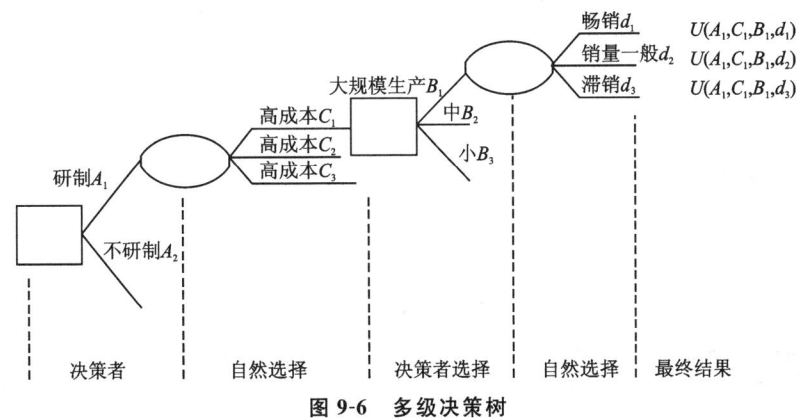

图 9-6 多级决策树

上述的风险型决策中都假设事件或结局出现的概率已知, 通常需要通过随机实验来确定这些概率. 但许多决策问题无法进行随机实验, 例如, 新产品的研制投放市场后的销售状况就无法实验, 大型水利工程等也无法获取结局的概率. 即使有些项目可以进行实验, 但成本太高,难以实验或实验次数也不可能多.因此,结局概率在无法通过随机实验获取的情况下,就只有靠决策者根据其对结局事件的理解,设定概率.这样取得的概率称为主观概率,而通过随机实验取得的概率称为客观概率.

第七节 不确定型决策

与风险型决策不同,不确定型决策不知道各种结局发生的概率.不确定型决策中,决策者可采用下列不同的决策准则进行决策.

一、等可能性准则

因为不知道每种结局出现的概率,就认为它们出现的可能性相等.

如有 n 个结局状态 $C_i, i=1,2,\cdots,n$,则:

$$P(C_1) = P(C_2) = \cdots = P(C_n) = \frac{1}{n}$$

方案 A_i 的期望效用值为:

$$U(A_i) = \frac{1}{n}\sum_{j=1}^{n}U(A_i, C_j)$$

最优方案是 A_i^*:

$$A_i^* = \max_{A_i \in A} U(A_i)$$

【例 9-3】 设某新产品的生产方案有 4 种,分别为 A_1、A_2、A_3 和 A_4,投产后可能的销售状况为好、一般、差 3 种.这 3 种状况出现的概率很难估计,12 种结局的收益值如表 9-2 所示.

表 9-2 收益表 （单位:万元）

方案	结局			效用 $U(A_i)$
	C_1 好	C_2 一般	C_3 差	
A_1	400	700	500	533
A_2	800	500	400	567
A_3	500	600	400	500
A_4	500	600	600	567

由等可能性准则得:

$$P(C_i) = \frac{1}{3}$$

$$U(A_1) = \frac{1}{3}(400 + 700 + 500) = 533$$

$$U(A_2) = 567$$

$$U(A_3) = 500$$
$$U(A_4) = 567$$

A_2 与 A_4 均为最佳方案.

二、后悔值准则

定义每种状态下各方案结局中最好效用值与该状态下某方案结局的效用值之差为该结局的后悔值. 后悔值准则的目标就是把后悔值降为最低. 如例 9-3 中状态 C_1 下 4 种结局中最好效用值为 800, 最差是 400, 中间是 500, 则得各结局的后悔值分别为 $R(C_1, A_1) = 400$, $R(C_1, A_2) = 0$, $R(C_1, A_3) = R(C_1, A_4) = 300$. 依此可得后悔值矩阵表 9-3. 各方案中最大后悔值为 $R(A_i)$, 可见最小的 $R(A_i)$ 为 $R(A_2) = 200$, 即以认为方案二是依该准则得到的最佳方案.

表 9-3 后悔值表 （单位：万元）

方案	状态			后悔值 $R(A_i)$
	好（C_1）	一般（C_2）	差（C_3）	
A_1	400	0	100	400
A_2	0	200	200	200
A_3	300	100	200	300
A_4	300	100	0	300

三、悲观准则

也称为保守准则或 Wald 准则, 悲观准则是从每种方案中选择效益值最小的作为最坏的结局, 然后再从已选的结局中选最好的作为最佳方案. 其表达式为：

$$U(A_i^*) = \max_{A_i \in A} \{\min_{1 \leqslant j \leqslant n} U(A_i, C_j)\} \tag{9-5}$$

对于例 9-3 中的情况,

$$U(A_1) = U(A_1, C_1) = 400$$
$$U(A_2) = U(A_2, C_3) = 400$$
$$U(A_3) = U(A_3, C_3) = 400$$
$$U(A_4) = U(A_4, C_1) = 500$$

于是最好方案是 A_4.

四、乐观准则

与悲观准则相背, 乐观准则认为每种方案中选择的结局总是最好的, 然后再从诸结局中选最大值, 其对应的方案是最佳方案. 其表达式为：

$$U(A_i^*) = \max_{A_i \in A} \{\max U(A_i, C_j)\} \tag{9-6}$$

仍看例 9-3, 对应的 4 个效益值分别为 700、800、600、600, 其中, 800 最大, 对应的最佳方

案为 A_2.

五、折衷准则

折衷准则认为过于乐观,容易冒进;过于悲观,则太保守,其主张折衷的办法,在乐观与悲观之间选取一个适当的乐观系数 α,$0 \leqslant \alpha \leqslant 1$. $\alpha = 1$,表示乐观;$\alpha = 0$,表示悲观. 其表达式为:

$$U(A_i^*) = \alpha \max_{1 \leqslant j \leqslant n} U(A_i, C_j) + (1-\alpha) \min_{1 \leqslant j \leqslant n} U(A_i, C_j)$$

再从中选最大的:

$$U(A_i^*) = \max_{A_i \in A}\{U(A_i)\}$$

仍看例 9-3,设 $\alpha = 0.4$,得:

$$U(A_1) = 0.4 \times 700 + 0.6 \times 400 = 520$$
$$U(A_2) = 560$$
$$U(A_3) = 480$$
$$U(A_4) = 540$$

可见,最佳方案为对应于 $U(A_2) = 560$ 的方案 A_2.

如设 $\alpha = 0.2$,则

$$U(A_1) = 460 \qquad U(A_2) = 480$$
$$U(A_3) = 440 \qquad U(A_4) = 520$$

可见,此时最佳方案为对应于 $U(A_4) = 520$ 的方案 A_4.

由于问题的不确定性,采用不同决策准则对同一决策问题做出的决策,所获得的结果往往是不同的. 受决策者意志的影响,在运用中究竟应该采用哪种准则,没有统一的规律可循. 因此,在决策过程中,应根据具体问题选取合适的决策方法并与决策者共同协商做好决策分析.

第八节 多目标决策

单目标决策仅仅是多目标决策的简化和特例. 系统目标在实际的决策问题中往往不止一个,多个目标反映了系统在不同方面的追求,有时不同的目标之间又是相互矛盾的,如新建一座工厂要考虑投资、人力、市场、交通、环境污染等一系列因素.

一、多目标决策问题的数学描述

多目标决策实际上就是求解多目标最优化问题. 可描述如下.

当目标函数向量愈大愈优时,有:

$$\begin{cases} V_{\max} \boldsymbol{F}(\boldsymbol{x}) \\ \boldsymbol{x} \in R \\ g_i(x) \leqslant 0 \quad i = 1, 2, \cdots, m \end{cases} \tag{9-7}$$

当目标函数向量愈小愈优时,有:

$$\begin{cases} V_{\min} \boldsymbol{F}(\boldsymbol{x}) \\ \boldsymbol{x} \in R \\ g_i(x) \leqslant 0 \quad i = 1, 2, \cdots, m \end{cases} \tag{9-8}$$

式中,$V_{\max}$ 表示求向量最大值;$V_{\min}$ 表示求向量最小值;$\boldsymbol{x}$ 表示决策向量,$\boldsymbol{x} = (x_1, x_2, \cdots, x_n)^T$;$\boldsymbol{F}(\boldsymbol{x})$ 表示目标向量,$\boldsymbol{F}(\boldsymbol{x}) = [f_1(x), f_2(x), \cdots, f_p(x)]^T$;$g_i(x)$ 表示约束条件函数.

假设系统共有 P 个子目标,系统的最优解是指能将 P 个目标同时达到最优的那个解,对于至少有一个目标为优的称为非劣解或有效解;其他的解称为劣解.最优解在实际决策问题中很难求取,而非劣解更有实际意义.

例如,就仅考虑速度和弹跳两个因素,去选拔一名优秀的运动员,情况也是复杂的.如有 5 名候选人的资料如图 9-7 所示:①、②运动员速度与弹跳都不太好,属于劣解;③、④、⑤运动员的速度和弹跳能力优于①、②运动员的,属于非劣解.当考虑 2 个以上因素时,情况更加复杂.而且,还有许多难于量化的因素影响,如运动员的韧性等.因此,要追求系统的最优解是不现实的.著名经济学家西蒙(Simon)就认为,由于决策者认识上的局限性,不可能知道他们所做决策产生的全部结果;又由于受时间、资金和信息等因素的制约,也不可能对所有方案进行很详尽的比较分析.因此,西蒙否定了"经济人"概念和"最大化"行为准则,提出了"管理人"概念和"令人满意的"行为准则.即决策所追求是相对意义的满意解,而不是绝对意义的最优解.

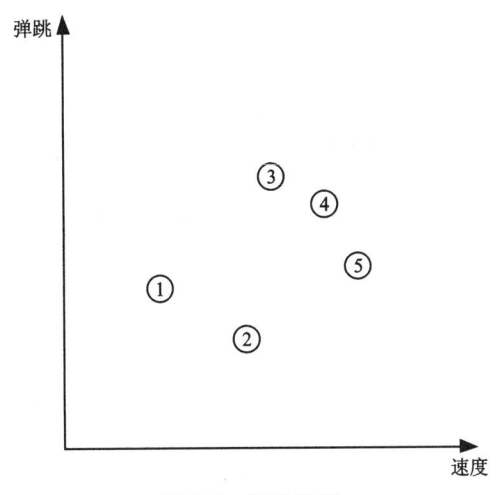

图 9-7 运动数据

二、多目标决策方法概述

多目标决策方法主要有以下几种:

(1)化多为少法,将多种决策目标简化为一两个决策目标来处理.这种方法实际上是对主要决策目标尽可能优化,其余决策目标只要达到一般要求即可.

(2)理想点法,找出每个决策目标的最优点,即"理想点","理想点"很难实现,但可以比较容易地将距离"理想点"较近的点作为满意解.

(3)效用函数法,首先充分考虑决策者对风险和价值的偏好,然后对多属性效用函数进行综合,最终给出定量的方案排序.

(4)目的规划法,合理地配置有限的资源,使决策结果尽可能地接近预定目标.它是理想点法的一个特例.

(5)分层序列法,将较多的系统目标按照重要程度进行分层分类处理.如此分层处理,有利于最终找到较满意的决策方案.

(6)层次分析法,该方法首先将一个复杂的决策问题分解为不同层次的若干元素,然后依靠决策者对元素进行主观比较评判和赋值,得到判断矩阵,最后对判断矩阵进行分层处理及综合,得到多种决策方案的排序结果.

下面重点介绍效用函数法和层次分析法这两种常用的方法.

三、效用函数法

效用理论及效用函数在风险型决策中已经简要介绍,但那里讨论的是单属性效用函数.对于多属性效用函数 $u(x_1,x_2,\cdots,x_n)$. 当多目标的属性相互独立时,多目标效用函数可用线性叠加组成,即:

$$u(x_1,x_2,\cdots,x_n) = \sum_i w_i u_i(x_i) \tag{9-9}$$

式中, x_i 为评价属性, $i=1,2,\cdots,n$; $u_i(x_i)$ 为 x_i 的单属性效用函数; w_i 为 x_i 属性的权重系数.

如属性间相互不独立,效用函数则不能用上式计算,需要确定多属性效用函数. 这时,对于方案 A_i, 其效用值可计算如下:

$$U(A_i) = \sum_{j=1}^m p_j u_{ij}(\boldsymbol{X})$$

式中, $\boldsymbol{X}$ 为属性向量, $\boldsymbol{X}=(x_1,x_2,\cdots,x_n)^{\mathrm{T}}$; $u_{ij}(X)$ 为 A_i 方案 j 结局的多属性效用函数.

通过各方案的期望效用值排序获得最佳方案 A^*, 即:

$$U(A^*) = \max_{A_i \in A}\{U(A_i)\} \tag{9-10}$$

因此,从本质上讲,为了便于使用各种单目标数学规划寻求最优解,在处理多目标决策问题时,效用函数相当于把多目标寻优问题简化为单一目标求最大值问题,从而得到多目标问题的满意解.

四、层次分析法

美国运筹学家 Saaty 教授于 20 世纪 70 年代提出层次分析法(AHP).在 AHP 法提出之前,许多人片面地认为,决策就是投入大量的人力、物力和时间建立社会经济系统的复杂的数学模型,再用大型计算机求解.结果是模型随着投入的增多变得愈加复杂,能够理解和求解模型的人越来越少,实际的效果并不明显.但实际上,问题的关键是,人们无法回避决策过程中决策者的选择和判断所起的决定性作用,而且许多因素是难于用传统的方法进行量化的.

Saaty 教授通过认真研究决策思维的规律,提出用 AHP 将人的主观判断用数学形式表达出来并进行相应的处理.从本质上,深入系统地研究 AHP 是一种思维方式,其关键在于将复杂的决策问题表达为不同层次的若干因素的集合.层次之间的因素具有支配关系,通过两两比较确定各因素的重要性程度.最后进行演算,得到各个不同方案的排序.整个过程都体现了人类决策思维的基本特征,即分解、比较、判断与综合.通常,运用 AHP 进行决策分析时,有 4 个步骤:①建立系统的递阶层次结构;②构造比较判断矩阵;③计算权重向量;④计算合成权重,求出总排序.

下面举例进行说明.

1. 建立递阶层次结构

为建立合理实用的 AHP 进阶层次结构,需要对决策问题极其了解.某决策问题有 5 种可能的决策方案 (x_1,x_2,x_3,x_4,x_5),5 个方案就构成了 AHP 的最基础的层次,且有 8 项指标 $(C_1,C_2,C_3,\cdots,C_8)$ 用来评价各个方案,但可能有的方案不一定需要运用全部 8 个指标来加以评价.这 8 个指标可以分为社会效益 B_1、经济效益 B_2、环境效益 B_3 这 3 类.这两个层次是 AHP 递阶层次结构的中间层次.有时,可能不止两个层次.最高层次是采用不同方案决策的总目标,如这里可用综合效益 A 描述.如此,得到一个 AHP 递阶层次结构如图 9-8 所示.有些复杂的问题,可能要采用更加复杂的循环层次结构或反馈层次结构等来进行描述.

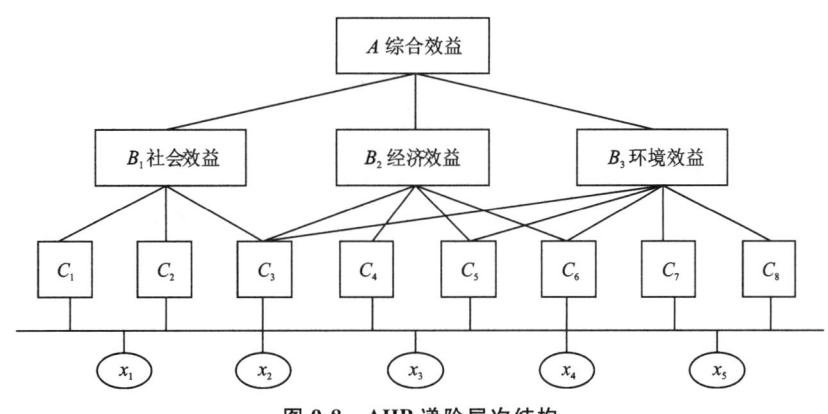

图 9-8　AHP 递阶层次结构

2. 构造判断矩阵

决策问题层次之间的支配关系随着决策问题的递阶层次结构确定而确定,如社会效益 B_1 支配 C_1、C_2 和 C_3 这 3 个因素,B_2 支配 C_3、C_4、C_5 和 C_6 这 4 个因素;B_3 支配 C_3、C_5、C_6、C_7 和 C_8 这 5 个因素.综合效益 A 支配 B_1、B_2、B_3 这 3 个因素.而每个支配量所支配的各个因素的重要性则需要采用各因素间的两两比较来确定.进行两两比较,就需要一个比较标准,一个定量的方法,称为比较标度.

如在 A 所支配的 3 个效益之间,B_1 比 B_3 重要得多,B_1 记为 5,B_3 记为 $\frac{1}{5}$;B_1 比 B_2 重要,B_1 可记为 2,B_2 则记为 $\frac{1}{2}$;显然,B_2 比 B_3 重要,B_2 可记为 2,B_3 记为 $\frac{1}{2}$;每个因素与自身相比,

是同等重要，记为 1.如此，可得到一个比较判断矩阵如下：

$$A = (a_{ij})_{n \times n} = \begin{pmatrix} 1 & 2 & 5 \\ \frac{1}{2} & 1 & 2 \\ \frac{1}{5} & \frac{1}{2} & 1 \end{pmatrix}$$

上式矩阵就是对于综合效益 A 的 3 个效益之间的两两比较判断矩阵，上述矩阵也成为正互反矩阵，显然，正互反矩阵中比例标度 a_{ij} 有如下性质：

$$a_{ij} = \frac{1}{a_{ji}}, a_{ii} = 1, a_{ij} > 0$$

如果矩阵 A 的元素有传递性，即：

$$a_{lm} \cdot a_{mn} = a_{ln}$$

则称判断矩阵 A 为一致性矩阵.上式矩阵中的矩阵不是一致性矩阵.下式则是一个一致性矩阵.

$$(a_{ij}) = \begin{pmatrix} 1 & 2 & 8 \\ \frac{1}{2} & 1 & 4 \\ \frac{1}{8} & \frac{1}{4} & 1 \end{pmatrix}$$

用什么样的量来作为比较判断的标度呢？目前已提出的标度有几十种.现在应用最为广泛的一种 AHP 标度也是 Saaty 教授特别推崇的标度是 1—9 标度.其含义为：当 B_1 与 B_2 同等重要，B_1、B_2 均取 1；B_1 比 B_2 重要，B_1 取 3；B_1 比 B_2 明显重要，取 5；B_1 比 B_2 重要得多，取 7；B_1 比 B_2 极端重要，取 9.反之，B_2 分别取 $\frac{1}{3}$、$\frac{1}{5}$、$\frac{1}{7}$、$\frac{1}{9}$.介于这些状态之间的可分别取 2、4、6、8 和 $\frac{1}{2}$、$\frac{1}{4}$、$\frac{1}{6}$、$\frac{1}{8}$.但为了适应不同的应用领域，人们已经提出数 10 种 AHP 标度.表 9-4 列出了其中的 7 种标度.

表 9-4 AHP 标度

标度范围	标度值/符号							
$\frac{1}{3} \sim 1 \sim 3$	1	1	2	2	2	3	3	3	3
$\frac{1}{5} \sim 1 \sim 5$	1	2	2	3	3	4	4	5	5
$\frac{1}{7} \sim 1 \sim 7$	1	2	2	3	4	5	6	6	7
$\frac{1}{9} \sim 1 \sim 9$	1	2	3	4	5	6	7	8	9
$\frac{1}{17} \sim 1 \sim 17$	1	20	30	40	50	60	70	80	90
$\frac{1}{90} \sim 1 \sim 9$	1	20	30	40	50	60	70	80	90
<<~≈~>>	≈	≈	>	>	>	>>	>>	>>	>>

表中最后一行是一种间接符号标度,它便于设计判断表,供领导层或高层专家使用,经转换后再进行计算和排序.

3. 权重计算方法

现有和法、根法、特征根法(EM 法)、最小二乘法等方法计算权重,最常用的是特征根法(EM 法). 下面简单介绍和法、特征根法(EM 法)及判断矩阵一致性检验方法.

1) 和法

有如下 3 个步骤:

第一步 对 A 的元素按列归一化,得 $\bar{A} = (\bar{a}_{ij})$, $\bar{a}_{ij} = \dfrac{a_{ij}}{\sum\limits_{i=1}^{n} a_{ij}}$ $i,j = 1,2,\cdots,n$.

第二步 将归一化后的 $\bar{A}$ 按行相加,得 $\bar{W} = [\bar{w}_1, \bar{w}_2, \cdots, \bar{w}_n]^T$, $\bar{w}_i = \sum\limits_{j=1}^{n} \bar{a}_{ij}$.

第三步 对 $\bar{W}$ 归一化,得 $W = [w_1, w_2, \cdots, w_n]^T$, $w_i = \dfrac{\bar{w}_i}{\sum\limits_{i=1}^{n} \bar{w}_i}$.

从求得的权重向量 W 可得各方案的排序结果.

例如,有一比较判断矩阵 A 为:

$$A = \begin{bmatrix} 1 & 1 & 5 & 7 \\ 1 & 1 & 5 & 7 \\ \dfrac{1}{5} & \dfrac{1}{5} & 1 & 3 \\ \dfrac{1}{7} & \dfrac{1}{7} & \dfrac{1}{3} & 1 \end{bmatrix}$$

用和法求得:

$$\bar{A} = \begin{bmatrix} 0.427 & 0.427 & 0.441 & 1.398 \\ 0.427 & 0.427 & 0.441 & 0.389 \\ 0.085 & 0.085 & 0.088 & 0.167 \\ 0.061 & 0.061 & 0.029 & 0.056 \end{bmatrix}$$

$$W = \begin{bmatrix} 0.421 \\ 0.421 \\ 0.106 \\ 0.052 \end{bmatrix}$$

2) 特征根法

对于判断矩阵 A,定义 $\lambda_{\max}$ 为 A 的最大特征根,w 是相应的特征向量,有下列关系:

$$Aw = \lambda_{\max} w \tag{9-11}$$

由上式所得到的 w 经归一化可求得权重向量.

3) 一致性检验

人们总是希望所获得的判断矩阵 A 是一致性矩阵。但在实际的判断中完全一致是很难的，问题是多大的不一致性是可以接受的，定义一致性指标 CI 为：

$$\mathrm{CI} = \frac{\lambda_{\max} - n}{n - 1} \tag{9-12}$$

通常 $\lambda_{\max} > n$，故 CI>0；如 A 为完全一致性矩阵，则 $\lambda_{\max} = n$，CI 等于 0，经过多次取样可计算得到 CI 的平均随机一致性指标 RI。对不同的 n，取足够的样本数，计算得到 n 为 3～11 时的 RI 值如表 9-5 所示。

若

$$\frac{\mathrm{CI}}{\mathrm{RI}} < 0.1$$

则认为比较判断矩阵 A 的一致性是可以接受的。

表 9-5 一致性检验

矩阵阶数	3	4	5	6	7	8	9	10	11
RI	0.515	0.893	1.119	1.249	1.345	1.420	1.462	1.487	1.516
最小 CI	0	0	0.109	0.171	0.357	0.519	0.579	0.857	0.929
最大 CI	3.220	2.857	2.676	2.595	2.320	2.141	2.122	2.061	2.117

第九节 决策支持系统

随着科技的蓬勃发展，系统决策模型的建立与求解过程中也融入了计算机相关技术。如决策支持系统（Decision Support System，DSS）的提出改善了决策系统的信息组织方式、处理方法和技术手段。

决策支持系统是决策科学与计算机技术相结合的产物。20 世纪 50 年代，一般管理人员开始使用计算机来减轻和处理日常事务中的原始数据的负担，如进行简单的记账和计算类的数据处理。20 世纪 60 年代 Gallamber 提出了管理信息系统（MIS）用于完成一个部门或一个单位大多数日常管理事务的数据处理任务。另外，MIS 中也开始具有一些预测功能，为各层管理人员的工作带来了许多便利，提高了工作效率。

随着 MIS 的进一步发展，人们也对它提出了新的要求，希望 MIS 能够辅助或支持人进行预测和决策。20 世纪 70 年代 Morton 提出了决策支持系统，用来支持决策者进行决策，特别是解决非结构化问题的决策。

一、决策支持系统的定义

决策支持系统是由 MIS 发展来的，主要用于辅助决策，目前已经有很多决策支持系统软件产品上市，它们在辅助决策方面发挥了很大作用。

20世纪70年代,美国麻省理工学院的斯科特和凯恩等在决策支持系统的研究上做了开创性的工作.决策支持系统可以概括为以计算机相关技术为工具和手段,以管理科学等理论为基础,辅助决策者进行半结构化和非结构化决策的人机交互信息系统.

它具体的运作原理为利用计算机存储容量大、运算速度快等特点,应用各种决策理论和方法、行为科学、网络技术、数据库技术、人工智能技术,详细了解决策过程中的各种因素及其影响,启发思维的创造力,建立并求解各种模型来进行人机交互解决决策问题.

决策支持系统的总体目标是辅助决策者进行决策以获得最高的经济效益.

(1)支持半结构化和非结构化问题的决策.

(2)支持决策过程的各个阶段,包含对决策系统的理解,对决策模型的设计和求解.

(3)为各个层次的决策者提供决策支持,既要为高层领导提供决策支持也要考虑为整个管理层提供决策支持.

(4)以交互式来辅助决策者进行决策.

(5)由于决策支持系统面向的对象为中、高层领导,所以要容易为用户所使用.

结构化决策或非结构化决策是著名系统科学专家西蒙(Simon)提出来的,结构化决策是指可以用标准的方法在决策前解决对决策环境和求解规划准确识别的问题,是一种有章可循的程序决策;非结构化决策一般是无章可循的非程序决策,只能凭决策者的经验、直觉做出应变,难以在决策前对决策环境和求解规划准确识别.而大多数决策问题是介于这两者之间的情况,称为半结构化决策问题.

若将能够为决策提供某种支持的计算机系统就叫做决策支持系统,会模糊了MIS和DSS的关系,无助于DSS的深入研究.通常,可以认为DSS是MIS的顶层部分,也可作为单独的系统存在.

决策支持系统的主要作用是为管理决策人员提供难于或不便收集的信息,提供高效处理大量信息的模型,支持决策者求解决策问题.其中,DSS更重视模型库和方法库的作用,MIS的主要成分是数据库.也可以说,MIS是初级的DSS,DSS是高级的MIS.

二、决策支持系统的结构

决策支持系统一般由人机交互系统、模型库系统、数据库系统、知识库系统、方法库系统所组成.

(1)人机交互系统.人机交互系统负责保障模型库、数据库、知识库和方法库之间信息传递的协调性和一致性,因人机交互系统需要直接和决策者接触,所以有很高的界面要求.人机交互系统一般通过对决策者不断地提问来达到人机交互目的.

(2)模型库系统.决策支持系统的核心是模型库(Model Base,MB)及其模型库管理系统,建模的对象是决策支持系统需要解决的问题,不同的组织以及组织的不同层次的决策需求是不一样的,其模型库也是不一样的.

(3)数据库系统.数据库(Data Base,DB)和数据库管理系统(Data Base Management System,DBMS)构成数据库系统.数据库管理系统负责管理和维护决策支持系统中使用的各种数据,模型库以这些数据为运行依据并产生各种决策信息,将产生的结果以报表或图形的形式存放在数据库中. 同样,方法库和知识库与数据库之间的联系和模型库类似.

(4)知识库系统. 知识库系统由知识库及其管理系统、知识推理系统组成. 该系统基于相关领域专家的知识,将与决策有关的知识信息和事实规则、人工智能技术相结合,通过推理机来实现知识的表达与运用.

(5)方法库系统. 方法库及其管理系统用来存储和管理各种决策方法,包含数值方法和非数值方法. 如预测方法(时序分析法、结构性分析法、回归预测法等)、统计分析法(回归分析、主成分分析法等)、优化方法(线性规划法、非线性规划法、动态规划法、网络计划法等)等.

三、决策支持系统的作用及应用

决策支持系统一般由数据库、模型库、方法库、知识库和相应的系统管理软件组成. 按用途,DSS 可划分为:

(1)为宏观系统决策服务的 DSS,如为国家、省、部、市、区、县等决策部门制定发展战略发展计划、政策分析和管理服务的决策支持系统.

(2)为微观系统决策服务的 DSS,如为企业、事业单位制定发展战略、发展规划、经管策略和管理服务的决策支持系统.

由于我国当前处于特殊历史时期,各方面的改革不断深入,不确定因素特别多,因此在宏观系统中应用 DSS 的研究与开发尚处于起步阶段,国家在系列的重要文件中都特别提出要以信息化带动工业化,发展以信息技术为带头学科的高科技,这些都为 DSS 的开发和应用创造了良好的环境.

相对于宏观系统,在微观系统应用 DSS 的研究和开发发展比较好,许多企业结合 CAD、CAM、MRP-I、MIS 等系统和控制网络的开发,形成计算机集成制造系统(Computer Integrated Manufacturing Systems,CIMS),在石油、化工、冶金、机械等行业的企业中得到较好的应用.

四、决策支持系统的发展

决策支持系统随着各种智能技术和管理思想理论的不断发展,正在向智能化、群体化等方面发展.

(1)智能决策支持系统(Intelligent Decision Support System,IDSS)是知识工程(Knowledge Engineering,KE)、人工智能(Artificial Intelligence,AI),以及专家系统(Expert System,ES)技术和决策支持系统相结合的产物. 智能决策支持系统为处理复杂的决策问题提供了技术保证,使决策支持系统具有了智能.

(2)群体决策支持系统(Group Decision Support Systems,GDSS),通过多个决策者参与决策过程以最大程度避免单个决策者的片面性和可能出现的独断专行等缺点,所以群体决策支持系统比决策支持系统更合理、更科学.

习 题

1. 什么是决策科学？你知道哪些决策科学的代表性著作和代表性人物？

2. 决策科学在人类历史发展过程中是如何发挥作用的？请举例说明.

3. 如果有北京、南京、武汉、上海、广州等 5 个城市可供某投资项目进行地点选择，试设想一个具体的投资计划并用层次分析法进行决策分析.

第十章 系统分析与建模

系统分析是系统工程的重要内容,本章首先介绍系统分析的基本概念以及几种系统的基本模型;然后针对上述的模型介绍其建模方法;最后介绍了系统分析中常用的两种方法,状态空间法和结构模型解析法.

第一节 系统分析概述

美国学者奎德(Quade)对系统分析作这样的说明,所谓系统分析是指通过一系列的步骤,帮助决策者选择决策方案的一种系统方法.这些步骤是研究决策者提出的整个问题、确定目标及建立方案;根据各个方案的可能结果,使用适当的方法(尽可能用解析的方法)去比较各个方案,以便能够依靠专家运用系统分析作出判断和运用他们的经验去处理问题.本节就系统分析如何去解决处理问题简要进行概述.

一、系统分析的基本概念和作用

系统分析就是运用系统理论和方法对系统进行全面综合分析,以求得系统总体优化的科学方法.系统分析包括系统目标分析、确定系统可行方案、系统建模、系统优化和系统评价.

系统分析的目的在于通过分析比较各种替代方案的费用、效益、功能和可靠性等各项技术经济指标,得出决策者所必需的资料和信息,获得最佳方案.它的主要工具是电子计算机,主要方法是系统建模和最优化方法,如规划论、排队论等.

系统分析在整个系统建立过程中处于非常关键的地位,一般说来,系统建立过程分为3个阶段(图10-1).第一阶段为系统规划阶段,其主要任务是定义系统的概念,明确建立系统应具备的环境条件及估计系统所需的各种制约条件,最后制订系统开发计划书.第二阶段是系统设计阶段,首先对系统进行概要设计,其内容包括各种替代方案的建立;然后进行系统分析,分析项目包括目的、替代方案、费用和效益、模型及评价基准等;最后在分析的基础上确定系统设计方案,并进行详细设计.第三阶段是系统制造和运行阶段,首先是对系统中一些关键项目进行试验和试制,然后进行工艺设计、制造、调试和投入运行,当然运行前应制订运行、维护方法.

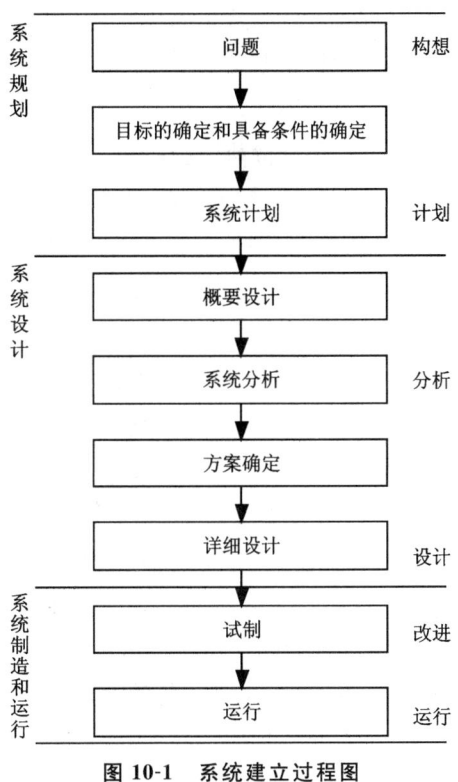

图 10-1 系统建立过程图

系统分析在以上 3 个阶段中起着承上启下的作用,它的任务首先是要分析和确定系统规划阶段的有关项目,如对系统概念以及系统目标的分析和确定;然后分析概要设计中的有关替代方案,并根据分析结果来进行方案的确定,随后进行详细设计.可见,系统分析是建立系统必不可少的一环.

二、系统分析的要素、原则和步骤

系统分析的要素主要有以下 5 个方面.

(1)目的.对系统分析人员来说,只有充分理解和掌握系统的目的和要求,才能进一步分析系统的目的和要求是否确切、完善和合理,所以对分析人员来说最初的也是最重要的任务就是要充分了解建立系统的目的和要求.目的和要求既是建立系统的根据,也是系统分析的出发点.

(2)替代方案(可行方案).在概要设计阶段,可以制订同一目标下的各种不同的替代方案.方案之间应各有利弊,需要对各种方案进行分析、比较以判定哪种方案更优.

(3)费用和效益.投资建立一个系统,系统建成之后,必然会有收益.如果以货币形式进行投资和收益比较,则收益大于投资的设计方案是可取的,反之是不可取的.

(4)模型.模型是描述实体系统的映像.根据需要建立的模型可以用来预测各替代方案的性能、费用和效益,以利于各种方案的分析比较,同时可凭借一定的模型来有效地求得系统设计所需要的参数.

(5)评价基准.评价基准是指确定各种替代方案优先选用顺序的标准.

如有 3 种基准可以在评价系统的投资和效益时选用,若以替代方案效益为相同基准,则选择投资最小的方案为最优方案.若以各方案投资相同为基准,则选效益最大的方案为最优方案.若以效用费用比为基准,则选择系统分析的原则是:①内部因素与外部因素相结合.系统的内部因素及外部因素状态分别是可控、不可控的,系统的功能或行为不仅受到内部因素的作用,而且受到外部因素的影响和制约,因此系统分析时,必须同时考虑内外部各种有关因素.通常的处理办法是,把内部因素选为决策变量,把外部因素作为约束条件,用一组联立方程式来反映它们之间的相互关系.②当前利益与长远利益相结合.选择最优方案,需要同时兼顾当前利益和长远利益.如果两者发生矛盾,应该坚持当前利益服从长远利益的原则.③局部效益与总体效益相结合.总体最优并不意味着局部最优,总体的最优往往需要局部放弃最优.所以进行系统分析时需坚持"系统总体效益最优,局部效益服从总体效益"的原则.④定性分析与定量分析相结合.系统分析中,为了达到系统选优的目的,需要将定性分析和定量分析结合起来进行综合分析.定量分析是指采用数学模型进行的数量指标的分析,但是一些政治因素与心理因素、社会效果与精神效果目前还无法建立数学模型进行定量分析,只能依靠人的经验和判断力进行定性分析.

系统分析的步骤可概括为以下几方面:①系统目的分析和确定.分析和确定对象系统的目的和目标,分析和定义系统需要的功能,进而以这些数据作出模型,进行仿真.研讨成功的可能性,借以得到模型化所需要的技术条件.②模型化.模型化即是建立对象系统所需要的各种模型,这是系统分析过程中比较重要,工作量比较大的一个步骤.③系统最优化.它的作用在于运用最优化的理论和方法,对若干替换模型进行最优化,求出若干个替换解.④系统评价.根据替换解,考虑前提条件、假设条件和约束条件,在经验和知识的基础上决定满意解,从而为选择系统设计方案提供足够信息.

三、系统分析的方法

系统分析没有一套特定的普遍适用的技术方法,具体采用的方法随着分析对象、问题的不同而不同.一般说来,系统分析的各种情况可分为定性和定量的两大类.定量方法适用于系统结构清楚,收集到的信息准确,可建立数学模型等情况.定性的系统分析方法适用于要解决的问题涉及的系统结构不清,收集到的信息不太准确,或是由于评价者的偏好不一,对于所提方案评价不一致,难以形成常规的数学模型等情况,例如目标-手段分析法、因果分析法、KJ 法等.

1. 目标-手段分析法

目标-手段分析法,就是将要达到的目标和所需要的手段按照系统展开,一级手段等于二级目标,二级手段等于三级目标,以此类推,便产生了层次分明、相互联系又逐渐具体化的分层目标系统.在分解过程中,分目标之间可能一致,也可能不一致,甚至矛盾,所以需要不断调整,以保证分解的分目标与总目标保持一致,分目标的集合一定要保证总目标的实现.将总目标分解为若干个阶层的分目标,需要有很大的创造性和丰富的科学技术知识与实践经验.目标分解需反复地进行,直到认为满意为止.

目标-手段分析法实质是运用效能原理不断进行分析的过程.图10-2是发展能源的目标-手段分析图.要实现发展能源,其手段主要有发展能源生产、开发新能源以及节能,而发展能源生产的主要手段有综合资源勘探、基地建设及运输.

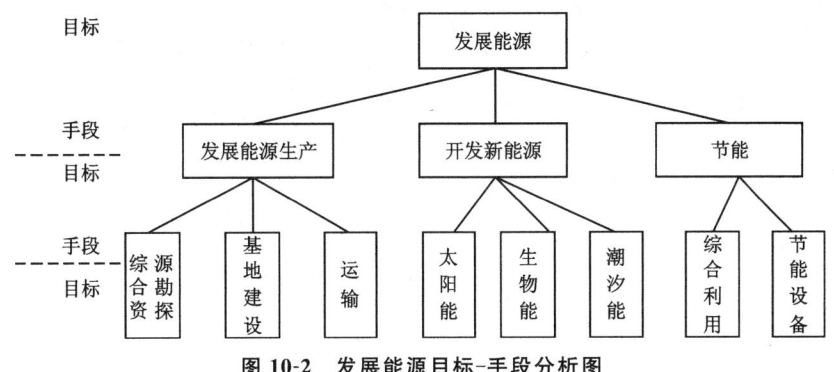

图 10-2 发展能源目标-手段分析图

2. 因果分析法

它是一种定性分析方法,利用因果分析图来分析影响系统的因素,并从中找出产生某种结果的主要原因.

往往是多种复杂因素的影响导致系统某一行为(结果)的发生,所以系统分析人员广泛使用了一种简便而有效的定性分析方法——因果分析法,来找出产生某种结果的主要原因.这种方法形象简单(图10-3),一目了然,在图上用箭头表示原因与结果之间的关系,在分析的问题越复杂时越能发挥其长处,因为它把人们头脑中所想问题的结果与其产生的原因结构图形化、条理化.

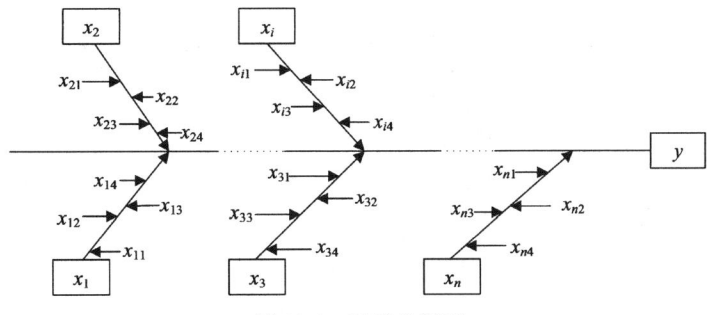

图 10-3 因果分析图

图10-4是某工厂在分析产品质量不稳定的原因时曾经用过的一张因果分析图,将其制成幻灯片,投影在工厂会议室的墙壁上,便于参加质量分析会的各方面专家集体会诊,因而比较快地找到了质量不稳定的主要原因及其应该采取的对策.

3. KJ 法

KJ法是由日本东京工业大学的川喜田二郎(Kawakita Jiro)教授开发的一种直观的定性分析方法.

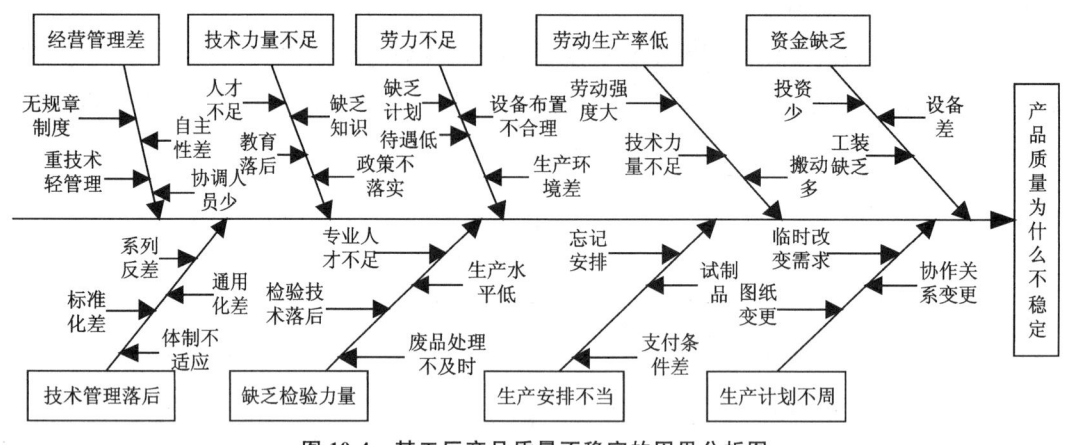

图 10-4 某工厂产品质量不稳定的因果分析图

KJ 法是从很多具体信息中归纳出问题整体含义的一种分析方法. 它的基本原理是把一个个信息做成卡片,将这些卡片摊在桌子上观察其全部,把有"亲近性"的卡片集中起来合成为子问题,依次做下去,最后求得问题整体的构成. 这种方法把人们对图形的思考功能与直觉的综合能力很好地结合起来,不需要特别的手段和知识,不论是个人或者团体都能简便地实行,因此,是分析复杂问题的一种有效的方法.

KJ 法的实施按下列步骤进行:

(1) 用关键的语句简明地将与问题可能有关的信息表达出来.

(2) 一个信息做一张卡片,卡片上的标题记载要简明易懂. 如果是个体实施,则要在记载前充分协商好内容,以防误解.

(3) 把卡片摊在桌子上通观全局,充分调动人的直觉能力,把有"亲近性"的卡片集中到一起作为一个小组.

(4) 给小组取个新名称,其注意事项同步骤(1). 这个小组是由小项目(卡片)综合起来的,应把它作为子系统来登记. 这个步骤不仅要凭直觉,而且还要运用综合分析能力发现小组的意义所在.

(5) 重复步骤(3)和(4),分别形成小组、中组和大组,但对难以编组的卡片不要勉强地编组,可把它们单独放在一边.

(6) 把小组(卡片)放在桌子上进行移动,根据小组间的类似关系、对应关系、从属关系和因果关系等进行排列.

(7) 将排列结果画成图表,即把小组按大小用粗细线框起来,把一个个有关系的框用"有向枝"(带箭头的线段)连接起来,构成一目了然的整体结构图.

(8) 观察分析结构图,取得对整个问题的明确认识.

在日本,KJ 法的应用范围很广泛,有很多实例.

近年来,我国许多系统工程人员也已使用这种方法分析社会经济问题. 例如针对我国社会的老龄化问题,可应用 KJ 法进行分析的.

针对这个问题,由系统工程人员、经济学家、社会学家以及计划生育部门领导干部和老中青代表等人组成的研究小组,经过集体的创造性思考,得到了如表 10-1 所示的一些信息. 应该指出,这 45 条信息是为了便于 KJ 法的运用,在实际上产生的众多看法进行若干次归纳整理而成的. 然后按照 KJ 法步骤进行工作,得到了如图 10-5 所示的结构模型图.

表 10-1 社会老龄化问题的有关信息

编号	内容	编号	内容
1	劳动力不足	24	衣着式样不适应
2	家庭不和睦	25	社会道德观不适应
3	出生率下降	26	体育设施不适应
4	需照顾老人增多	27	兵源不足
5	平均寿命增加	28	经济缺乏竞争力
6	生活水平下降	29	工资结构不合理
7	老年人孤独	30	生产成本上升
8	思想僵化	31	社会需求改变
9	社会缺乏活力	32	生活环境变化
10	"代沟"加深	33	食物结构改变
11	老年医疗设施不足	34	服务行业增加
12	能源消耗大	35	服务人员不足
13	住房紧张	36	教育设施不适应
14	组织新家庭阻力大	37	娱乐设施不适应
15	交通设施不适应	38	青年人受压抑
16	年轻人提拔难	39	不易产生新思想
17	管理制度不适应	40	不易产出研究成果
18	教育设施不适应	41	社会矛盾增加
19	社会福利开支大	42	年轻人缺乏独立性
20	要求退休年龄增大	43	年轻人嫌弃老年人
21	青少年感到孤独	44	经济增长减慢
22	老年人不受尊敬	45	鲜艳色彩减少,生活单调
23	社会创造力下降		

从图 10-5 可以对所要分析的问题作如下的解释:40 年后,由于人口出生率的下降和人均寿命的延长,老年人口在总人口中的比重将会增加,据预测,65 岁以上的老人比重将超过 15%,使我国人口出现老龄化问题. 对此,如不采取积极有效的措施加以解决,就将对社会经济产生一系列重大的影响. 一方面,老年人口增多会造成社会劳动力不足,社会制造力下降,进而造成社会负担重,经济增长缓慢;另一方面,老年人增多,会造成文体设施、衣食住行、教育、管理不适应,不仅给医疗保健和社会服务工作增加了压力,而且会产生新的社会矛盾. 老

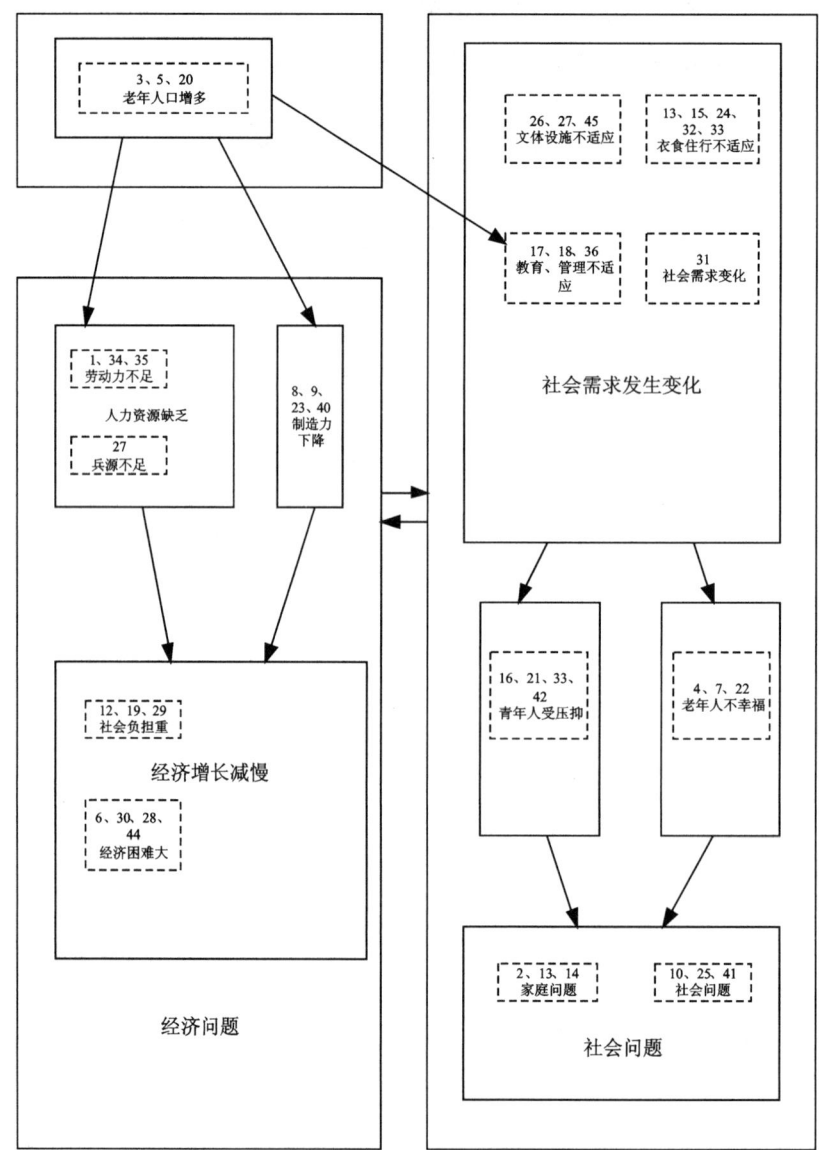

图 10-5 社会老龄化问题结构模型图

年人因要求得不到满足会产生不幸福感,而青年人因晋升和施展才能方面受到压抑会出现不满情绪,这将导致"代沟"和社会矛盾的加深,经济增长减慢与社会矛盾加深交织在一起,相互影响,必将阻碍社会的进步和发展.

四、系统分析应用举例

【例 10-1】 阿拉斯加原油输送方案的系统分析.

这里所分析的是如何由阿拉斯加东北部的普拉德霍湾油田向美国本土运输原油的问题.

(1)任务和环境.要求每天运送 200 万桶.油田处在北极圈内,海湾长年处于冰封状态,陆地更是常年冰冻,最低气温达零下 50℃.

(2) 提出竞争方案. 方案竞争的第一阶段,提出了两个方案:

方案 I:由海路用油船运输;

方案 II:用带加温系统的油管输送.

方案 I 的优点是每天仅需四至五艘超级油轮就可满足输送量的要求,似乎比铺设油管省钱. 但存在的问题是:第一,要用破冰船引航,既不安全又增加了费用;第二,起点和终点都要建造大型油库,这又是一笔巨额花费,而且考虑到海运可能受到海上风暴的影响,油库的储量应在油田日产量的十倍以上. 归纳起来这一方案的主要问题是:不安全、费用大、无保证.

方案 II 的优点是可以利用成熟的管道输油技术,但存在的问题是:第一,要在沿途设加温站,这样一来管理复杂,而且要供给燃料,然而运送燃料本身又是一件相当困难的事情;第二,加温后的输油管不能简单地铺在冻土里,因为冻土层受热融化后会引起管道变形,甚至造成断裂. 为了避免这种危险,有一半的管道需要用底架支撑和做保温处理,这样架设管道的成本费用要比铺设地下油管高出 3 倍.

(3) 决策人员的处理策略. ① 考虑到安全和供油的稳定性,暂把方案 II 作为参考方案做进一步的细致的研究,为规划做准备;② 继续拨出经费,广泛邀请系统分析人员提出竞争的新方案.

(4) 提出了竞争方案 III. 其原理是把含 10%~20% 氧化钠的海水加到原油中去,使在低温下的原油成乳状液,仍能畅流,这样就可以用普通的输油管道运送了. 这个方案获得了很高的评价,并取得了专利. 其实,这一原理早就用于制作汽车的防冻液了,把这一原理运用到这个工程中来,并断定它能解决问题,这是一个有价值的创造.

(5) 提出竞争方案 IV. 正当人们在称赞方案 III 的时候,另有人提出了竞争方案 IV. 该方案提出者对石油的生成和变化有丰富的知识,他们注意到埋在地下的石油原来是油气合一的,这时它们的熔点是很低的,经过漫长的年代以后,油气才逐渐分离. 他们提出将天然气转换为甲醇以后再加到原油中去,以降低原油的熔点,增加流动性,从而用普通的管道就可以同时输送原油和天然气. 与方案 III 相比,不仅不需要运送无用的海水,而且也不必另外铺设输送天然气的管道了. 这一方案的出现使得人们赞赏不已. 由于采用这一方案,仅管道铺设费就节省了近 60 亿美元,比方案 I 省了一半.

从这个例子我们看到了系统分析的实际价值. 如果当初仅在方案 II、III 上搞优化,即确定最好的管道直径壁厚、加压和距离等,是无论如何也得不到方案 IV 所达到的巨大效益的.

这个例子同时也说明了系统分析人员的工作性质和应该具有的知识结构,以及系统分析工作与专业工程技术工作之间相辅相成的关系.

第二节 系统模型概述

建立系统模型,能够借助模型对系统进行定量的或者定量与定性相结合的分析,因此建立系统模型是系统分析的工具和基础.

一、系统模型的定义与特征

1. 定义

系统模型是现实系统的描述或抽象,是一个系统某一方面本质属性的描述,它以某种确定的形式(如文字、符号、图表、实物、数学公式等)提供关于该系统的知识.系统是复杂的,系统的属性也是多方面的.对于大多数研究目的而言,没有必要考虑对象的全部属性,因此,系统模型是系统某一方面本质属性的描述以及本质属性的选取完全取决系统工程研究的目的.所以,对同一个系统根据不同的研究目的,可以建立不同的系统模型.例如,如图 10-6 所示是一个 RLC 网络系统,如果考虑输入电压 $u(t)$ 与输出电压 $u_c(t)$ 之间的关系,则可得到如下数学模型(应用传递函数的算子阻抗即可得下式):

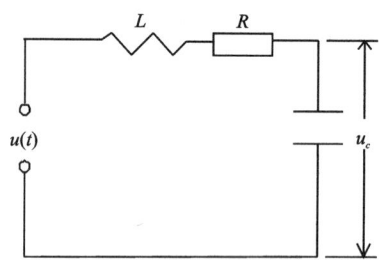

图 10-6　RLC 电路图

$$\frac{u_c(s)}{u(s)} = \frac{1}{LCs^2 + RCs + 1}$$

$$u_c(t) = L^{-1}\left[\frac{1}{LCs^2 + RCs + 1}\right]u(t)$$

同一种模型也可以代表多个系统,例如:

$$y = kx \quad (k \text{ 为常量})$$

在几何上代表一条通过原点的直线;在代数上表示比例关系.设 $k=\pi$,x 表示伸长量,则 y 表示弹簧力大小.当 $k=a$ 表示加速度,$x=m$ 表示质量,则 y 表示物体所受外力大小等.

2. 特征

系统模型反映着实际系统的主要特征,但它又高于实际系统而具有同类问题的共性.因此,一个实用的系统模型应该具有如下 3 个特征:

(1)它是现实系统的抽象或模仿.

(2)它是由反映系统本质或特征的主要因素构成的.

(3)它集中体现了这些主要因素之间的关系.

二、使用系统模型的必要性

人类一般来说有 3 种认识和改造客观世界的研究方法,即实验法、抽象法、模型法.实验法是直接对客观事物进行研究,因此局限性比较大.抽象法是把现实系统抽象化,转化为一般的理论概念,然后进行推理和判断,因此这种方法缺乏实体感,过于概念化.模型法是在抽象化现实系统的基础上,把它们再现为某种事物的、图画的或数学的模型,然后通过模型来对系统进行分析、对比和研究,最终导出结论.由此可见,模型法既解决了实验法的局限性,又避免了抽象法的过于概念化,所以它成为现代工程中一种最常用的研究方法.

在工程系统中,广泛使用系统模型还基于以下 5 个方面的考虑:

(1)系统开发的需要.无法直接在一个尚未建立的新系统中进行实验,为了实现对系统的分析、优化和评价,只能通过建造系统模型实现.

(2)经济上的考虑.直接在大型复杂系统上直接进行实验的成本十分昂贵,但是使用系统模型就便宜多了.

(3)安全上的考虑.直接对有些系统(如载人航天飞行器、核电站等)进行实验往往是很危险的,有时甚至是根本不允许的.

(4)时间上的考虑.对于社会、经济、生态等系统,由于惯性大、反应周期很长,对其直接进行实验要等若干年之后才能看到结果,这是系统分析和评价所不允许的,而使用系统模型进行分析,很快就可以得到分析结果.

(5)系统模型容易操作,分析结果易于理解.即使有些现实系统直接实验也不过分费时、费钱,但此时采用系统模型仍然具有优越性.现实系统中包含的因素太多而且复杂,实验得到的结果往往难以直接与其中的某一因素挂钩,因此,直接实验的结果不易理解.相反系统模型突出了研究目的所要关注的主要特征,因此容易得到一个清晰的结果,而且实验过程中要改变系统参数也相当困难.但是,若使用系统模型情况就不一样了,在系统模型(尤其是数学模型)上进行参数修正也是非常容易的.

三、系统模型的分类

系统种类繁多,作为系统的描述——系统模型的种类也是很多的.表 10-2 列出了按不同原则分类的系统模型,从中我们可以了解系统模型的多样性.

表 10-2 系统模型的一种分类方法

编号	分类原则	模型种类
1	按建模材料不同	抽象、实物
2	按与实体的关系	形象、类似、数学
3	按模型表征信息的程度	观念性、数学、物理
4	按模型的构造方法	理论、经验、混合
5	按模型的功能	结构、性能、评价、最优化、网络
6	按与时间的依赖关系	静态、动态
7	按是否描述系统内部特征	黑箱、白箱
8	按模型的应用场合	通用、专用

续表 10-2

编号	分类原则	模型种类
9	数学模型的分类： (1)按变量形式分 (2)按变量关系分	确定性、随机性、连续型、离散型 代数方程、微分方程、概率统计、逻辑

下面介绍常用的几种系统模型. 一般将系统分为物理模型、文字模型和数学模型 3 大类，其中物理模型与数学模型又可分为若干种，如图 10-7 所示.

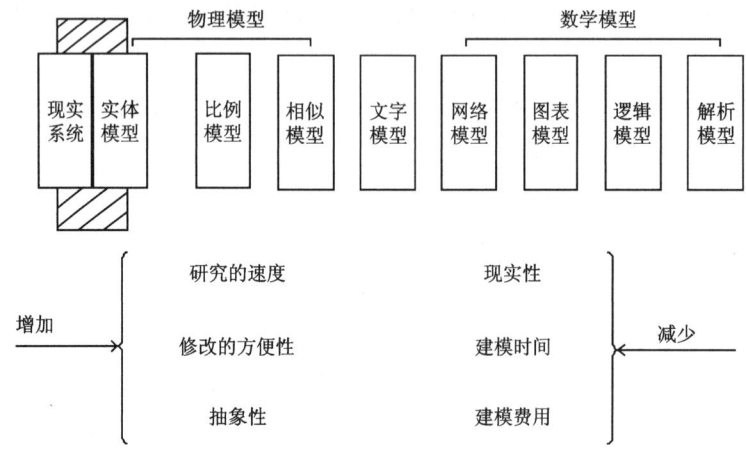

图 10-7 系统模型分类与特征比较

各种模型的含义解释如下：

(1)实体模型. 即系统本身，当系统的大小刚好适合研究而又不存在危险时，就可以把系统本身作为模型. 实体模型包含抽样模型，例如标准件的生产检验是从总体中抽取一定数量的样本进行的，样本就是实体模型.

(2)比例模型. 为了适合研究，将系统进行放大或者缩小.

(3)相似模型. 根据相似原理，利用一种系统去代替另一种系统. 例如用电路系统代替机械系统、热力系统进行研究，则电路系统就是后二者的相似模型.

(4)文字模型. 如技术报告、说明书等. 在物理模型和数学模型都很难建立时，有时不得不用它描述研究结果.

(5)网络模型. 用网络图来描述系统的组成元素以及元素之间的相互关系(包括逻辑关系与数学关系).

(6)图表模型. 用图像和表格描述的模型，它们相互转化. 这里说的图像是指坐标系的曲线、曲面和点等几何图形.

(7)逻辑模型. 表示逻辑关系的模型，如方框图、程序单、模拟机排题图等.

(8)解析模型. 用数学方程式表示的模型.

四、数学模型的优点

数学模型是系统工程中分析问题经常使用的方法,其优点如下:

(1)它是定量分析的基础.在社会科学领域里,采用定量分析会使人心中有数,减少决策失误及不必要的混乱.因此,为了当代自然科学和社会科学进一步发展需要采用数学模型进行定量分析.

(2)它是系统预测和决策的工具.可以利用系统已有的数据建立预测系统未来状态的预测模型,为正确决策提供依据.

(3)它可变性好,适应性强,分析问题速度快,省时省钱,而且便于使用计算机.因此,它是所有模型中使用最广泛的一种.我们通常所说的系统建模,大多数情况下都是指建立系统的数学模型.

第三节 系统建模方法

一个适用的系统模型,能够极大地促进系统的分析、评价和决策.建造系统模型,尤其是建造抽象程度很高的系统数学模型,是一种创造性劳动.因此有人讲,系统建模既是一种技术,又是一种"艺术".

一、对系统建模的要求

对系统建模的要求可以概括为现实性、简明性、标准化.

(1)现实性.系统建模需在不影响反映本质的真实程度的情况下,将非本质的东西去掉,还应把系统本质的特征和关系反映进去.也就是说,系统模型应有足够的精度.精度要求不仅与研究对象有关,而且与所处的时间、状态和条件有关.

(2)简明性.因为建造并求解一个模型的代价比较高,所以如果一个简单的模型能使实际问题得到满意的解答,就没有必要再去建一个复杂的模型,且建模过程中应尽量使系统模型简单明了,以节约建模的费用和时间.

(3)标准化.在建立某系统的模型时,如果已有某种标准模型可供借鉴,则应尽量采用标准化模型,或者对标准化模型加以某些修改,使之适合对象系统.

以上3条要求往往是相互抵触的,容易顾此失彼.一般的处理原则是:力求达到现实性,在现实性的基础上达到简明性,然后尽可能满足标准化.

二、系统建模应遵循的原则

根据对系统建模提出的3条要求,可以导出系统建模时应该遵循的4项原则.

(1)切题.模型不应涉及对象系统的所有方面,而应只包含与研究目的相关的方面.例如,对一个空运指挥调度系统的研究,建模只需考虑飞机的飞行航向而无需考虑其飞行姿势.

(2)清晰.大型复杂系统往往由很多联系密切的子系统组成,系统模型也是由许多子模型(或模块)组成的.为了保证模型结构尽可能清晰,在子模型与子模型之间,耦合关系要尽可能减少,仅保留研究目的所必要的信息联系.

(3)精度要求适当.建立系统模型,为了保证模型切题、实用,应该视研究目的和使用环境不同,选择适当的精度等级.例如,一个受外力 F 作用下的物体质量为 M,其动力学系统的数学模型,在不同使用环境下有不同精度等级,应该适当选择.

当物体的运动速度 v 足够小时,可以忽略空气阻力的影响,其符合精度要求的数学模型为:

$$F = M \frac{\mathrm{d}^2 v}{\mathrm{d} t^2}$$

当速度 v 提高到必须考虑空气阻力的影响时,则其符合精度要求的数学模型为:

$$F = M \frac{\mathrm{d} v}{\mathrm{d} t} + k v^2$$

当物体的运动速度接近于光速 $3 \times 10^8 \mathrm{m/s}$ 时,按相对论原理,此时 M 将不是常数,因此其符合精度要求的数学模型为:

$$F = \frac{\mathrm{d}}{\mathrm{d} t}(M v) + k v^2$$

(4)尽量使用标准模型.在实际操作建立一个实际系统的模型前,可以首先查阅模型库中是否有符合条件的标准模型可供借鉴,如果其中某些可供借鉴,不妨先试用一下,如能满足要求,就应该使用标准模型,或者尽可能向标准模型靠拢.

三、系统建模的主要方法

针对不同的系统对象,可以采取不同的方法建造系统模型,其中主要方法有以下 5 种.

(1)推理法.可以利用已知的定律和定理对于所谓的"白箱"(内部结构和特性已经清楚的系统)进行一定的分析和推理,得到系统模型.

(2)实验法.对于所谓的"黑箱"或"灰箱"系统(内部结构和特性不清楚和不很清楚的系统),如果允许进行实验性观察,则可以通过实验方法测量其输入和输出,然后按照一定的辨识方法,得到系统模型.

(3)统计分析法.可以采用数据收集和统计分析的方法对于那些属于"黑箱",但又不允许直接进行实验观察的系统(如非工程系统)进行系统模型.

(4)混合法.大部分系统模型的建造往往是上述几种方法综合运用的结果.

(5)类似法.即建造原系统的类似模型.如果有的系统,虽然结构和性质清楚,但其模型的数量描述和求解却不好办,这时如果有个模型建立及处理都比较简单,但结构和性质与原系统相同,我们就可以把这种系统模型看成是原系统的类似模型.利用类似模型,按对应关系就可以很方便地求出原系统的模型.

上面针对不同情况提出了建造系统模型的 5 种方法(或思路)只能供系统建模者参考,而要真正解决系统建模问题还必须充分开发人的创造力,综合运用各种科学知识,针对不同的系统对象,或者建造新模型,或者巧妙地利用已有的模型,或者改造已有的模型,这样才能创造出更加适用的系统模型.因此,有人把建造系统模型看成是一种艺术,这说明建造系统模型确实需要充分发挥人的创造性,而不可能有现成的模式可以照搬.

第四节　状态空间法

一个大型系统,多属于多输入—多输出系统,且为时变系统.这时,为了分析系统的动态特性,往往以系统的状态变量来进行描述,这样的模型称为状态变量模型,建立这种模型的技术叫做状态空间法.

一、系统的状态和状态变量

系统的状态是指系统在已知 $t > t_0$ 时所有行为所需的足够变量 $X_1(t_0), X_2(t_0), \cdots, X_n(t_0)$ 的最小集合.也就是说,系统的状态至少要用 n 个独立的状态变量 $X_1(t_0), X_2(t_0), \cdots, X_n(t_0)$ 才能充分地表现出来.状态变量,就是能完整地确定系统状态所必需的变量.

例如图 10-6 所示一个 RLC 回路受电压为 $u(t)$ 的电源激励.当初始条件全为零时,电容作为输出端的电压 u 和电源电压 $u(t)$ 有如下关系:

$$LC\ddot{u}_c + RC\dot{u}_c + u_c = u \tag{10-1}$$

其传递函数为:

$$\frac{u_c(s)}{u(s)} = \frac{1}{LCs^2 + RCs + 1} \tag{10-2}$$

若令 $X_1 = u_c, X_2 = \dot{u}_c$,式(10-2)可以化为:

$$\dot{X}_1 = X_2$$
$$\dot{X}_2 = \frac{1}{LC}u - \frac{X_1}{LC} - \frac{RX_2}{L}$$

X_1/X_2 即为描述系统的状态变量,如用矩阵方程表示,即:

$$\dot{\boldsymbol{X}} = \begin{bmatrix} \dot{X}_1 \\ \dot{X}_2 \end{bmatrix} = \boldsymbol{A}\boldsymbol{X} + \boldsymbol{B}\boldsymbol{U} \tag{10-3}$$

式中,$\boldsymbol{A} = \begin{bmatrix} 0 & 1 \\ -\frac{1}{LC} & -\frac{R}{L} \end{bmatrix}$,为状态矩阵;$\boldsymbol{B} = \begin{bmatrix} 0 & \frac{1}{LC} \end{bmatrix}^T$,为控制矩阵;$\boldsymbol{X} = [x_1, x_2]^T$;$\boldsymbol{U} = u$.

如果用电压表测出电容上的电压 u_c,即 X_1 则可写出测量仪表的测得值,即观测值:

$$Y = \boldsymbol{C}\boldsymbol{X} + e_1 \tag{10-4}$$

式中,$\boldsymbol{C} = [C_1 \quad 0]$ 为观测矩阵或输出矩阵;e_1 为测量误差.

式(10-4)称为输出方程.上例是一个连续系统的状态空间模型,推广到一般,它可以从不同的方面来获得.

二、连续系统状态空间表达式

1. 由微分方程导出状态空间表达式

设 n 阶线性定常系统的微分方程为：
$$y^{(n)} + a_1 y^{(n-1)} + \cdots + a_{n-1} y^{(1)} + a_n y = u$$

若取 $y(t), y^{(1)}(t), \cdots, y^{(n-1)}(t)$ 等 n 个状态变量，作为变量集合，且已知其初始条件 $y(0), y^{(1)}(0), \cdots, y^{(n-1)}(0)$ 和 $t \geqslant 0$ 时的输入 u.

则令：
$$x_1 = y$$
$$x_2 = y^{(1)}$$
$$\vdots$$
$$x_n = y^{(n-1)}$$

此时方程可写成：
$$\begin{cases} \dot{x}_1 = x_2 \\ \dot{x}_2 = x_3 \\ \quad \vdots \\ \dot{x}_n = y^{(n-1)} \\ \dot{x}_n = -a_n x_1 - \cdots - a_1 x_n + u \end{cases}$$

即：
$$\dot{\boldsymbol{X}} = \boldsymbol{A}\boldsymbol{X} + \boldsymbol{B}\boldsymbol{U} \tag{10-5}$$

式中，$\boldsymbol{A} = \begin{bmatrix} 0 & 1 & 0 & \cdots & 0 \\ 0 & 0 & 1 & \cdots & 0 \\ 0 & 0 & 0 & \cdots & 1 \\ -a_n & -a_{n-1} & -a_{n-2} & \cdots & -a_1 \end{bmatrix}$；$\boldsymbol{B} = \begin{bmatrix} 0 & 0 & \cdots & 0 & 1 \end{bmatrix}^{\mathrm{T}}$.

输出方程为：
$$\boldsymbol{Y} = \boldsymbol{C}\boldsymbol{X}$$

式中，$\boldsymbol{C} = [1, 0, 0, \cdots, 0]$；$\boldsymbol{X}$ 为 n 维状态向量；$\boldsymbol{U}$ 为 m 维控制向量；$\boldsymbol{Y}$ 为 r 维输出向量；$\boldsymbol{A}$ 为 $n \times n$ 维状态稀疏矩阵；$\boldsymbol{B}$ 为 $n \times m$ 维控制系数矩阵；$\boldsymbol{C}$ 为 $r \times n$ 维输出系数矩阵.

2. 由传递函数导出状态空间表达式

已知描述函数的微分方程式可以进行拉氏变换，求其系统的传递函数. 相反，若给出系统传递函数也可以求出其系统的微分方程式，然后确定系统的状态变量，确定系统的状态空间表达式.

例如某系统的方块图如图 10-8 所示.

由图可以求系统的闭环传递函数为：

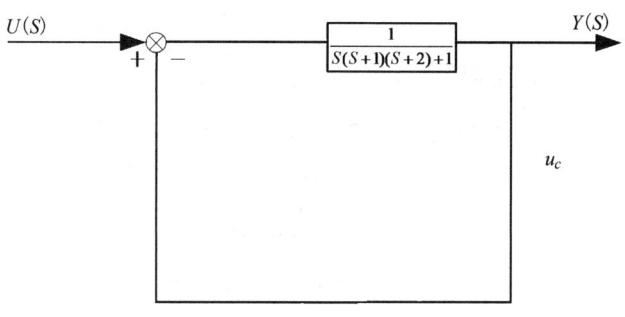

图 10-8 系统方框图

$$\frac{Y(S)}{U(S)} = \frac{1}{S(S+1)(S+2)+1} = \frac{1}{S^3+3S^2+2S+1}$$

根据上述闭环传递函数求的系统的微分方程式为：

$$y^{(3)} + 3y^{(2)} + 2y^{(1)} + y = u \tag{10-6}$$

选取 $x_1 = y, x_2 = \dot{x}_1 = \dot{y}, x_3 = \dot{x}_2 = \ddot{y}$ 为系统的状态变量，则式(10-6)通过状态变量 X_1、X_2 及 X_3，改写成如下状态空间表达式：

$$\dot{\boldsymbol{X}} = \begin{bmatrix} \dot{X}_1 \\ \dot{X}_2 \\ \dot{X}_3 \end{bmatrix} = \boldsymbol{AX} + \boldsymbol{BU} = \begin{bmatrix} 0 & 1 & 0 \\ 0 & 0 & 1 \\ -1 & -2 & -3 \end{bmatrix} \begin{bmatrix} X_1 \\ X_2 \\ X_3 \end{bmatrix} + \begin{bmatrix} 0 \\ 0 \\ 1 \end{bmatrix} U \tag{10-7}$$

$$\boldsymbol{Y} = \boldsymbol{CX} = \begin{bmatrix} 1 & 0 & 0 \end{bmatrix} \begin{bmatrix} X_1 \\ X_2 \\ X_3 \end{bmatrix}$$

3. 状态变量的非唯一性

一般地说，传递函数法是确定系统的输入—输出特性的方法，而状态变量法是描述系统内在状态的方法. 系统的状态变量可以根据不同的情况任意选取，即对于给定的同一个传递函数，可以用不同的状态变量集合来表示，因此状态变量模型不是唯一的. 下面将对同一传递函数用 3 种不同的求解方法，求取状态变量，说明同一系统的状态变量，可以选择不同的集合.

设系统的传递函数 $G(S)$ 为：

$$G(S) = \frac{2S+2}{S^3+9S^2+26S+24}$$

(1) 采用直接程序法，即化为积分形式来处理.

$$\frac{Y(S)}{U(S)} = \frac{2S^{-2}+2S^{-3}}{1+9S^{-1}+26S^{-2}+24S^{-3}}$$

$$Y(S) = \frac{2S^{-2}+2S^{-3}}{1+9S^{-1}+26S^{-2}+24S^{-3}}) \cdot U(S)$$

由此可以画出系统的状态变量图(图 10-9).

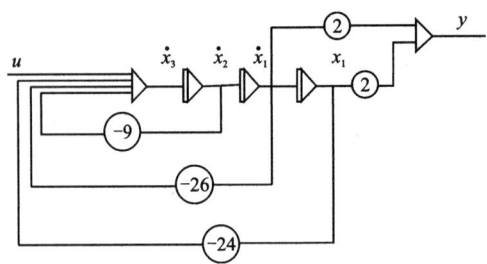

图 10-9 系统直接程序状态变量图

图中所选的状态变量为：

$$x_3 = \int_0^t u\mathrm{d}t + x_3(0)$$

$$x_2 = \int_0^t x_3 \mathrm{d}t + x_2(0)$$

$$x_1 = \int_0^t x_2 \mathrm{d}t + x_1(0)$$

状态方程和输出方程为：

$$\dot{x}_1 = x_2$$

$$\dot{x}_2 = x_3$$

$$\dot{x}_3 = u - 24x_1 - 26x_2 - 9x_3$$

$$y = 2x_1 + 2x_2$$

$$\dot{\boldsymbol{X}} = \begin{bmatrix} \dot{x}_1 \\ \dot{x}_2 \\ \dot{x}_3 \end{bmatrix} = \begin{bmatrix} 0 & 1 & 0 \\ 0 & 0 & 1 \\ -24 & -26 & -9 \end{bmatrix} \begin{bmatrix} x_1 \\ x_2 \\ x_3 \end{bmatrix} + \begin{bmatrix} 0 \\ 0 \\ 1 \end{bmatrix} u \tag{10-8}$$

即：

$$\boldsymbol{Y} = \begin{bmatrix} 2 & 2 & 0 \end{bmatrix} \begin{bmatrix} x_1 \\ x_2 \\ x_3 \end{bmatrix}$$

(2)采用并联程序法，即化成为部分分式.

$$G(S) = \frac{Y(S)}{U(S)} = \frac{a_1}{S+P_1} + \frac{a_2}{S+P_2} + \cdots + \frac{a_n}{S+P_n}$$

$$G(S) = \frac{2S+2}{S^3 + 9S^2 + 26S + 24} = \frac{2S+2}{(S+2)(S+3)(S+4)} = \frac{-1}{S+2} + \frac{4}{S+3} + \frac{-3}{S+4}$$

由此可得并联程序状态图(图 10-10).

由图可得状态方程和输出方程.

$$\dot{x}_1 = u - 2x_1$$

$$\dot{x}_2 = u - 3x_2$$

$$\dot{x}_3 = u - 4x_3$$

$$y = -x_1 + 4x_2 - 3x_3$$

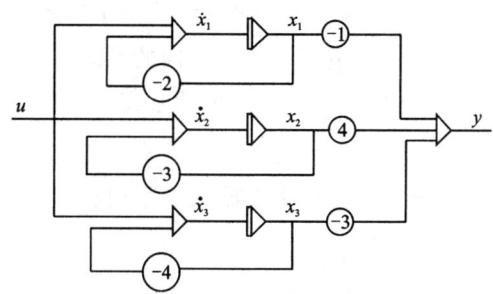

图 10-10 并联程序状态变量图

$$Y = \begin{bmatrix} -1 & 4 & -3 \end{bmatrix} \begin{bmatrix} x_1 \\ x_2 \\ x_3 \end{bmatrix}$$

$$\dot{X} = \begin{bmatrix} \dot{x}_1 \\ \dot{x}_2 \\ \dot{x}_3 \end{bmatrix} = \begin{bmatrix} -2 & 0 & 0 \\ 0 & -3 & 0 \\ 0 & 0 & -4 \end{bmatrix} \begin{bmatrix} x_1 \\ x_2 \\ x_3 \end{bmatrix} + \begin{bmatrix} 1 \\ 1 \\ 1 \end{bmatrix} u \qquad (10\text{-}9)$$

(3)采用迭代程序法,即化成连乘形式.

$$\frac{Y(S)}{U(S)} = \frac{2S+2}{S^3+9S^2+26S+24} = \frac{1}{S+2} \cdot \frac{2}{S+3} \cdot \frac{S+1}{S+4}$$

由上式得迭代方程状态图(图 10-11).

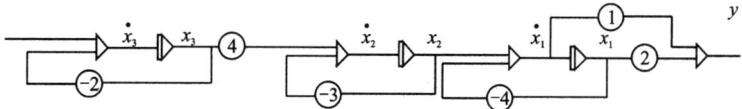

图 10-11 迭代程序状态变量图

由图 10-11 可得状态方程和输出方程:

$$\dot{x}_1 = -4x_1 + x_2$$
$$\dot{x}_2 = -3x_2 + 2x_3$$
$$\dot{x}_3 = u - 2x_3$$
$$y = -2x_1 + x_2$$

或

$$Y = \begin{bmatrix} -2 & 1 & 0 \end{bmatrix} \begin{bmatrix} x_1 \\ x_2 \\ x_3 \end{bmatrix}$$

$$\dot{X} = \begin{bmatrix} \dot{x}_1 \\ \dot{x}_2 \\ \dot{x}_3 \end{bmatrix} = \begin{bmatrix} -4 & 1 & 0 \\ 0 & -3 & 2 \\ 0 & 0 & -2 \end{bmatrix} \begin{bmatrix} x_1 \\ x_2 \\ x_3 \end{bmatrix} + \begin{bmatrix} 0 \\ 0 \\ 1 \end{bmatrix} u \qquad (10\text{-}10)$$

上例说明,所选状态变量不同,所得的状态方程和输出方程也不同,这说明了状态变量模型的非唯一性.同时,从数学意义上看,这些方程都能满足输入—输出关系,都能正确反映系统的行为.从物理意义上看,这些方程都代表了不同的系统结构.当已知系统特性(如传递函数)后,用怎样的结构来实现特性,这就与选择的状态变量有关,一般采用利于测量和计算的参数作为状态变量.

4. 矩阵的特征值、特征向量、对角化及特征值的不变性

(1) 矩阵特征值 λ 可以通过求取特征方程 $|\lambda I - A| = 0$ 的根得到.

在上述例子中,A 具有 3 种不同的矩阵形式,在式(10-8)中:

$$A = \begin{bmatrix} 0 & 1 & 0 \\ 0 & 0 & 1 \\ -24 & -26 & -9 \end{bmatrix}$$

代入方程 $|\lambda I - A| = 0$ 中得:

$$\left| \begin{bmatrix} \lambda & 0 & 0 \\ 0 & \lambda & 1 \\ 0 & 0 & \lambda \end{bmatrix} - \begin{bmatrix} 0 & 1 & 0 \\ 0 & 0 & 1 \\ -24 & -26 & -9 \end{bmatrix} \right| = 0$$

即:

$$\left| \begin{bmatrix} \lambda & -1 & 0 \\ 0 & \lambda & -1 \\ 24 & 26 & 9+\lambda \end{bmatrix} \right| = \lambda^2(\lambda+9) + 24 + 26\lambda = (\lambda+2)(\lambda+3)(\lambda+4)$$

求得特征值为 $\lambda_1 = -2, \lambda_2 = -3, \lambda_3 = -4$.

同样在(10-9)中,将 $A = \begin{bmatrix} -2 & 0 & 0 \\ 0 & -3 & 0 \\ 0 & 0 & -4 \end{bmatrix}$ 代入特征方程 $|\lambda I - A| = 0$ 中,

得 $\lambda_1 = -2, \lambda_2 = -3, \lambda_3 = -4$.

通过式(10-10)中的 A,也可求得相同的特征值,说明了特征值的不变性,反映系统内在规律的特征方程不变.

(2) 求特征向量 t 和变换矩阵 T.

假定向量 t 使 $At = \lambda t$,

即 $(\lambda I - A)t = 0$ (10-11)

这时把不为零的矢量 t 叫做 A 的特征向量.

假如,设 $A = \begin{bmatrix} 0 & 1 \\ -6 & -5 \end{bmatrix}$ 代入式(10-11),求得 $\lambda_1 = -2, \lambda_2 = -3$.

当 $\lambda_1 = -2$ 时,有 $\begin{bmatrix} -2 & -1 \\ 6 & 3 \end{bmatrix} \begin{bmatrix} t_1 \\ t_2 \end{bmatrix} = 0$,得 $2t_1 = -t_2$.

对应于 λ_1 的特征向量为 $t_1 = C_1 \begin{bmatrix} 1 \\ -2 \end{bmatrix}$ (C_1 为任意实数).

同理,当 $\lambda_2 = -3$ 时,对应于 λ_2 的特征向量为 $t_2 = C_2 \begin{bmatrix} 1 \\ -3 \end{bmatrix}$ (C_2 为任意实数).

当 λ 为相异实数时，t 可以由下式来决定，即：
$$At_1 = \lambda_1 t_1, At_2 = \lambda_2 t_2$$

用特征向量 t_1、t_2 建立如下的变换矩阵 T：
$$T = \begin{bmatrix} t_1 & t_2 \end{bmatrix} = \begin{bmatrix} 1 & 1 \\ -2 & -3 \end{bmatrix}$$

(3) 求对角矩阵 Λ.

如果将 $n \times n$ 矩阵 A 变成对角线矩阵 Λ，那么对角线上各元素就是它的特征值．其对角矩阵的一般形式为：
$$\Lambda = T^{-1}AT = \begin{bmatrix} \lambda_1 & \cdots & 0 \\ \vdots & \lambda_2 & \vdots \\ 0 & \cdots & \lambda_n \end{bmatrix}$$

根据上例 $A = \begin{bmatrix} 0 & 1 \\ -6 & -5 \end{bmatrix}$，则 $T = \begin{bmatrix} 1 & 1 \\ -2 & -3 \end{bmatrix}$

$$T^{-1} = \frac{\mathrm{adj}\,T}{|T|} = \frac{\begin{bmatrix} -3 & -1 \\ 2 & 1 \end{bmatrix}}{-1} = \begin{bmatrix} 3 & 1 \\ -2 & -1 \end{bmatrix}$$

式中，$\mathrm{adj}\,T$ 为矩阵 T 的伴随矩阵．

所以
$$\Lambda = T^{-1}AT = \begin{bmatrix} 3 & 1 \\ -2 & -1 \end{bmatrix}\begin{bmatrix} 0 & 1 \\ -6 & -5 \end{bmatrix}\begin{bmatrix} 1 & 1 \\ -2 & -3 \end{bmatrix} = \begin{bmatrix} -2 & 0 \\ 0 & -3 \end{bmatrix}$$

因而得矩阵 A 的特征值为 $\lambda_1 = -2$，$\lambda_2 = -3$．

(4) λ、T、Λ 在经济模型中的应用——对产品需要量的预测

【例 10-2】 某种产品有 3 种规格，分别为 X_1、X_2、X_3．现根据订货统计资料进行分析，结果发现用户对不同规格产品需要的比例如表 10-3 所示．

表 10-3 订货统计分析

百分比		目前订货		
		X_1	X_2	X_3
去年需要情况	X_1	2500	800	−200
	X_2	1700	600	200
	X_3	800	400	200

表中统计资料表示上年度需要各种产品的数量，于今年订货时更换其他产品的百分比．例如 X_1 产品上一年需要量中，今年有 40% 仍订购 X_1 产品，30% 转订 X_2，另外 30% 转订 X_3 产品，其余类推．现要预测第三年度的订货情况和 10 年后的产品订购趋向．

解：(1) 将表 10-3 中的统计资料用状态转移矩阵 A 表示，则得：

$$A = \begin{array}{c} \\ X_1 \\ X_2 \\ X_3 \end{array} \begin{array}{ccc} X_1 & X_2 & X_3 \end{array} \\ \begin{bmatrix} 0.4 & 0.3 & 0.3 \\ 0.6 & 0.3 & 0.1 \\ 0.6 & 0.1 & 0.3 \end{bmatrix}$$

(2) 求状态转移矩阵 A 的特征值 λ.

由特征方程 $|\lambda I - A| = 0$ 得 $\begin{vmatrix} \lambda - 0.4 & -0.3 & -0.3 \\ -0.6 & \lambda - 0.3 & -0.1 \\ -0.6 & -0.1 & \lambda - 0.3 \end{vmatrix} = 0$

解得特征值为 $\lambda_1 = 1, \lambda_2 = \dfrac{1}{5}, \lambda_3 = -\dfrac{1}{5}$.

(3) 求其相应的 t 和 T.

根据上述方法,可分别求出 $\lambda_1 = 1, \lambda_2 = \dfrac{1}{5}, \lambda_3 = -\dfrac{1}{5}$ 的特征向量.

$$T = \begin{bmatrix} T_1 & T_2 & T_3 \end{bmatrix} = \begin{bmatrix} 1 & 0 & -1 \\ 1 & -1 & 1 \\ 1 & 1 & 1 \end{bmatrix}$$

(4) 求 A.

对角矩阵可表示为:

$$\Lambda = \begin{bmatrix} \lambda_1 & & 0 \\ & \lambda_2 & \\ 0 & & \lambda_n \end{bmatrix} = \begin{bmatrix} 1 & 0 & 0 \\ 0 & \dfrac{1}{5} & 0 \\ 0 & 0 & -\dfrac{1}{5} \end{bmatrix}$$

利用上述计算结果进行预测第三年度订货情况.

因为 $\Lambda = T^{-1}AT$

上式两边左乘 T:$T\Lambda = TT^{-1}AT = AT$

然后两边再右乘 T^{-1}:$T\Lambda T^{-1} = ATT^{-1} = A$

预测第二年度可得:

$$A^2 = (T\Lambda T^{-1}) \cdot (T\Lambda T^{-1}) = T\Lambda^2 T^{-1}$$

同理第三年度 $A^3 = T\Lambda^3 T^{-1}$

$$A^3 = T\Lambda^3 T^{-1} = \begin{bmatrix} 0.496 & 0.252 & 0.252 \\ 0.504 & 0.252 & 0.244 \\ 0.504 & 0.244 & 0.252 \end{bmatrix}$$

以上结果说明,任选一位上年度订购 X_1 产品的用户,则其第三年度订购 X_1、X_2、X_3 产品的概率分别为 0.496、0.252、0.252. 选一位上年度订购 X_2 产品的用户,则其第三年度订购 X_1、X_2、X_3 产品的概率分别为 0.504、0.252、0.244,其余可类推. 10 年后各产品订货趋向为:

$$A^{10} = T\Lambda^{10} T^{-1} = \begin{bmatrix} 0.5 & 0.25 & 0.25 \\ 0.5 & 0.25 & 0.25 \\ 0.5 & 0.25 & 0.25 \end{bmatrix}$$

由以上结果可知,10 年以后,订购 X_1、X_2、X_3 产品的概率为 0.5、0.25、0.25,也即 10 年以后,X_1 产品占有市场的 $\frac{1}{2}$,X_2、X_3 产品各占市场的 $\frac{1}{4}$.

第五节 结构模型解析法

结构模型属于宏观模型,可达性矩阵可以使用结构模型解析法通过有向连接图和相邻矩阵的有关运算得到;然后再分解可达性矩阵,从而使复杂的系统分解成多级递阶形式.

组成复杂系统的大量元素之间存在着怎样的关系(这种关系有大小关系、因果关系、上下关系等)可以通过这个模型确定,然后通过人机对话,明确这种关系,并使复杂关系分解成条理分明的多级递阶结构形式.

一、有向连接图、相邻矩阵、可达性矩阵

1. 有向连接图

设有一系统其元素用点(i)表示,元素之间的关系用带有箭头的边(→)表示,即可构成有向连接图(图 10-12).

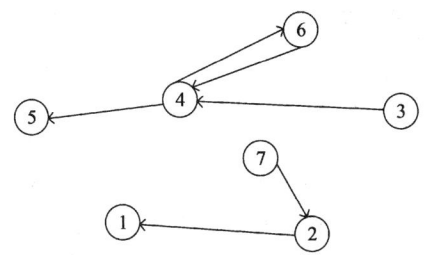

图 10-12 系统有向连接图

2. 相邻矩阵

用来表示有向连接图中各元素之间连接状态的矩阵叫做相邻矩阵(**A**),相邻矩阵的元素 a_{ij} 可以定义如下:

$$a_{ij} = \begin{bmatrix} 1 & n_i R n_j \\ 0 & n_i \bar{R} n_j \end{bmatrix}$$

R 表示可以从 n_i 到达 n_j,$\bar{R}$ 表示不能从 n_i 到 n_j.

因此图 10-12 所示的相邻矩阵为:

$$A = \begin{array}{c} \\ 1 \\ 2 \\ 3 \\ 4 \\ 5 \\ 6 \\ 7 \end{array} \begin{array}{c} 1\ 2\ 3\ 4\ 5\ 6\ 7 \\ \begin{bmatrix} 0 & 0 & 0 & 0 & 0 & 0 & 0 \\ 1 & 0 & 0 & 0 & 0 & 0 & 0 \\ 0 & 0 & 0 & 1 & 0 & 0 & 0 \\ 0 & 0 & 0 & 0 & 1 & 1 & 0 \\ 0 & 0 & 0 & 0 & 0 & 0 & 0 \\ 0 & 0 & 0 & 1 & 0 & 0 & 0 \\ 0 & 1 & 0 & 0 & 0 & 0 & 0 \end{bmatrix} \end{array}$$

3. 可达性矩阵

可达性矩阵(M)是用矩阵形式来反映有向连接图各节点之间通过一定的路径可以到达的程度. 可达矩阵 M 可以用相邻矩阵加上单位矩阵(I)经过一定运算后求得. 即先将 A 加 I, 得一新矩阵 $A_1 = A + I$, A_1 中的元素 a_{ij} 为 1 时, 表示从节点 i 到 j 可直接到达. 例如图 10-12 中, 通过 A 可以求得:

$$A_1 = A + I = \begin{array}{c} \\ 1 \\ 2 \\ 3 \\ 4 \\ 5 \\ 6 \\ 7 \end{array} \begin{array}{c} 1\ 2\ 3\ 4\ 5\ 6\ 7 \\ \begin{bmatrix} 1 & 0 & 0 & 0 & 0 & 0 & 0 \\ 1 & 1 & 0 & 0 & 0 & 0 & 0 \\ 0 & 0 & 1 & 1 & 1 & 1 & 0 \\ 0 & 0 & 0 & 1 & 1 & 1 & 0 \\ 0 & 0 & 0 & 0 & 1 & 0 & 0 \\ 0 & 0 & 0 & 1 & 1 & 1 & 0 \\ 1 & 1 & 0 & 0 & 0 & 0 & 1 \end{bmatrix} \end{array}$$

如上式元素 a_{21} 则说明从节点 2 到 1 有条直线到达的路径, 但 A_1 还不是可达性矩阵 M, 因此要继续进行运算. 将 A_1 平方, 并用布尔代数进行运算, 得:

$$(A_1)^2 = (A + I)^2 = A^2 + A + I$$

$$A_2 = (A_1)^2 = \begin{array}{c} \\ 1 \\ 2 \\ 3 \\ 4 \\ 5 \\ 6 \\ 7 \end{array} \begin{array}{c} 1\ 2\ 3\ 4\ 5\ 6\ 7 \\ \begin{bmatrix} 1 & 0 & 0 & 0 & 0 & 0 & 0 \\ 1 & 1 & 0 & 0 & 0 & 0 & 0 \\ 0 & 0 & 1 & 1 & 0 & 0 & 0 \\ 0 & 0 & 0 & 1 & 1 & 1 & 0 \\ 0 & 0 & 0 & 0 & 1 & 0 & 0 \\ 0 & 0 & 0 & 1 & 0 & 1 & 0 \\ 0 & 1 & 0 & 0 & 0 & 0 & 1 \end{bmatrix} \end{array}$$

在矩阵 A_2 中, 如元素为 1, 则表示节点之间可以用多至两条的路径才到达, 依次运算可得:

$$A_1 \neq A_2 \neq A_3 \neq \cdots \neq A_{r-1} = A_r$$

也即:

$$(A+I) \neq (A+I)^2 \neq \cdots \neq (A+I)^{r-1} = (A+I)^r = M$$

此时

$$(A+I)^{r-1} = (A+I)^r, (A+I)^{r-1} = A_{r-1} = M$$

称为可达性矩阵,若该矩阵中元素为 1,则表示节点间可以用多至 $(r-1)$ 条路径到达.

在以上例子中,因 $(A+I) \neq (A+I)^2 = (A+I)^3$,而 $A_1 \neq A_2 = A_3$,所以 $M = (A+I)^2$

此时,$M = [m_{ij}] = (A+I)^2 = A_2$

结合图 10-12 参看 A_2 矩阵中的各元素可知,从节点 7 到 1 可以用多至两条的路径到达.

二、可达性矩阵的分解——结构模型的建立

通过可达性矩阵分解,可求得系统结构模型,其分解方法与步骤为:①区域分解(分块对角化),即把元素分解成几个区域,不同区域的元素相互之间是没有关系的;②级间分解,即对属于同一区域内的元素进行分级分解;③求解结构模型,具体步骤如下.

(1) 区域分解. 在可达性矩阵中,可将元素组成可达性集合 $R(n_i)$[将 n_i 可以到达的元素集合定义为 n_i 的可达集合 $R(n_i)$]和先行集合 $A(n_i)$[将 n_i 的先行集定义为能够到达 n_i 的元素的集合 $A(n_i)$],并定义如下:

$$R(n_i) = \{n_j \in N | m_{ij} = 1\}$$
$$A(n_i) = \{n_j \in N | m_{ji} = 1\}$$

又将共同集合 T 定义如下,

$$T = \{n_i \in N | R(n_i) \cap A(n_i) \neq \emptyset\}$$

上式中,"$\cap$"表示 $R(n_i)$ 与 $A(n_i)$ 的交集,表示既属 $R(n_i)$ 又属 $A(n_i)$ 的一切组成的集合. 现有属于共同集合 T 的任意两个元素 t_u 和 t_v,如果:

$$R(t_u) \cap R(t_v) \neq \emptyset$$

式中,$\emptyset$ 为空集,即不包括任何元素的集合,则元素 t_u 和 t_v,属于同一区域. 反之,如果:

$$R(t_u) \cap R(t_v) = \emptyset$$

则元素 t_u 和 t_v,属于不同区域.

例如 $R(n_3) \cap R(n_7) = \emptyset$,所以 n_3 和 n_7 分属两个不同的区域,经过这样的运算后的集合 N 就叫做区域分解,可以表示成:

$$\prod\nolimits_1(N) = P_1, P_2, P_3, \cdots, P_m$$

式中,m 为区域数.

对于上述图 10-12 的可达性矩阵进行区域分解时,由表 10-4 可知 $T = \{n_3, n_7\}$.

由 $R(n_3) \cap R(n_7) = \emptyset$,得 n_3 和 n_7 分属两个不同的区域.

同样,按以上方法依次将可达性矩阵分解成两个区域,即:

$$\prod = P_1, P_2 = \{n_3, n_4, n_5, n_6\}, \{n_1, n_2, n_7\}$$

据此可将可达性矩阵写成分块对角化的形式;

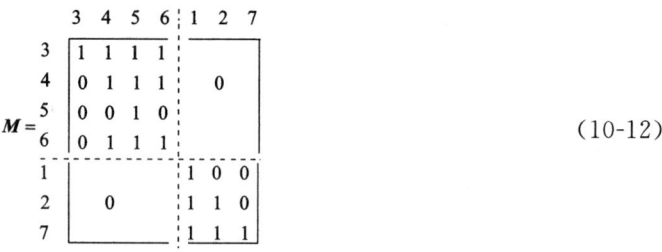

$$M = \begin{array}{c|cccc|ccc} & 3 & 4 & 5 & 6 & 1 & 2 & 7 \\ \hline 3 & 1 & 1 & 1 & 1 & & & \\ 4 & 0 & 1 & 1 & 1 & & 0 & \\ 5 & 0 & 0 & 1 & 0 & & & \\ 6 & 0 & 1 & 1 & 1 & & & \\ \hline 1 & & & & & 1 & 0 & 0 \\ 2 & & 0 & & & 1 & 1 & 0 \\ 7 & & & & & 1 & 1 & 1 \end{array} \qquad (10\text{-}12)$$

表 10-4 可达性集合、先行集合和共同集合

i	$R(n_i)$	$A(n_i)$	$R(n_i) \cap A(n_i)$
1	1	1,2,7	1
2	1,2	2,7	2
3	3,4,5,6	3	3
4	4,5,6	3,4,6	4,6
5	5	3,4,5,6	5
6	4,5,6	3,4,6	4,6
7	1,2,7	7	7

(2) 级间分解. 级间分解在每一区间内进行,一般在系统不是十分复杂的情况下,可以采用简易的方法,即直接从可达性矩阵中,找出矩阵元素全部为 1 的某一列,于是将该列和其相应的行抽出,作为第一级;然后缩减了的新矩阵,再在新矩阵中重新找出矩阵元素全部为 1 的新的一列,重复进行上述运算,直到分解完毕为止.

上例按简易分解过程如图 10-13 所示.

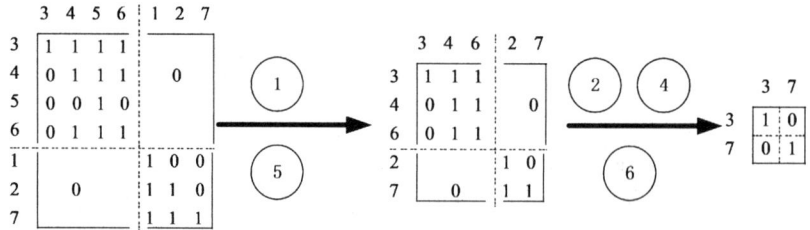

图 10-13 级间简易分解图

如果按区域分解,则同上例有(步骤从略):

$$\prod_2(P_1) = \{n_5\}, \{n_4, n_6\}, \{n_3\}$$
$$\prod_2(P_2) = \{n_1\}, \{n_2\}, \{n_7\}$$

然后将可达性矩阵按级变换可得:

$$M = \begin{array}{c|ccc|ccc} & 5 & 4 & 6 & 3 & 1 & 2 & 7 \\ \hline 5 & 1 & 0 & 0 & 0 & & & \\ 4 & 1 & 1 & 1 & 0 & & 0 & \\ 6 & 1 & 1 & 1 & 0 & & & \\ 3 & 1 & 1 & 1 & 1 & & & \\ \hline 1 & & & & & 1 & 0 & 0 \\ 2 & & 0 & & & 1 & 1 & 0 \\ 7 & & & & & 1 & 1 & 1 \end{array}$$

(10-13)

从 M 矩阵中可以看到，$\{n_4, n_6\}$ 的相应行和列的矩阵元素完全一样，因此，可以把两者当作一个系统元素看待，从而可削减相应的行和列，得到新的可达矩阵 M'. M' 叫做缩减矩阵. 上例的缩减矩阵 M' 为：

$$M' = \begin{array}{c|ccc|ccc} & 5 & 4 & 3 & 1 & 2 & 7 \\ \hline 5 & 1 & 0 & 0 & & & \\ 4 & 1 & 1 & 0 & & 0 & \\ 3 & 1 & 1 & 1 & & & \\ \hline 1 & & & & 1 & 0 & 0 \\ 2 & & 0 & & 1 & 1 & 0 \\ 7 & & & & 1 & 1 & 1 \end{array}$$

(10-14)

(3) 求解结构模型. 求解结构模型，即建立反映系统多级递阶结构的矩阵，此矩阵为结构矩阵 (A'). 结构矩阵可以从缩减后的可达性矩阵 (M') 通过一系列的计算求得. 其中简易的计算方法是从缩减矩阵 M' 中减去单位矩阵 I，得到一个新的矩阵 M''，再对 M'' 进行分析，从而找出结构矩阵 A'.

对于上例

$$M'' = M' - I = \begin{array}{c|ccc|ccc} & 5 & 4 & 3 & 1 & 2 & 7 \\ \hline 5 & 0 & 0 & 0 & & & \\ 4 & 1 & 0 & 0 & & 0 & \\ 3 & 1 & 1 & 0 & & & \\ \hline 1 & & & & 0 & 0 & 0 \\ 2 & & 0 & & 1 & 0 & 0 \\ 7 & & & & 1 & 1 & 0 \end{array}$$

(10-15)

从矩阵 M'' 中，先找出系统元素的第一级和第二级之间的关系，其中 $m''_{45}=1$，说明节点 n_4、n_5 间有 $n_4 \to n_5$ 的关系，然后除去 n_5 的行和列，再找第二级与第三级元素之间的关系，从 M'' 中可得 $m''_{34}=1$，即在节点 n_3、n_4 中有 $n_3 \to n_4$ 的关系.

同理在另一区域内 $m''_{21}=1$，即 $n_2 \to n_1$；$m''_{72}=1$（除去 n_1 的行和列）即 $n_7 \to n_2$.

最后，以上述 $m''_{45}=1, m''_{34}=1, m''_{21}=1, m''_{72}=1$ 作为结构矩阵的元素，从而可得结构矩阵 A'.

$$A' = \begin{array}{c|ccc|ccc} & 5 & 4 & 3 & 1 & 2 & 7 \\ \hline 5 & 0 & 0 & 0 & & & \\ 4 & 1 & 0 & 0 & & 0 & \\ 3 & 0 & 1 & 0 & & & \\ \hline 1 & & & & 0 & 0 & 0 \\ 2 & & 0 & & 1 & 0 & 0 \\ 7 & & & & 0 & 1 & 0 \end{array}$$

(10-16)

根据结构矩阵 A'，或者根据图 10-13 的级间分解图，可以绘制系统的多级递阶结构图 (图 10-14).

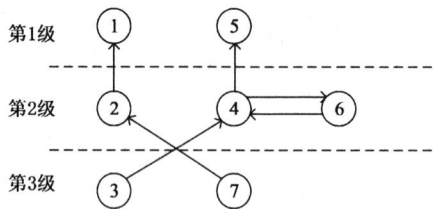

图 10-14 系统多级递阶结构图

习 题

1. 什么叫系统模型？有哪些类型？如何进行系统分析？
2. 已知系统可达矩阵为：

$$A = \begin{bmatrix} 1 & 0 & 0 & 0 & 0 & 0 & 0 & 0 \\ 1 & 1 & 0 & 0 & 0 & 0 & 0 & 0 \\ 0 & 0 & 1 & 1 & 1 & 1 & 0 & 0 \\ 0 & 0 & 0 & 1 & 1 & 1 & 0 & 0 \\ 0 & 0 & 0 & 0 & 1 & 0 & 0 & 0 \\ 0 & 0 & 0 & 1 & 1 & 1 & 0 & 0 \\ 0 & 0 & 0 & 0 & 1 & 0 & 1 & 0 \\ 0 & 0 & 0 & 0 & 1 & 0 & 1 & 1 \end{bmatrix}$$

利用可达性集合 $R(n_i)$ 和先行集合 $A(n_i)$ 进行区域划分和级间划分，建立结构模型.

主要参考文献

蔡海涛,徐选华,2004. 运筹学典型例题与解法[M]. 长沙:国防科技大学出版社.
陈景艳,1987. 目标规划与决策管理[M]. 北京:清华大学出版社.
陈珽,1987. 决策分析[M]. 北京:科学出版社.
成思危,胡清雅,刘敏,2000. 大型线性目标规划及其应用[M]. 郑州:河南科学技术出版社.
程理民,吴江,张玉林,2000. 运筹学模型与方法教程[M]. 北京:清华大学出版社.
冯文权,2002. 经济预测与决策技术[M]. 武汉:武汉大学出版社.
傅清祥,王晓东,1998. 算法与数据结构[M]. 北京:电子工业出版社.
何坚勇,2000. 运筹学基础[M]. 北京:清华大学出版社.
何坚勇,2008. 运筹学基础[M]. 2版. 北京:清华大学出版社.
胡发胜,刘桂真,2006. 国家精品课程运筹学的教学改革与实践[J]. 中国大学教学,7(9):10.
胡祥培,许智超,杨德礼,2002. 智能运筹学与动态系统实时优化控制[J]. 管理科学学报,5(4):13-21+45.
胡晓东,袁亚湘,章祥荪,2012. 运筹学发展的回顾与展望[J]. 中国科学院院刊,27(2):145-160.
胡运权,2004. 运筹学基础及应用[M]. 北京:高等教育出版社.
胡运权,郭耀控,2007. 运筹学教程[M]. 北京:清华大学出版社.
胡知能,徐玖平,2003. 运筹学[M]. 北京:科学出版社.
黄培清,刘樵良,任建标,2000. 运筹学:管理中的定量方法[M]. 上海:上海交通大学出版社.
李红梅,韩逢庆,陈丰,2006. 运筹学课程教学改革思路[J]. 重庆工学院学报,20(2):163-165.
李宗元,2000. 运筹学ABC:成就、信念与能力[M]. 北京:经济管理出版社.
林福永,1998. 一般系统结构理论[M]. 广州:暨南大学出版社.
刘满凤,传波,聂高辉,2001. 运筹学模型与方法教程例题分析与题解[M]. 北京:清华大学出版社.
刘强,2001. 运筹学[M]. 北京:石油工业出版社.
龙子泉,陆菊春,2002. 管理运筹学[M]. 武汉:武汉大学出版社.

罗荣桂,原海英,2005.运筹学教学改革与探索[J].设计艺术研究(3):49-50.
马仲著,魏权龄,赖炎连,1981.数学规划讲义[M].北京:中国人民大学出版社.
宁宜黑,王可定,党耀国,2007.管理运筹学教程[M].北京:清华大学出版社.
牛映武,1993.运筹学[M].西安:西安交通大学出版社.
牛映武,龚益鹏,陶德滋,1994.运筹学[M].西安:西安交通大学出版社.
钱学森,1982.论系统工程[M].长沙:湖南科学技术出版社.
钱学森,于景元,涂元季,2001.创建系统学[M].太原:山西科学技术出版社.
施锡检,2002.博弈论[M].上海:上海财经大学出版社.
孙东川,陆明生,1987.系统工程简明教程[M].长沙:湖南科学技术出版社.
唐海萍,2019.系统工程方法与应用:系统分析与决策[M].北京:高等教育出版社.
汪应洛,2002.系统工程[M].2版.北京:机械工业出版社.
王日爽,徐兵,魏权龄,1987.应用动态规划[M].北京:国防工业出版社.
王寿云,于景元,戴汝为,等,1996.开放的复杂巨系统[M].杭州:浙江科学技术出版社.
吴良刚,徐选华,王坚强,2003.运筹学[M].长沙:湖南人民出版社.
吴振奎,王全文,2006.运筹学[M].北京:中国人民大学出版社.
夏绍伟,杨家本,杨振斌,1995.系统工程概论[M].北京:清华大学出版社.
现代应用数学手册编委会,2004.现代应用数学手册:运筹学与最优化理论卷[M].北京:清华大学出版社.
谢识予,2002.经济博弈论[M].上海:复旦大学出版社.
熊伟,2005.运筹学[M].北京:机械工业出版社.
熊伟,2009.运筹学[M].2版.北京:机械工业出版社.
徐光辉,1999.运等学基础手册[M].北京:科学出版社.
徐玖平,胡知能,2006.运筹学:数据·模型·决策[M].北京:科学出版社.
徐玖平,胡知能,王緌,2006.运筹学(Ⅰ类)[M].2版.北京:科学出版社.
徐选华,2016.运筹学[M].北京:清华大学出版社.
徐选华,2011.运筹学[M].4版.长沙:湖南人民出版社.
许国志,2000.系统科学[M].上海:上海科技教育出版社.
许国志,2000.系统科学与工程研究[M].上海:上海科技教育出版社.
杨超,2004.运筹学[M].北京:科学出版社.
杨家本,2007.系统工程概论[M].2版.武汉:武汉理工大学出版社.
运筹学教材编委会,2005.运筹学[M].北京:清华大学出版社.
张兵,2008.案例教学在运筹学教学中的运用[J].徐州教育学院学报,23(3):153-154.
张维迎,1996.博弈论与信息经济学[M].上海:上海人民出版社.
张文杰,李学伟,2000.管理运筹学[M].北京:中国铁道出版社.
张有为,1991.动态规划[M].长沙:湖南科学技术出版社.
张钟俊,王翼,1984.控制理论在管理科学中的应用[M].长沙:湖南科学技术出版社.
中国大百科全书总编辑委员会,1991.中国大百科全书:自动控制与系统工程卷[M].北京:中国大百科全书出版社.

汪应洛,1993.企业管理系统工程[M].北京:中央广播电视大学出版社.

汪应洛,1997.系统工程理论、方法与应用[M].北京:高等教育出版社.

BELLMAN R E,DREYFUS S E,1962. Applied dynamic programming[M]. Princeton: Princeton University Press.

COOPER L,COOPER M W,1985. 动态规划导论[M]. 张有为,译. 北京:国防工业出版社.

DEKKER R,BLOEMHOF J,MALLIDIS I,2012. Operations research for green logistics-an overview of aspects, issues, contributions and challenges[J]. European Journal of Operational Research,219(3):671-679.

HEYMAN D P,SOBEL M J,2004. Stochastic models in operations research:stochastic optimization[M]. Massachusetts:Courier Corporation.

HWANG C L,MASUD A S,1979. Multiple objective decision making:methods and applications[M]. Berlin:Springer-Verlag.

LOUGEE-HEIMER R,2003. The common optimization interface for operations research: promoting open-source software in the operations research community[J]. IBM Journal of Research and Development,47(1):57-66.

MALONI M J,BENTON W C,1997. Supply chain partnerships:opportunities for operations research[J]. European Journal of Operational Research,101(3):419-429.

MORSE P M C,KIMBALL G E,GASS S I,2003. Methods of operations research[M]. Massachusetts:Courier Corporation.

NEWMAN A M,RUBIO E,CARO R,et al,2010. A review of operations research in mine planning[J]. Interfaces,40(3):222-245.

RAIS A,VIANA A,2011. Operations research in healthcare:a survey[J]. International transactions in operational research,18(1):1-31.

SAATY T L,2004. Mathematical methods of operations research[M]. Massachusetts:Courier Corporation.

TRIANTAPHYLLOU E,SHU B,SANCHEZ S N,et al,1998. Multi-criteria decision making:an operations research approach[J]. Encyclopedia of electrical and electronics engineering,15:175-186.

ZELENY M,1975. Multiple criteria decision making[M]. New York:McGraw Hill Book Company.